制御系設計論

博士（情報学）　南　　裕樹
博士（工学）　石川　将人
【共著】

コロナ社

ま　え　が　き

「対象物の動きをデザインしたい」この要請に応えるキーテクノロジーが制御工学である。制御工学の歴史を簡単に振り返ると，まず，1950年代に伝達関数をベースとする古典制御論が整備された。そして，1960年頃に状態方程式をベースとする現代制御論が登場し，1980年頃から，古典制御論と現代制御論の強みを生かしたロバスト制御論が整備されていった。現在では，幅広い分野の対象について，制御論が議論されており，制御工学は進化し続けている。

制御工学は，対象物のモデリング，解析，そして設計からなる。その中で「動きのデザイン」に直結するのが制御系設計であり，その方法はさまざまである。例えば，制御対象のモデル表現として伝達関数と状態方程式のどちらを選ぶかや，制御器の構造をどのように選ぶか，設計において周波数領域と時間領域のどちらに注目するかなど，多くの選択肢がある。直面している制御問題に対して，ベストな方法を選択できることが望ましいが，そのためには，さまざまな手法の長短を理解しておく必要がある。

本書では，「制御系設計」をメインテーマとして，古典制御と現代制御の制御系設計論に加えて，ロバスト制御やディジタル制御の基礎理論を解説している。本書の構成は，図のようになっている。第1章では制御系設計の「気持ち」と勘所を述べ，第2章～第5章では，モデリングと制御系解析の重要な項目をまとめる。第6章では，制御系の設計仕様を整理し，それに続く第7章～第14章では，さまざまな制御系設計手法を説明する。

本書の特徴をいくつか紹介しておく。まず，制御系設計の例や例題をできるだけ多く取り入れるようにした。それから，対象を1入力1出力システムに限定し，記述をすっきりさせることで，制御系設計のエッセンスを伝えるようにした。さらに，人物名やそれに由来する用語は，カタカナ表記のゆれを防ぐため，英語表記に統一した。

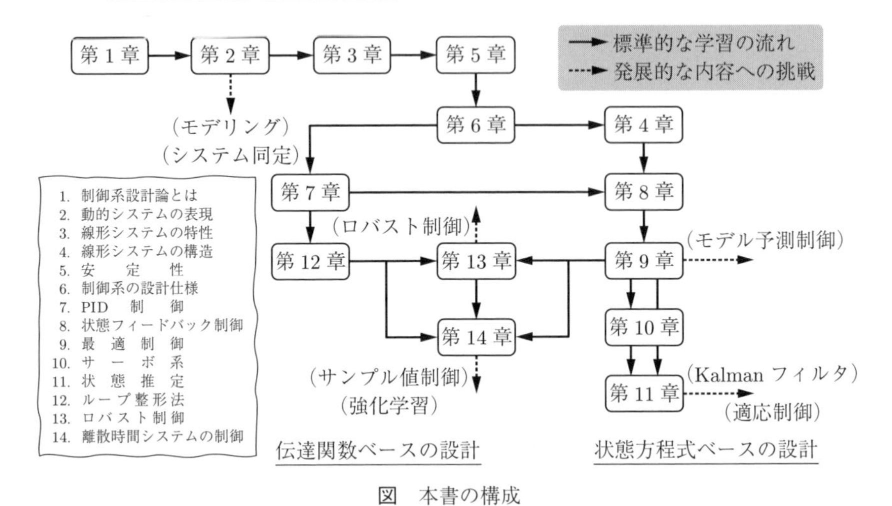

図　本書の構成

本書を執筆するにあたり著者が痛感したことは，制御工学の奥深さである。勉強するたびに新しい発見がある。その制御工学のすべてを限られたページ数で伝えるというのは，無理な話である。本書では，制御系設計手法の紹介に注力したが，すべてをカバーしきれていない。厳密さを欠いている部分も多々ある。是非，巻末の文献をはじめ，ほかの書籍を参考にしながら，制御工学に対する理解を深めていただきたい。なお，本書の章末問題の解答や補足内容，補助教材をサポートページ

https://y373.sakura.ne.jp/minami/csd

で公開している。ご活用いただければ幸いである。

本書をまとめるにあたり，さまざまな方にお世話になった。日頃からお世話になっている大阪大学の大須賀公一先生をはじめとする「チームコントロール」の先生方にお礼申し上げる。また，原稿をチェックしていただいた熊本大学の岡島寛先生や大阪大学石川・南研究室の鈴木朱羅先生，高木勇樹君，吉田侑史君，荻尾優吾君，宮下和大君，田中健太君に感謝の意を表したい。最後に，自宅で執筆する著者らをあたたかく見守ってくれた妻と娘に感謝する。

2021年11月

南 裕樹，石川 将人

目　　　次

1.　制御系設計論とは

2.　動的システムの表現

3.　線形システムの特性

4.　線形システムの構造

5. 安　定　性

6. 制御系の設計仕様

7. PID 制御

8. 状態フィードバック制御

9. 最適制御

10. サ ー ボ 系

11. 状 態 推 定

12. ループ整形法

13. ロバスト制御

14. 離散時間システムの制御

control system design

1 制御系設計論とは

本書『制御系設計論』は，動的システムのモデリングと解析，そしてフィードバック制御系の設計を主たる内容としている。一般には総称して「制御工学」と呼ばれることも多い内容だが，本書では「設計」に重きをおいたことを強調している。しかし，あらためてよく見てみると，「制御」「系」「設計」「論」と，いずれも抽象的で捉えにくい語が並んでおり，初学者にとっては具体的になにをするのかわかりにくいのではないだろうか。そこで本章では，読者の頭と心が本書の内容を受け入れる態勢を作る手助けとして，タイトルの意味を解きほぐすところから始めてみよう。

1.1 どのような学問か

1.1.1 動詞の学問

まずは，「制御」が実際に行われている例をいくつか思い浮かべてみよう。

(1) 温度制御　エアコンによって，室内の温度をユーザが設定した温度に保つ。センサで現在の室温を計測し，それが設定温度より低ければヒータを作動させ，設定温度より高ければヒータを停止する。

(2) 化学プラント　材料 A と材料 B を所定の割合で混合し，反応の結果得られる材料 C を一定の流量で出力する。このために材料 A,B それぞれの流入量をバルブによって調節すると同時に，反応槽の温度も一定値に保つ。

(3) 原 子 炉　原子核崩壊にともなう質量欠損を熱エネルギーとして取り出す原子炉では，放出される中性子がつぎの核分裂を引き起こす連鎖反応の維持が必須である。このために，中性子を吸収するカドミウムなどの部材をリアルタイムに抜き差しすることが行われる。この部材は文字どおり制御棒と呼ばれている。

(4) **ロケットの姿勢制御**　ロケット下端についているスラスタの推力を調整することでロケットの姿勢を保持する。棒を後ろから「押す」格好になっているので，前方から引っ張るジェット機よりも姿勢保持が難しい。

(5) **投薬制御**　手術患者の覚醒状態を適切なレベルに維持するために，各種バイタルセンサの情報をもとに，適時適量の麻酔投与を行う。

これらの例からわかるとおり，制御の対象は機械系，電気系，化学系から生物系に至るまで，千差万別である。ここで，電気系のための制御，機械系のための制御というものを対象ごとにばらばらに考えるのではなく，制御対象という概念を一般化したうえで，「制御するという行為」に着目するのが制御工学という学問のスタイルである（**図 1.1**）。

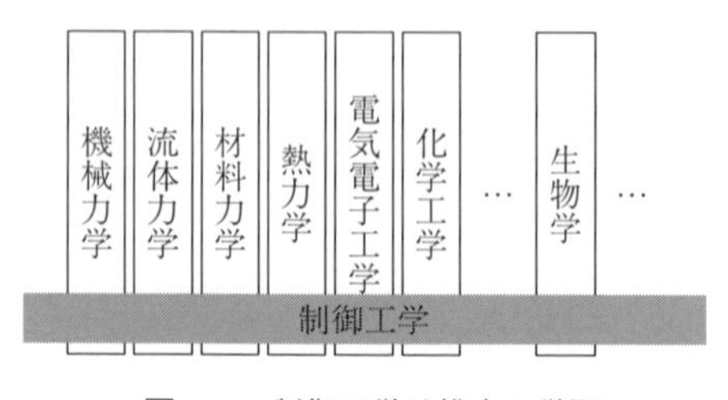

図 1.1　制御工学は横糸の学問

個別の制御対象に依存しないで制御を論じるには，科学の共通言語である数学に頼るほかない。制御対象の振る舞いを常微分方程式，伝達関数，状態方程式などの数学的な枠組みで表すことを**モデリング** (modeling) という。ひとたびモデリングが行われた後には，いわば無色透明な世界が広がっている。モデルの特徴はゲイン，位相遅れ，固有値，安定性といった抽象的な指標で表され，そこには由来となったKirchhoffの電圧則や粘性摩擦のような物理概念は顔を出さない。また制御の行為とその評価についても，「比例積分制御によって定常偏差を抑制する」「最適レギュレータを用いて評価関数を小さくする」のように，物理的なイメージをともなわない抽象的な表現で語られることが多い。こうした普遍性への指向が，制御工学の力強さでもあり，とっつきにくさの一因にもなっているといえるだろう。

このような立ち位置の学問はほかにもあるだろうか。大学の理工系学部で学ぶさまざまな「○○学」を，○○にあたる部分の品詞に注目して眺めてみよう。「電磁気学」や「流体力学」は，それぞれ電磁気，流体という対象に主眼をおいた，いわば「名詞の学問」である。材料力学の一分野である「弾性学」や「塑性学」などは，性質に着目した「形容詞の学問」といえるかもしれない。これに対して「制御工学」は，「制御する」というサ変動詞を語幹においた「動詞の学問」である。同じ「動詞の学問」の仲間としては，例えば「通信工学」，「設計工学」，「加工学」などがある。いずれも，対象そのものよりもそれに対する働きかけ，行為のほうに重きをおいているという点で，スタイルにおのずと共通したところが見られる。

1.1.2　制御系設計論の「気持ち」

本書のタイトルである制御系設計論には，「制御」と「設計」という言葉が含まれている。「『制御するもの』を設計する」という意味で，二重に動詞の学問であるといえる。このような，生粋の動詞の学問を身につけるためには，動詞の主語，つまり行為の主体の気持ちになって読むことをおすすめする。主語の立場に立ってみると，必然的に「なにを」，「なんのために」制御・設計するのか，そのために，なににどう立ち向かわなければならないか，を想起しやすくなるだろう。**図 1.2** のようなロボットアームの位置決め制御問題を考えた場合，目的をもっているのは「私（設計者）」である。まず「私」の意思として，目標位置にはぴったりと到達してほしいし，その途中で行き過ぎて壁に当たることは避けたいと思う。さらに少し欲張って，なるべく早く到達してほしいとも思っている。実際にロボットアームの「制御」を行う主体はマイコン（コントローラ）である。ひとたび組み込まれれば設計者の手を離れ，プログラムされたとおりに動作する。そして，モータとロボットアームは物理法則に従うだけである。

さて，どのようにマイコンをプログラムすれば，設計者の意図どおりの振る舞いが実現されるだろうか。この設計者に感情移入したうえで，第 6 章の図 6.4，図 6.5，図 6.6 を見てほしい。第 6 章では，「整定時間を小さくする」，「最大行き過ぎ量を小さくする」，「定常偏差を小さくする」などの制御目的のために，そ

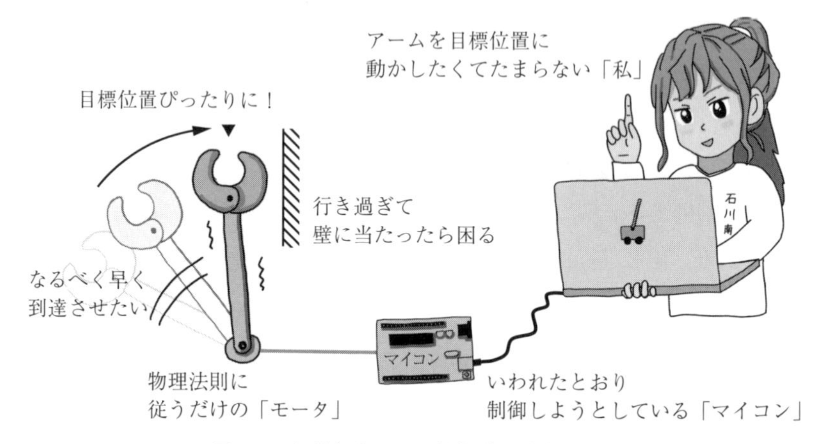

図 **1.2**　気持ちを入れて制御系設計論を読む

れぞれとるべき設計指針が示されている。このように制御系設計論とは，一見すると科学には似つかわしくないように見える「意図」というもの，いわば主観まみれのところから出発して，それを客観的かつ定量的に取り扱う方法論を提供する学問なのである。

1.2　制御系設計論の勘所

自然現象を思いどおりに操りたい，勝手に制御する装置を設計したいという気持ちをもって問題に向き合ってみると，必然的に直面する重要なポイントがいくつかある。以下に，制御対象を把握するにあたっての勘所として「ダイナミクス」と「因果性」について，制御をするうえでの勘所として「フィードバック」について，そして制御系設計をするうえでの勘所として「不確実性」と「トレードオフ」について述べておこう。

1.2.1　ダイナミクス—システムの「記憶」—

制御対象の性質を把握するうえで最も大事な観点は，**ダイナミクス** (dynamics) の存在である。例えば図 **1.3**(a) のように，カメラのレンズの絞り量とフィルム

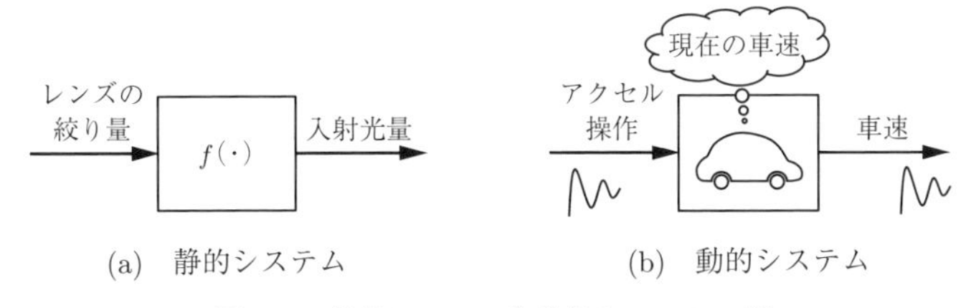

(a)　静的システム　　(b)　動的システム

図 **1.3**　静的システムと動的システムの例

が受ける入射光量の関係を考えた場合，両者を結びつける計算式は複雑ではあるが，入射光量は現在の絞り量だけによって即座に決まる。このように現在の入力だけで出力が決まるものを**静的システム** (static system) という。

対して図 1.3(b) のように，直進する自動車のアクセルペダル操作と車速の関係を考えてみよう。アクセルペダルによって車速を変えられることは確かだが，現在の車速を，その瞬間のアクセル操作で変えようと思っても手遅れである。現在の車速は，動き始めてから現在までに加えてきたアクセル操作という**過去の入力履歴** (history of past inputs) によって決まっている。このように，出力が過去の入力に依存するシステムを**動的システム** (dynamical system) という。この例の場合，過去の入力履歴は現在の車速という一つの**状態** (state) に集約されているので，1 次の動的システムであるという。1 秒後の車速は，現在の車速と，今後 1 秒間に加えるアクセル操作によって決定される。動的システムとは，記憶をもつシステムであるといえる†。

1.2.2　因　果　性

1.2.1 項で述べたように，状態は 過去に起こったこと の結果を記憶するものである。未来のアクセル操作が現在の車速に影響することはありえない。この性質を動的システムの**因果性** (causality) という（図 **1.4**）。

当たり前のことのように思えるが，微分方程式や伝達関数を形式的に操作していると，この法則を破るものが簡単にできてしまう。典型的なものは微分器である。信号の積分は，過去の信号値を蓄積したものだから問題ないが，微分

† この観点から対比して，静的システムをメモリレス (memoryless) システムともいう。

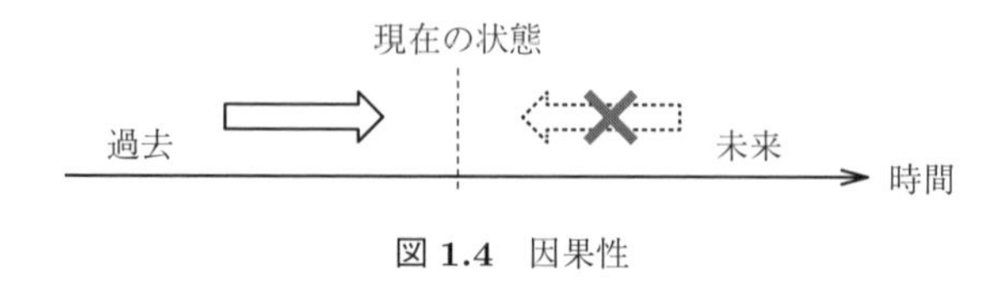

図 1.4　因果性

のほうは「これから起こることを先取りした信号」を出力できることになる。因果的でない動的システムはこの世に存在し得ない。制御系設計においては，つねに伝達関数のプロパー性を確認することによって，因果性を守るように留意しなければならない（2.3.1 項を参照)。

1.2.3　フィードバック

現代の制御工学における最大の鍵が**フィードバック** (feedback) の概念である。Watt の遠心調速機，電話伝送網における Black のフィードバック増幅器など，フィードバックの要素を取り入れることで制御工学の価値は劇的に高まったが，同時にフィードバック系特有の問題も浮き彫りになった†。

図 1.5(a) は，入力 u を定数 k 倍した y を出力するシステムである。これが図 (b) のようにフィードバックになっていると，k 倍された出力 y がまた入力に戻り，再び k 倍のブロックを通ることになる。前者を開ループ，後者を閉ループという。出力 y のフィードバックが u に加算される**正帰還**（**ポジティブフィードバック**，positive feedback）の場合には

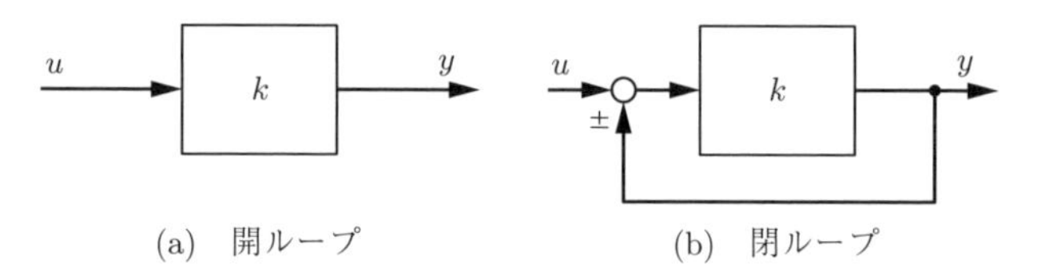

図 1.5　開ループと閉ループ

† 前者は Maxwell の安定論へとつながり，後者は米ベル研究所での通信工学研究において Bode や Nyquist らの安定論につながった。通信工学と制御工学は基本的な道具立てに相当な共通部分があり，いわば双子の兄弟のようなものである[2),4)]。
（肩付きの数字は巻末の引用・参考文献番号を示す）

$$y = ku + k^2u + k^3u + \cdots \tag{1.1}$$

となる。つまり等比級数の形（初項 ku，公比 k）が必然的に現れる。その和は

$$y = \lim_{n\to\infty}\sum_{i=1}^{n} k^i u = \lim_{n\to\infty}\frac{k(1-k^n)}{1-k}u \tag{1.2}$$

となる。$|k|>1$ であればこの級数は収束しない。$|k|<1$ のときは $k^n \to 0 (n\to\infty)$ だから，$(k/(1-k))u$ に収束する。もし出力 y が u から減算される**負帰還**（**ネガティブフィードバック**，negative feedback）であれば，等比級数の公比が $-k$ で，$|k|<1$ のときの収束値は $(k/(1+k))u$ となる。このように，閉ループの存在は収束・発散に重要な影響を与え，そこでは k の絶対値（ゲイン）の吟味が要になる。さらに，実際の制御系では開ループブロックが静的ではなく動的システムとなっているのが普通であり，ゲインと遅れとの相互関係が閉ループ全体の特性を左右する。5.4.2 項で論じる Nyquist の安定判別法や第 12 章で述べるループ整形法をはじめ，フィードバック制御理論の大半は，開ループの性質と閉ループの性質をいかに見通しよく結びつけるかというところに費やされている。

1.2.4　不　確　実　性

さて，最前線で実際に制御対象と相対するのはコントローラである。設計者の想定では制御対象が 1 次だったとしても，実際に向き合ってみたら 2 次だったり，想定よりも摩擦が小さかったり，センサの信号があてにならなかったりして，コントローラの立場からすると「話が違う」ということになりかねない。さらには温度変化や経年劣化により，制御対象が時々刻々と変動していくことも珍しくない。制御系設計において重要なことは，つねに「**不確実性** (uncertainty) を考慮に入れて設計する」こと，さらにいえば「不確実性の度合いを探りながら考慮に入れる」ことである。一般に，制御対象が速く振る舞う領域（高周波領域）ほど，モデルの信頼性は下がる（不確実性が増す）。剛体部品のわずかなたわみによる微小振動，信号のノイズ，演算遅れなどは，高周波の振る舞いに影響することが多いからである。このような事情を考慮に入れて，モデルが不

正確であったとしても所期の性能を損なわないようにコントローラを設計しようというのが，第13章で述べるロバスト制御の発想である。

1.2.5 トレードオフ

最後に，工学的設計を考えるうえで要となる**トレードオフ** (trade-off) の観点に触れておこう。設計には制約がつきものである。先のロボットアームの例で，いくらモータを高速に駆動しようと思ったとしても，通常は流せる電流の上限値や，エネルギー消費の観点から制約が課せられている。また，1.2.4項で述べたとおり制御対象のモデルは高周波領域になるほど不確実性が増すため，性能を上げようとするとロバスト安定性が犠牲になる。そもそもコストの面から，十分な反応性や精度を引き出せるほどの高価な部品が使えないこともありうる。

ほとんどの制御系設計は，速応性とロバスト安定性，そしてエネルギー消費などのトレードオフとの戦いである（9.3節の最適レギュレータ，13.4節の混合感度問題を参照）。窮屈に感じられるかもしれないが，逆に制約が少なすぎる場合は設計として「閉じていない」問題になり，解が定まらなくなってしまう。制御系設計は，相反する制約どうしに賢く折り合いをつけて，ちょうどよい答えを見いだす知恵である。現実の工学問題において，なにかの特性を無制限に向上させられるということはまずない。つねに問題の背後にあるトレードオフの構図を見据えることが，設計者として欠かせないセンスである。

章末問題

【1】 1.1.1項で挙げた例のほかに，動詞に由来する語が冠せられている学問名を挙げよ。

【2】 拡声器を用いる際にしばしば生じる「ハウリング」の現象を，フィードバックの観点から説明せよ。

【3】 ロボットアームの位置決め制御を例にとり，不確実性の要素として考えられるものを挙げよ。

【4】 身近な設計問題の例を取り上げ，トレードオフの関係にある設計要求を挙げよ。

control system design

2　動的システムの表現

第1章で述べたように，制御工学のシステム観においては，**図 2.1** に示す入力，（内部）状態，出力の三つを把握することが重要である。

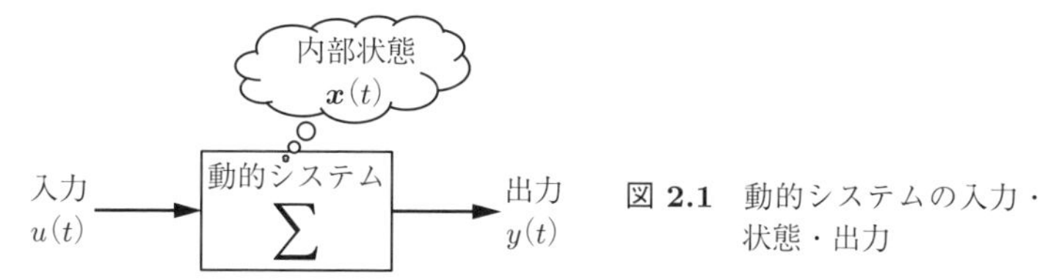

図 2.1　動的システムの入力・状態・出力

内部状態は，システムの「記憶」を表す必要最小限の情報である。入力と出力は自動的に定まるものではなく，システムを捉えようとする者が意図的に定めるものである。本章ではまず，物理現象を記述する最も基本的な方法として常微分方程式を扱うところから始め，ついで内部状態を状態ベクトルとして明示した状態空間表現を導入する。また，入力と出力を定めることによって伝達関数表現を導入し，状態空間表現との相互変換について述べる。

2.1　常微分方程式

2.1.1　常微分方程式によるモデリング

時間 t を独立変数とし，$u(t)$ を t について十分に滑らかな既知関数，$a_{n-1}, \cdots, a_1, a_0, b_0 \in \mathbb{R}$ を実定数とする。このとき，未知関数 $y(t)$ に関する式 (2.1) のような微分方程式を考える。

$$y^{(n)}(t) + a_{n-1}y^{(n-1)}(t) + \cdots + a_1\dot{y}(t) + a_0 y(t) = b_0 u(t) \tag{2.1}$$

なお，以後本書では，特に断りのない限り t は時間を表しているものとし，時間関数の定義域は $t \in [0, \infty)$ であるとする。時間 t についての 1 階微分と 2 階微分をそれぞれ

$$\dot{y}(t) = \frac{\mathrm{d}y(t)}{\mathrm{d}t}, \quad \ddot{y}(t) = \frac{\mathrm{d}^2 y(t)}{\mathrm{d}t^2}$$

のように上付きのドットで表し，k 階微分を $y^{(k)}(t)$ と表すことにする。また，文脈から明らかなときは (t) をしばしば省略する。

式 (2.1) の左辺は未知関数 $y(t)$ とその時間微分の線形結合であり，その係数は定数であるので，これを n 階の**定係数線形常微分方程式** (linear ordinary differential equation with constant coefficients) という。

さて，既知関数 $u(t)$ と，$y(t)$ の初期値条件 $y^{(n-1)}(0) = c_{n-1}, \cdots, \dot{y}(0) = c_1$, $y(0) = c_0$ が与えられたとき，式 (2.1) を満たす関数 $y(t), t \in [0, \infty)$ は一意に定まる。これを求めることを，「式 (2.1) の初期値問題を解く」という。また，式 (2.1) に現れる $y(t)$ の最高階の微分が $y^{(n)}(t)$ ならば，$y(t)$ から $y^{(n-1)}(t)$ までの導関数について，計 n 個の初期条件を定めることが，求解のために必要かつ十分な条件になる。これは，のちに示す状態変数の次元と等しい。

なお，式 (2.2) に示すように，与えられた微分方程式が既知関数 $u(t)$ とその時間微分の線形結合を含んでいる場合もある。

$$\begin{aligned} &y^{(n)}(t) + a_{n-1}y^{(n-1)}(t) + \cdots + a_1\dot{y}(t) + a_0 y(t) \\ &\quad = b_m u^{(m)}(t) + b_{m-1}u^{(m-1)}(t) + \cdots + b_1\dot{u}(t) + b_0 u(t) \end{aligned} \tag{2.2}$$

ここで $b_m, \cdots, b_1, b_0 \in \mathbb{R}$ は定数である。この場合，右辺がまた既知関数であることには変わりないので，必要な初期値条件の数は変わらない。ただし，後述する伝達関数表現において零点が存在する形になる。

例 2.1　**図 2.2** の回路において，v と i_L の間に成り立つ関係を微分方程式の形で表してみよう。まず，接続点 B における Kirchhoff の電流則より $i_R - i_C - i_L = 0$ である。また，Kirchhoff の電圧則より

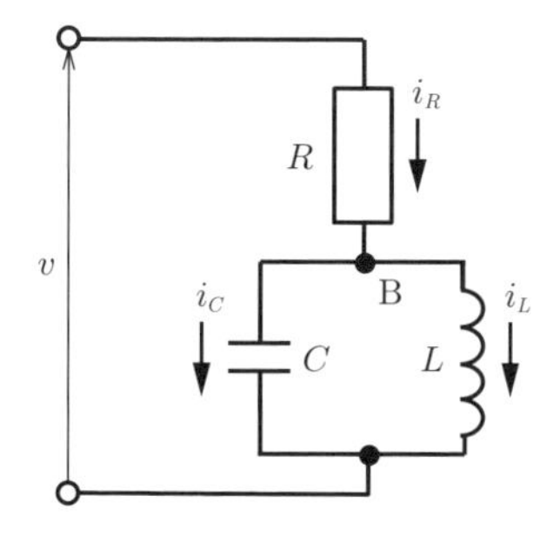

図 **2.2** RLC 回路

$$v = Ri_R + \frac{1}{C}\int i_C \mathrm{d}t$$
$$L\frac{\mathrm{d}i_L}{\mathrm{d}t} = \frac{1}{C}\int i_C \mathrm{d}t$$

が成り立つ。後者の両辺を微分して得られる

$$i_C = LC\frac{\mathrm{d}^2 i_L}{\mathrm{d}t^2}$$

とあわせて，関係式から i_R, i_C を消去すれば，2 階の常微分方程式

$$Ri_L + L\frac{\mathrm{d}i_L}{\mathrm{d}t} + RLC\frac{\mathrm{d}^2 i_L}{\mathrm{d}t^2} = v$$

を得る。

2.1.2 常微分方程式を「解く」とは

まずは最も簡単な常微分方程式の解法を振り返っておこう。

例 2.2 k を実定数，$u(t)$ を t の既知関数，初期条件を $y(0) \in \mathbb{R}$ として，以下の (1), (2), (3) に示す 1 階定係数線形常微分方程式の解 $y(t)$ を求めよう。

(1) $\dot{y}(t) = u(t)$

そのまま両辺を t で積分するだけでよいので，$y(t)$ は次式のようになる。

$$y(t) = y(0) + \int_0^t u(\tau)\mathrm{d}\tau$$

(2)　$\dot{y}(t) + ky(t) = 0$

変数分離法により $(1/y)\mathrm{d}y = -k\mathrm{d}t$ と変形し，両辺を積分して積分定数を C とおくと

$$\ln y(t) = -kt + C$$
$$y(t) = e^{-kt+C} = e^{-kt}e^{C}$$

を得る。初期条件を代入すると $y(0) = e^C$ より C を決定できて

$$y(t) = y(0)e^{-kt}$$

となる。$k < 0$ の場合には $y(t)$ は時間とともに発散する。$k = 0$ の場合には $y(t) \equiv y(0)$, $k > 0$ の場合には $y(t)$ は 0 に収束する。

(3)　$\dot{y}(t) + ky(t) = u(t)$

まず，(2) の一般解で積分定数にあたっていた e^C の部分が t の関数 $\phi(t)$ であると仮定し，$y(t) = \phi(t)e^{-kt}$ を解の候補としよう（定数変化法）。これを微分した

$$\frac{\mathrm{d}y(t)}{\mathrm{d}t} = \frac{\mathrm{d}\phi(t)}{\mathrm{d}t}e^{-kt} - k\phi(t)e^{-kt}$$

をもとの微分方程式に代入すると

$$\frac{\mathrm{d}y(t)}{\mathrm{d}t} + ky(t) = \frac{\mathrm{d}\phi(t)}{\mathrm{d}t}e^{-kt} - k\phi(t)e^{-kt} + k\phi(t)e^{-kt} = u(t)$$
$$\phi(t) = \int_0^t u(\tau)e^{k\tau}\mathrm{d}\tau + C_1$$

と $\phi(t)$ の形が定まる。$\phi(t)$ の式の第 1 項は $u(t)$ が与えられれば定まる既知の時間関数であり，C_1 は積分定数である。$t = 0$ を代入すると $C_1 = \phi(0)$，また初期条件より $\phi(0) = y(0)$ であるので

$$y(t) = \phi(t)e^{-kt} = y(0)e^{-kt} + \int_0^t u(\tau)e^{-k(t-\tau)}\mathrm{d}\tau$$

が求める解となる。第 1 項は初期値 $y(0)$ で決まる指数減衰項，第 2 項は既知関数と指数関数のたたみ込み積分であり，初期値の影響と既知関数の関与が分離されているところが特徴である。

さて，微分という操作がほぼいつでも機械的にできるのに対して，微分方程式を「解く」という行いはしばしば発見的な考え方を含み，一般には困難な操作である。したがって，万能の解法は存在しないが，対象を定係数線形常微分方程式に限れば，例 2.2 の延長で系統的に解くことができる。そのための道具立ての一つが高階微分を 1 階の行列微分方程式に帰着する状態方程式の考え方，もう一つが微積分を代数演算に帰着する Laplace 変換である。

2.2 状態空間表現

2.2.1 常微分方程式から状態方程式へ

微分方程式 (2.1) を，入力 $u(t)$ に対する出力 $y(t)$ の振る舞いを定める動的システムとして見てみよう。解を求めるためには $y(t)$ とその $n-1$ 階までの微分 $\dot{y}(t), \cdots, y^{(n-1)}(t)$ について，合計 n 個の初期条件を定めなければならず，それはこの動的システムの状態または**内部状態** (internal state) に対応している。$y(t), \dot{y}(t), \cdots, y^{(n-1)}(t)$ を一つのベクトルにまとめ，**状態ベクトル** (state vector) としてつぎのように定めよう。

$$\boldsymbol{x}(t) = \begin{bmatrix} x_1(t) \\ x_2(t) \\ \vdots \\ x_n(t) \end{bmatrix} := \begin{bmatrix} y(t) \\ \dot{y}(t) \\ \vdots \\ y^{(n-1)}(t) \end{bmatrix}$$

$\boldsymbol{x}(t) \in \mathbb{R}^n$ はベクトル値の時間関数であり，その各要素 $x_1(t), \cdots, x_n(t)$ を**状態変数** (state variablc) という。$\boldsymbol{x}(t)$ の時間微分を求めてみると

$$\dot{\boldsymbol{x}}(t) = \begin{bmatrix} \dot{x}_1(t) \\ \dot{x}_2(t) \\ \vdots \\ \dot{x}_{n-1}(t) \\ \dot{x}_n(t) \end{bmatrix} = \begin{bmatrix} x_2(t) \\ x_3(t) \\ \vdots \\ x_n(t) \\ -a_{n-1}x_n(t) - \cdots - a_1x_2(t) - a_0x_1(t) + b_0u(t) \end{bmatrix}$$

と，すべて $\boldsymbol{x}(t)$ の要素と $u(t)$ を用いて表すことができる。そこで，右辺を行列とベクトルの積の形に並べ直すと

$$\dot{\boldsymbol{x}}(t) = \boldsymbol{A}\boldsymbol{x}(t) + \boldsymbol{B}u(t) \tag{2.3}$$

$$\boldsymbol{A} = \begin{bmatrix} 0 & 1 & 0 & \cdots & 0 \\ 0 & 0 & 1 & \cdots & 0 \\ \vdots & \vdots & \ddots & \ddots & \vdots \\ 0 & 0 & \cdots & 0 & 1 \\ -a_0 & -a_1 & \cdots & -a_{n-2} & -a_{n-1} \end{bmatrix}, \quad \boldsymbol{B} = \begin{bmatrix} 0 \\ 0 \\ \vdots \\ 0 \\ b_0 \end{bmatrix}$$

となる。また，$y(t) = x_1(t)$ の関係も行列の形で表すと

$$y(t) = \boldsymbol{C}\boldsymbol{x}(t)$$
$$\boldsymbol{C} = \begin{bmatrix} 1 & 0 & \cdots & 0 \end{bmatrix}$$

となる。このように，もとの式 (2.1) は実数値関数についての n 階の常微分方程式であったのに対し，式 (2.3) ではベクトル値関数についての，行列を係数とした 1 階常微分方程式の形で簡潔に表すことができている。スカラの場合と同様，文脈から明らかな場合は (t) を省略する。

なお，式 (2.2) のように微分方程式が $u(t)$ の微分を含む場合，上記のように $y(t)$ とその高階微分を状態変数とするだけでは，一般にうまく表現できない。このような場合には，2.3 節で述べる伝達関数でいったん表現してから状態方程式を実現するほうが容易である（本章の章末問題【 **4** 】を参照）。

2.2.2 状態方程式の一般形

式 (2.3) を一般化しよう。1 入力 1 出力の動的システムのダイナミクスを表すベクトル値微分方程式

$$\dot{\boldsymbol{x}}(t) = \boldsymbol{A}\boldsymbol{x}(t) + \boldsymbol{B}u(t) \tag{2.4}$$

$$y(t) = \boldsymbol{C}\boldsymbol{x}(t) + Du(t) \tag{2.5}$$

を（線形）**状態方程式** (state equation) という†。ここで $u(t) \in \mathbb{R}$ は入力，$y(t) \in \mathbb{R}$ は出力，$\boldsymbol{x}(t) \in \mathbb{R}^n$ は状態である。また，$\boldsymbol{A} \in \mathbb{R}^{n\times n}$, $\boldsymbol{B} \in \mathbb{R}^{n\times 1}$, $\boldsymbol{C} \in \mathbb{R}^{1\times n}$, $D \in \mathbb{R}^{1\times 1}$ はそれぞれ定数行列である。式 (2.5) の右辺第 2 項 $Du(t)$ を**直達項** (direct transmission term) といい，入力から出力へ瞬時に影響が伝わる（後述する相対次数が 0 である）ときにのみ $D \neq 0$ となる。実用上多くの制御対象では，物理的な特性から $D = 0$ とモデル化される場合が多い。

なお，本書では扱わないが，入出力をそれぞれ多次元のベクトル $\boldsymbol{u}(t) \in \mathbb{R}^{n_i}$, $\boldsymbol{y}(t) \in \mathbb{R}^{n_o}$ とし，係数行列のサイズをそれぞれ $\boldsymbol{B} \in \mathbb{R}^{n\times n_i}$, $\boldsymbol{C} \in \mathbb{R}^{n_o\times n}$, $\boldsymbol{D} \in \mathbb{R}^{n_o\times n_i}$ とすることで，多入力多出力システム (MIMO (multi-input multi-output) システム) の解析や設計も統一的に論じることができる。

2.3 伝達関数表現

2.3.1 常微分方程式から伝達関数へ

常微分方程式 (2.2) に対し，$y(s) := \mathscr{L}[y(t)]$, $u(s) := \mathscr{L}[u(t)]$ とおいて両辺を Laplace 変換すると

$$\sum_{i=0}^{n} a_i \left(s^i y(s) - \sum_{j=0}^{i-1} s^j y^{(i-j-1)}(0) \right) = \sum_{i=0}^{m} b_i \left(s^i u(s) - \sum_{j=0}^{i-1} s^j u^{(i-j-1)}(0) \right)$$

を得る（便宜上 $a_n = 1$ とおいた）。ここで，初期条件をすべて 0 とおき，$y(s)$ と $u(s)$ の比を

† 狭義には式 (2.4) を状態方程式，式 (2.5) を出力方程式と呼び，両式をあわせてシステム方程式と呼ぶこともある。

$$\mathcal{G}(s) = \frac{b_m s^m + b_{m-1}s^{m-1} + \cdots + b_1 s + b_0}{s^n + a_{n-1}s^{n-1} + \cdots + a_1 s + a_0} \tag{2.6}$$

とおくと，$u(s)$ と $y(s)$ の関係は

$$y(s) = \mathcal{G}(s)u(s)$$

と表される。$\mathcal{G}(s)$ を u から y までの**伝達関数** (transfer function) といい，**図 2.3** のような入出力ブロックの記号で表す。伝達関数は信号と信号の間の関係を表すものなので，「○から△までの」というただし書きは重要であり，省略するにあたっては十分な注意が必要である。入出力信号を明示するために $\mathcal{G}_{\triangle\circ}(s)$ という表記を用いることもある。また，文脈から明らかなときには，しばしば (s) を省略した $y = \mathcal{G}(s)u$ あるいは $y = \mathcal{G}u$ という表現も用いる。

図 2.3　入出力ブロック

もとの常微分方程式表現に対する伝達関数の大きな特徴の一つは，Laplace 変換の微分演算子としての性質により，微積分をともなう関係が s の四則演算に置き換えられていることである。このおかげで伝達関数は s の多項式と多項式の比，すなわち**有理関数** (rational function) の形で表現できる。ここで，$a_{n-1}, \cdots, a_0, b_m, \cdots, b_0 \in \mathbb{R}, b_m \neq 0$ は定数であり，一般性を失うことなく分母多項式 $d(s)$ を**モニック** (monic)（最高次の係数が 1）であると仮定している。

なお，一般には伝達関数として任意の複素関数を考えることもできるが，本書では，例 2.3 に示す**むだ時間要素** (time delay system) を唯一の例外として，有理伝達関数のみを扱う。

例 2.3　入力 $u(t)$（ただし $t < 0$ について $u(t) \equiv 0$）に対して，時間 h だけ遅れた信号 $y(t) = u(t-h)$ を出力するシステムの伝達関数は

$$\mathcal{G}(s) = e^{-hs} \tag{2.7}$$

で表される。むだ時間を有理関数で近似したものとして，式 (2.8) に示す **Padé 近似** (Padé approximation) が用いられることもある。

$$\mathcal{G}(s) = \frac{1 - hs/2}{1 + hs/2} \tag{2.8}$$

有理伝達関数 $\mathcal{G}(s)$ の分母多項式 $d(s)$ の次数 n と分子多項式 $n(s)$ の次数 m の差 $n - m$ を相対次数という。相対次数が正のものを**厳密にプロパー** (strictly proper)，相対次数が 0 以上のものを**プロパー** (proper) な伝達関数という。$\mathcal{G}(s) = 0$ となるような $s \in \mathbb{C}$ を $\mathcal{G}(s)$ の**零点** (zero) という。また，$1/\mathcal{G}(s) = 0$ となるような $s \in \mathbb{C}$ を $\mathcal{G}(s)$ の**極** (pole) という。$\mathcal{G}(s)$ が既約ならば，分子多項式 $n(s)$ の根は $\mathcal{G}(s)$ の零点であり，分母多項式 $d(s)$ の根は $\mathcal{G}(s)$ の極である。代数学の基本定理により，上記の $\mathcal{G}(s)$ は重複を含めて n 個の極 $p_1, \cdots, p_n \in \mathbb{C}$

コーヒーブレイク

伝達関数のプロパー性は，システムの因果性と対応している。相対次数が負であるような**非プロパー** (improper) なシステムは，現実には存在し得ない。例えば，入力 $u(t)$ を微分した $y(t) = \dot{u}(t)$ を出力する**微分要素** (differentiator) の伝達関数は $\mathcal{G}(s) = s$ であり，相対次数が -1 の非プロパーなシステムである。もし，正確な微分要素が実現できたとすると，それを無数に並べて結合することによって

$$u(t) + T\dot{u}(t) + \frac{T^2}{2}\ddot{u}(t) + \cdots = u(t+T), \quad T > 0$$

のように，入力 $u(t)$ に対して未来の信号 $u(t+T)$ を出力するものが実現できてしまう。これは明らかに因果律に反する。したがって，コントローラの中で微分動作が必要な場合は近似微分要素で代替する必要がある（7.2 節のコーヒーブレイクを参照）。

定数要素 $\mathcal{G}(s) = k$ は相対次数が 0，すなわちプロパーだが厳密にプロパーではなく，因果律を破らないぎりぎりの存在である。単純な物理法則で結びついた比例関係としてならば存在し得るが，コントローラの中などで少しでも演算遅れがあれば実現できない。なお，**積分要素** (integrator) $\mathcal{G}(s) = 1/s$ は相対次数が 1 であるので因果性の問題はないが，積分値が飽和する（一定値の入力に対して出力が発散する）可能性があるので，やはり厳密には実現し得ない。

と m 個の零点 $z_1, \cdots, z_m \in \mathbb{C}$ をもつから，それぞれを因数分解した形で

$$\mathcal{G}(s) = \frac{b_m(s-z_1)(s-z_2)\cdots(s-z_m)}{(s-p_1)(s-p_2)\cdots(s-p_n)}$$

とも表せる。

2.3.2 システムの結合とブロック線図

通常，図 2.3 のように，各ブロックは一つの伝達関数であることを想定する†。伝達関数表現では，信号の合流は図 **2.4**(a) のような加え合せ点の記号で表す。矢尻の付近には + または − の符号をつけるが，+ のときには省略してもよい（− の場合には省略してはならない）。信号の分岐は図 (b) の引き出し点で表す。

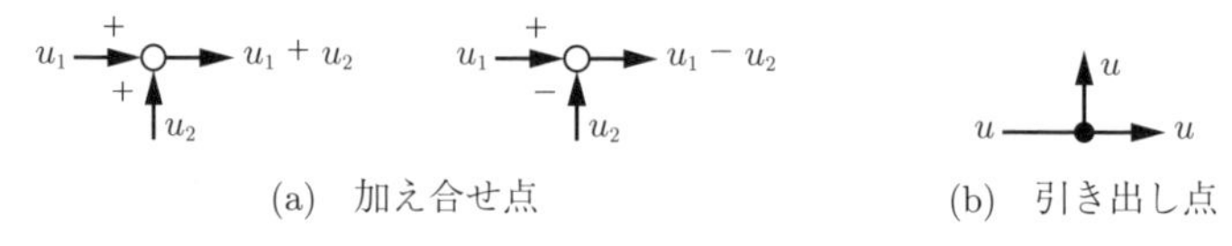

図 2.4　ブロック線図の基本要素

以上の要素を組み合わせると，複数のブロックを含む結合システムを柔軟に表現することができる。このような図式を**ブロック線図** (block diagram) と呼ぶ。ブロック線図を作図するにあたっては，信号線には必ず矢尻をつけることと，ブロックの入出力を明確にすることが重要である。二つのブロックの結合系における u から y までの伝達関数は，直列結合（図 **2.5**(a)）では $\mathcal{G}$ と $\mathcal{H}$ の積，並列結合（図 (b)）では $\mathcal{G}$ と $\mathcal{H}$ の和となる。フィードバック結合（図 (c)）の場合は，いったん補助信号 e を導入して，接続関係を $e = u - \mathcal{H}y$, $y = \mathcal{G}e$ と表しておき，ここから e を消去すれば

$$y = \frac{\mathcal{G}}{1+\mathcal{G}\mathcal{H}}u \tag{2.9}$$

を得る。なお，これはフィードバック信号が加え合せ点で減算される負帰還の場合であり，正帰還の場合には，$y = (\mathcal{G}/(1-\mathcal{G}\mathcal{H}))u$ となる。

† ただし，表記を拡張して入出力信号をベクトル値としたり，ブロックを非線形システムとしたりすることもある。

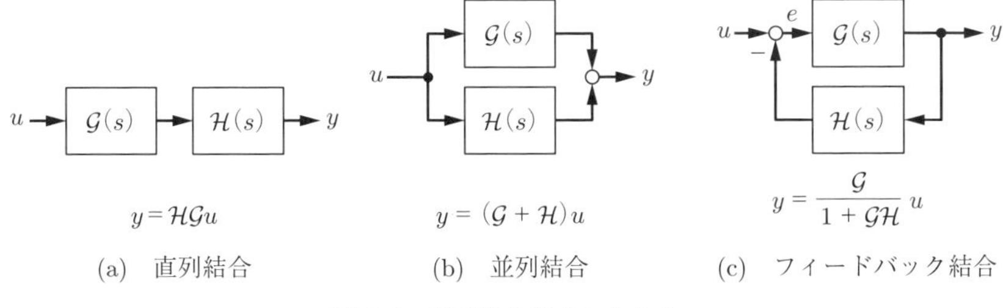

$y = \mathcal{HG}u$ (a) 直列結合 $y = (\mathcal{G} + \mathcal{H})u$ (b) 並列結合 $y = \dfrac{\mathcal{G}}{1+\mathcal{GH}}u$ (c) フィードバック結合

図 **2.5** 基本的な結合システム

2.3.3 状態空間表現と伝達関数表現の相互変換

Laplace 変換の線形性により，状態方程式をそのまま形式的に Laplace 変換することで容易に伝達関数が得られる。まず状態方程式 (2.4) の両辺を Laplace 変換（$\boldsymbol{\mathcal{X}}(s) := \mathscr{L}[\boldsymbol{x}(t)],\ u(s) := \mathscr{L}[u(t)],\ y(s) := \mathscr{L}[y(t)]$）すると

$$s\boldsymbol{\mathcal{X}}(s) - \boldsymbol{x}(0) = \boldsymbol{A}\boldsymbol{\mathcal{X}}(s) + \boldsymbol{B}u(s) \tag{2.10}$$

$$y(s) = \boldsymbol{C}\boldsymbol{\mathcal{X}}(s) + \boldsymbol{D}u(s) \tag{2.11}$$

となり，初期状態を $\boldsymbol{x}(0) = \boldsymbol{0}$ とおいて整理すると

$$(s\boldsymbol{I} - \boldsymbol{A})\boldsymbol{\mathcal{X}}(s) = \boldsymbol{B}u(s) \tag{2.12}$$

となる。$\boldsymbol{I}$ は $\boldsymbol{A}$ と同じサイズ $n \times n$ の単位行列である。$s\boldsymbol{I} - \boldsymbol{A} \in \mathbb{C}^{n\times n}$ の逆行列 $(s\boldsymbol{I} - \boldsymbol{A})^{-1}$ を $\boldsymbol{A}$ の**リゾルベント** (resolvent) といい，制御系の解析設計において一貫して重要な役割を演じる。リゾルベントが非正則となる条件は，$s\boldsymbol{I} - \boldsymbol{A}$ の行列式

$$\phi_{\boldsymbol{A}}(s) := \det(s\boldsymbol{I} - \boldsymbol{A}) \tag{2.13}$$

が 0 になることである。$\phi_{\boldsymbol{A}}(s)$ を**行列 $\boldsymbol{A}$ の特性多項式** (characteristic polynomial) といい，n 次の実係数多項式である。$\phi_{\boldsymbol{A}}(s)$ の根は $\boldsymbol{A}$ の**固有値** (eigenvalue) であり，実数または共役複素数の対からなる n 個の複素数である。

式 (2.12) の両辺に左から $\boldsymbol{A}$ のリゾルベントをかけて式 (2.10), (2.11) に代入すると

$$\boldsymbol{\mathcal{X}}(s) = (s\boldsymbol{I} - \boldsymbol{A})^{-1}\boldsymbol{B}u(s)$$

$$y(s) = \boldsymbol{C}\boldsymbol{\mathcal{X}}(s) + Du(s) = (\boldsymbol{C}(s\boldsymbol{I} - \boldsymbol{A})^{-1}\boldsymbol{B} + D)u(s)$$

を得る。すなわち，行列 $\boldsymbol{A}, \boldsymbol{B}, \boldsymbol{C}, D$ で定義される状態方程式 (2.4), (2.5) に対して，u から y への伝達関数は

$$\mathcal{G}(s) = \boldsymbol{C}(s\boldsymbol{I} - \boldsymbol{A})^{-1}\boldsymbol{B} + D \tag{2.14}$$

で一意に求めることができる。

一方，伝達関数から状態方程式への変換は一意ではない。すなわち，伝達関数 $\mathcal{G}(s)$ が与えられたときに，式 (2.14) によって $\mathcal{G}(s)$ に変換されるような状態方程式は一つではない。これは，そもそも動的システムに対する状態変数のとりかたに任意性があり，4.3 節で述べるように，正則な相似変換行列 $\boldsymbol{T} \in \mathbb{R}^{n\times n}$ の自由度の分だけ等価な状態空間表現が無数に存在するからである。本章で述べた表現形式の相互関係をまとめると**図 2.6** のようになる。

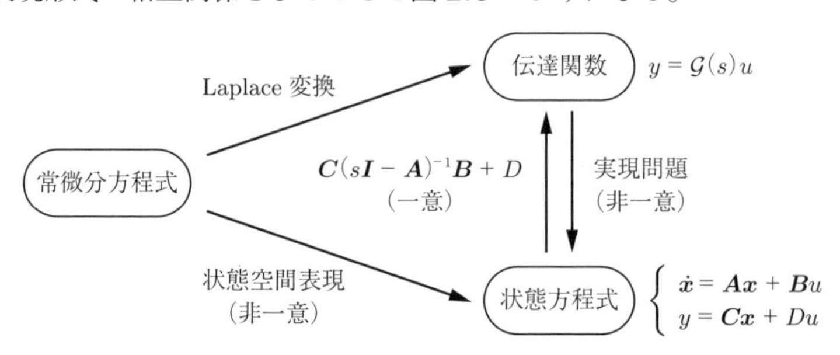

図 2.6　常微分方程式表現，状態空間表現，伝達関数表現の相互関係

与えられた入出力関係に対して，なんらかの基準で一つの状態空間表現を定めることを**実現** (realization) という。ここでは 1 入力 1 出力システムの場合に限って，状態空間の次元が最小となる実現の一つである可制御正準形による実現だけを述べておく。

$$\mathcal{G}(s) = \frac{n(s)}{d(s)} = \frac{b_m s^m + b_{m-1}s^{m-1} + \cdots + b_1 s + b_0}{s^n + a_{n-1}s^{n-1} + \cdots + a_1 s + a_0} \tag{2.15}$$

と与えられているとき

$$\boldsymbol{A} = \begin{bmatrix} 0 & 1 & 0 & \cdots & 0 \\ 0 & 0 & 1 & \cdots & 0 \\ \vdots & \vdots & \vdots & \ddots & \vdots \\ 0 & 0 & 0 & \cdots & 1 \\ -a_0 & -a_1 & -a_2 & \cdots & -a_{n-1} \end{bmatrix}, \quad \boldsymbol{B} = \begin{bmatrix} 0 \\ 0 \\ \vdots \\ 0 \\ 1 \end{bmatrix} \tag{2.16}$$

とし，$m < n$ のときには直達項はないので

$$\boldsymbol{C} = \begin{bmatrix} b_0 & b_1 & \cdots & b_m & 0 & \cdots & 0 \end{bmatrix} \tag{2.17}$$

$$D = 0 \tag{2.18}$$

と定める。$m = n$ のときには

$$\boldsymbol{C} = \begin{bmatrix} b_0 - b_m a_0 & b_1 - b_m a_1 & \cdots & b_{m-1} - b_m a_{n-1} \end{bmatrix} \tag{2.19}$$

$$D = b_m \tag{2.20}$$

と定めればよい。

例 2.4　**図 2.7** に示すようなバネ-マス-ダンパ系について，常微分方程式としてのモデリングから状態方程式，伝達関数までの変換を確認してみよう。

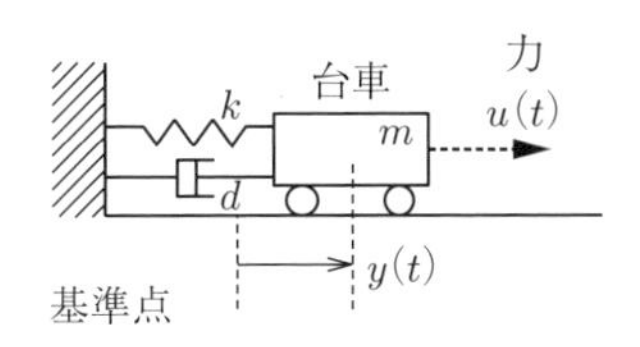

図 2.7　バネ-マス-ダンパ系

図 2.7 の台車は，質量が m であり，固定壁からばね定数 k のバネと係数 d のダンパでつながれている。台車の位置を $y(t)$ とし，バネが自然長のときの位置を基準点 $y(t) = 0$ とする。この台車に力 $u(t)$ を加えたときの台車の運動は

$$m\ddot{y}(t) = -d\dot{y}(t) \quad ky(t) + u(t) \tag{2.21}$$

という 2 階の線形定係数常微分方程式で表される。このシステムの状態を表す変数は台車の位置と速度であると考えられるから，これを状態変数 $\boldsymbol{x} = [x_1 \quad x_2]^\top = [y \quad \dot{y}]^\top$ にとると

$$\dot{\boldsymbol{x}} = \begin{bmatrix} 0 & 1 \\ -\frac{k}{m} & -\frac{d}{m} \end{bmatrix} \boldsymbol{x} + \begin{bmatrix} 0 \\ \frac{1}{m} \end{bmatrix} u \tag{2.22}$$

$$y = \begin{bmatrix} 1 & 0 \end{bmatrix} \boldsymbol{x} \tag{2.23}$$

という状態方程式で表せる。一方，式 (2.21) の初期状態を 0 とおいて両辺を Laplace 変換すると

$$ms^2 y(s) = -sdy(s) - ky(s) + u(s) \tag{2.24}$$

$$\mathcal{G}(s) = \frac{y(s)}{u(s)} = \frac{1}{ms^2 + ds + k} \tag{2.25}$$

という伝達関数が導かれる。式 (2.22), (2.23) の状態方程式を式 (2.14) によって変換すると，確かに式 (2.25) と一致する。

2.4　非線形状態方程式と近似線形化

物理現象を表す常微分方程式がそもそも線形になっていない場合，一般には，**非線形状態方程式** (nonlinear state equation)

$$\dot{\boldsymbol{x}} = \boldsymbol{F}(\boldsymbol{x}, u) \tag{2.26}$$

から出発しなければならない。ここで $\boldsymbol{F}(\cdot,\cdot)$ は $\mathbb{R}^n \times \mathbb{R}$ から $\mathbb{R}^n$ への任意の非線形写像であり，いわばなんでもありの表現能力を有している。

これを近似して線形の状態方程式を得る方法を簡単に述べておこう。まず，状態方程式 (2.26) の**平衡点** (equilibrium)，すなわち $\boldsymbol{F}(\boldsymbol{x}_*, u_*) = 0$ となるような $(\boldsymbol{x}_*, u_*)$ を一つ選び出し，そこに着目する。状態，入力のそれぞれについて平衡点からの偏差をとって，新たに

$$\bar{\boldsymbol{x}} := \boldsymbol{x} - \boldsymbol{x}_*, \quad \bar{u} := u - u_*$$

と定義する。定数ベクトル $\boldsymbol{x}_*$ の時間微分が 0 であることに注意すると

$$\dot{\bar{\boldsymbol{x}}} = \dot{\boldsymbol{x}} - \dot{\boldsymbol{x}}_* = \boldsymbol{F}(\boldsymbol{x}, u) = \boldsymbol{F}(\boldsymbol{x}_* + \bar{\boldsymbol{x}}, u_* + \bar{u})$$

となる。この最右辺を $\bar{\boldsymbol{x}}$, $\bar{u}$ の関数とみて，$\bar{\boldsymbol{x}} = 0, \bar{u} = 0$，すなわち $\boldsymbol{x} = \boldsymbol{x}_*$, $u = u_*$ の近傍で Taylor 展開すると

$$\dot{\bar{\boldsymbol{x}}} = \boldsymbol{F}(\boldsymbol{x}_*, u_*) + \frac{\partial \boldsymbol{F}}{\partial \boldsymbol{x}}(\boldsymbol{x}_*, u_*)\bar{\boldsymbol{x}} + \frac{\partial \boldsymbol{F}}{\partial u}(\boldsymbol{x}_*, u_*)\bar{u} + O^2(\bar{\boldsymbol{x}}, \bar{u})$$

となる。ここで，$\dfrac{\partial \boldsymbol{F}}{\partial \boldsymbol{x}}, \dfrac{\partial \boldsymbol{F}}{\partial u}$ は F の **Jacobi 行列** (Jacobian matrix)

$$\frac{\partial \boldsymbol{F}}{\partial \boldsymbol{x}}(\boldsymbol{x}, u) = \begin{bmatrix} \dfrac{\partial F_1}{\partial x_1} & \cdots & \dfrac{\partial F_1}{\partial x_n} \\ \vdots & \cdots & \vdots \\ \dfrac{\partial F_n}{\partial x_1} & \cdots & \dfrac{\partial F_n}{\partial x_n} \end{bmatrix}, \quad \frac{\partial \boldsymbol{F}}{\partial u}(\boldsymbol{x}, u) = \begin{bmatrix} \dfrac{\partial F_1}{\partial u} \\ \vdots \\ \dfrac{\partial F_n}{\partial u} \end{bmatrix}$$

であり，それぞれ $\mathbb{R}^{n\times n}$, $\mathbb{R}^{n\times 1}$ に属する行列値関数である。また $O^2(\bar{\boldsymbol{x}}, \bar{u})$ は $\bar{\boldsymbol{x}}, \bar{u}$ の要素について 2 次以上の項からなる。ここで，$\bar{\boldsymbol{x}}$, $\bar{u}$ が微小であると仮定して $O^2(\bar{\boldsymbol{x}}, \bar{u})$ を無視すると，平衡状態の定義から $\boldsymbol{F}(\boldsymbol{x}_*, u_*) = \boldsymbol{0}$ であり

$$\boldsymbol{A} := \frac{\partial \boldsymbol{F}}{\partial \boldsymbol{x}}(\boldsymbol{x}_*, u_*) \in \mathbb{R}^{n\times n}, \quad \boldsymbol{B} := \frac{\partial \boldsymbol{F}}{\partial u}(\boldsymbol{x}_*, u_*) \in \mathbb{R}^{n\times 1}$$

とおくことにより

$$\dot{\bar{\boldsymbol{x}}} = \boldsymbol{A}\bar{\boldsymbol{x}} + \boldsymbol{B}\bar{u}$$

を得る。これによって非線形状態方程式 (2.26) は線形状態方程式 (2.4) の形に近似線形化された。あらためて，線形化の有効範囲は $\bar{\boldsymbol{x}}, \bar{u}$ が十分 0 に近い範囲に限られるということを忘れてはならない。また，伝達関数表現は，その定義の時点で入出力関係が線形であることを仮定しているため，非線形なダイナミクスは一般に伝達関数で表すことができない。小振幅の入出力だけを扱う前提で近似線形システムを伝達関数に変換するか，非線形状態方程式をそのまま扱う非線形制御理論などの適用を検討する必要がある。

例 2.5　図 **2.8** に示す底面積 S の水槽系を考える。単位時間当りの流入水量を $q_i(t)$，流出水量を $q_o(t)$，水深を $h(t)$ とする。

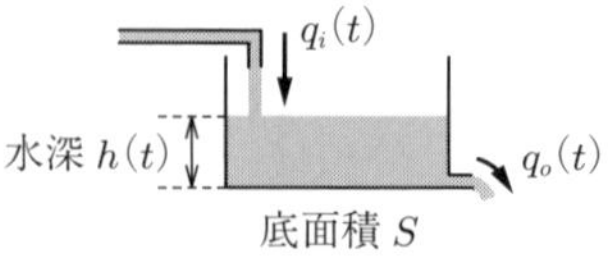

図 **2.8**　水槽系

Bernoulli の定理により，流出水量はある比例定数 $k > 0$ を用いて $q_o(t) = k\sqrt{h(t)}$ と表せるので

$$S\dot{h}(t) = q_i(t) - q_o(t) = q_i(t) - k\sqrt{h(t)} \tag{2.27}$$

が成り立つ。ここで，状態変数を $x(t) = h(t)$，入力を $u(t) = q_i(t)$ とすると，1 次の非線形状態方程式

$$\dot{x} = F(x, u) = -\frac{k}{S}\sqrt{x} + \frac{1}{S}u \tag{2.28}$$

で表される。ある $x_* > 0$ に対して，$u_* = k\sqrt{x_*}$ とおけば $F(x_*, u_*) = 0$ となり，平衡状態が維持される。そこで，$\bar{\boldsymbol{x}} := x - x_*, \bar{u} := u - u_*$ とおいて近似線形化を行うと

$$A := \left.\frac{\partial F}{\partial x}\right|_{(x_*, u_*)} = -\frac{k}{2S\sqrt{x^*}}, \quad B := \left.\frac{\partial F}{\partial u}\right|_{(x_*, u_*)} = \frac{1}{S} \tag{2.29}$$

$$\dot{\bar{\boldsymbol{x}}} = A\bar{\boldsymbol{x}} + B\bar{u} \tag{2.30}$$

と，1 次の線形状態方程式で表される。

章　末　問　題

【1】 以下の常微分方程式の初期値問題の解を，Laplace 変換を用いて求めよ。

(1) $\ddot{y}(t) + 4\dot{y}(t) + 3y(t) = 0, \qquad y(0) = 1, \quad \dot{y}(0) = 0$

(2) $\ddot{y}(t) + 2\dot{y}(t) + y(t) = 0, \qquad y(0) = 1, \quad \dot{y}(0) = 0$

【2】 図 **2.9** のような RLC 直列回路を考える。電圧 $v_i(t)$ から RLC 各要素の分圧 $v_R(t), v_C(t), v_L(t)$ までの伝達関数を求めよ。

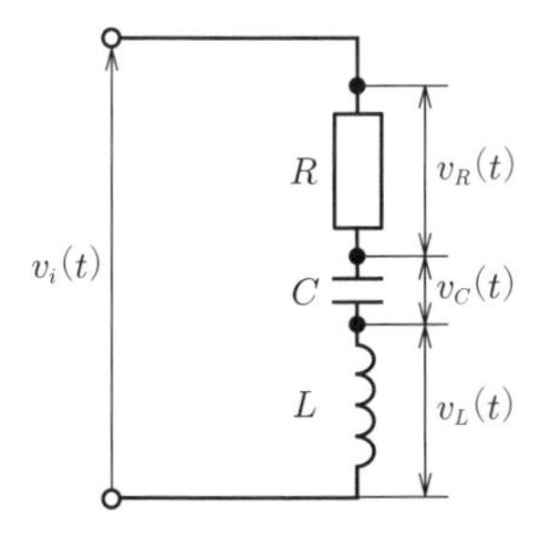

図 **2.9**　RLC 直列回路

【3】 状態方程式 (2.16)～(2.20) が伝達関数 (2.15) に変換されることを確認せよ。

【4】 常微分方程式

$$\ddot{y}(t) + \dot{y}(t) + y(t) = u(t) + \dot{u}(t)$$

で表される入出力関係を状態方程式で表現せよ。

【5】 伝達関数

$$\mathcal{G}(s) = \frac{s+2}{s^2+4s+3}$$

と等価なシステムの状態空間表現を一つ求めよ。

【6】 天井からひもで吊るされた長さ l，質量 m の一様な振り子を考える。ジョイント部分にはトルク u が加えられるとし，鉛直下方向から反時計回りに測った振り子の角度を θ とする。この系の運動方程式

$$ml^2\ddot{\theta} = -mgl\sin\theta + u$$

を非線形状態方程式の形で表し，垂下状態近傍で近似した線形状態方程式を求め，u から θ までの伝達関数を求めよ。

control system design

3　線形システムの特性

制御系設計においてわれわれが注目することの一つは，動的システムの初期値問題である。すなわち，$t=0$ における動的システムの初期状態 $\boldsymbol{x}(0)$ と，その後 $t \in [0, \infty)$ にわたって加えられる制御入力 $u(t)$ に対して，状態 $\boldsymbol{x}(t)$ あるいは出力 $y(t)$ を求めることである。これを動的システムの解 (solution) という。第 2 章では動的システムの表現形式の基本である常微分方程式，状態方程式，伝達関数について見てきたが，本章ではそれぞれにおける解の表現と相互の関係について述べる。

3.1　伝達関数の時間応答

伝達関数 $\mathcal{G}(s)$ で表される動的システムにおいて，初期条件がすべて 0 のときに制御入力 $u(t)$ を加えたときに得られる出力は，伝達関数の定義 $y(s)=\mathcal{G}(s)u(s)$ より

$$y(t)=\mathscr{L}^{-1}[y(s)]=\mathscr{L}^{-1}[\mathcal{G}(s)u(s)]=\mathscr{L}^{-1}[\mathcal{G}(s)\mathscr{L}[u(t)]]$$

で与えられる。すなわち

(1)　入力 $u(t)$ を Laplace 変換して $u(s)$ とし，

(2)　それを伝達関数 $\mathcal{G}(s)$ に乗じて，

(3)　逆 Laplace 変換して時間関数にする

という手順によって出力 $y(t)$ が得られる。これを**時間応答** (time response) という。ここで，Laplace 変換がもつ線形性により，入出力間に**重ね合わせの原**

理 (principle of superposition) が成り立っていることに注意しておきたい。入力 $u(t)$ が，二つの時間関数 $u_1(t)$ と $u_2(t)$ の線形結合として

$$u(t) = \alpha u_1(t) + \beta u_2(t), \quad \alpha, \beta \in \mathbb{R}$$

と表されているとき，$u(t)$ に対する応答は

$$\begin{aligned} y(t) &= \mathscr{L}^{-1}[\mathcal{G}(s)\mathscr{L}[\alpha u_1(t) + \beta u_2(t)]] \\ &= \alpha\mathscr{L}^{-1}[\mathcal{G}(s)\mathscr{L}[u_1(t)]] + \beta\mathscr{L}^{-1}[\mathcal{G}(s)\mathscr{L}[u_2(t)]] \end{aligned}$$

となり，それぞれの入力に対する応答を同じ係数で線形結合したものとなっている。一見すると当たり前のようにも思えるが，線形動的システムの解析を支える強力な性質である。

以下，本節では，時間応答のうち特に重要な指標として，インパルス応答とステップ応答について述べる。

3.1.1 インパルス応答

任意の連続関数 $f(t)$ に対して

$$\int_{-\epsilon}^{\epsilon} f(t)\delta(t)\mathrm{d}t = f(0), \qquad \epsilon > 0, \quad t \in [-\epsilon, \epsilon] \tag{3.1}$$

を満たす関数（厳密には超関数）$\delta(t)$ を，**単位インパルス関数** (unit impulse function)，または（Dirac の）**デルタ関数** (delta function) という。

伝達関数 $\mathcal{G}(s)$ を逆 Laplace 変換したものを $g(t) := \mathscr{L}^{-1}[\mathcal{G}(s)]$ とおく。Laplace 変換のたたみ込み積分の性質（付録 A.1 を参照）から，入力 $u(t)$ と出力 $y(t)$ の関係は

$$y(t) = \mathscr{L}^{-1}[y(s)] = \int_0^t y(t-\tau)u(\tau)\mathrm{d}\tau$$

と表される。ここで，初期条件を 0 として，$u(t) = \delta(t)$ を入力したときの出力は

$$y(t) = \mathscr{L}^{-1}[y(s)] = \int_0^t g(t-\tau)\delta(\tau)\mathrm{d}\tau = g(t-0) = g(t)$$

のように $g(t)$ そのものとなる。この $g(t)$ を $\mathcal{G}(s)$ の**インパルス応答** (impulse response) という。すなわち，伝達関数を逆 Laplace 変換したものがインパルス応答である。

3.1.2　ステップ応答

$$u_s(t) = \begin{cases} 0 & (t < 0) \\ 1 & (t \geq 0) \end{cases} \tag{3.2}$$

で定義される関数 $u_s(t)$ を**単位ステップ関数** (unit step function) という。

初期条件を 0 として単位ステップ関数 $u(t) = u_s(t)$ を入力したときの出力を**ステップ応答** (step response) または**インディシャル応答** (indicial response) という。たたみ込み積分を用いてステップ応答 $y_s(t)$ を表すと

$$y_s(t) = \int_0^t g(t-\tau)u_s(\tau)\mathrm{d}\tau = \int_0^t g(t-\tau)\mathrm{d}\tau = \int_0^t g(\tau)\mathrm{d}\tau$$

となる。すなわち，インパルス応答を時間積分したものがステップ応答である。この関係は $y_s(t) = \mathscr{L}^{-1}\left[\mathcal{G}(s)\mathscr{L}[u_s(t)]\right] = \mathscr{L}^{-1}[\mathcal{G}(s)/s]$ とも等しい。また，$\mathcal{G}(s)$ が 5.2 節で述べる意味で安定な伝達関数であるとき，最終値の定理により

$$\lim_{t\to\infty} y_s(t) = \lim_{s\to 0}\left[s\mathcal{G}(s)\frac{1}{s}\right] = \lim_{s\to 0}\mathcal{G}(s)$$

となる。すなわち，ステップ応答の最終値（定常値）は $\mathcal{G}(0)$ で求められる。

3.1.3　1 次系の時間応答

式 (2.6) の伝達関数において $n = 1, m = 0$ の場合を **1 次系**または **1 次遅れ系** (first-order system) という。その標準形はつぎのいずれかの形で表される。

$$\mathcal{G}(s) = \frac{b_0}{s+a_0} = \frac{K}{Ts+1}, \qquad T = \frac{1}{a_0}, \quad K = \frac{b_0}{a_0}$$

後者の表現において T を**時定数** (time constant)，K を**ゲイン** (gain) という。時間応答は T が大きいほど遅く，小さいほど速くなる。5.2 節で示すように，$a_0 > 0$ すなわち $T > 0$ であれば 1 次系は安定である。

1 次系のインパルス応答 $g(t)$ とステップ応答 $y_s(t)$ はそれぞれ

$$g(t) = \mathscr{L}^{-1}\left[\frac{K}{Ts+1}\right] = \frac{K}{T}\mathscr{L}^{-1}\left[\frac{1}{s+1/T}\right] = \frac{K}{T}e^{-\frac{t}{T}}$$

$$y_s(t) = \int_0^t g(\tau)\mathrm{d}\tau = K\left(1 - e^{-\frac{t}{T}}\right)$$

となる。インパルス応答の初期値は $g(0) = K/T$ であり，最終値は

$$\lim_{t\to\infty}\frac{K}{T}e^{-\frac{t}{T}} = \lim_{s\to 0} s\frac{K}{Ts+1} = 0$$

である。またステップ応答の最終値は

$$\lim_{t\to\infty} K\left(1 - e^{-\frac{t}{T}}\right) = \lim_{s\to 0}\frac{K}{Ts+1} = K$$

である。この伝達関数の極は $-1/T = -a_0$ である。T が小さいほど指数項は速く減衰し，大きいほど遅く減衰する（なお $T < 0$ のときは発散する）。特に，ちょうど時定数に等しい時刻 $t = T$ のときには

$$y_s(T) = K\left(1 - e^{-1}\right) \approx 0.632K$$

となり，最終値のおよそ 63.2 %に到達することがわかる。このように，伝達関数の極は応答の振る舞いの速さを決定する重要なパラメータとなっている。典型的な単位インパルス応答，単位ステップ応答の例を**図 3.1** に示す。

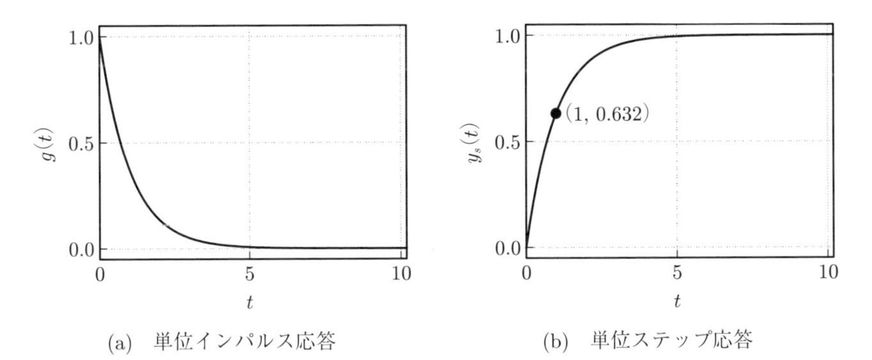

(a) 単位インパルス応答　(b) 単位ステップ応答

図 3.1 1 次系の時間応答 ($K = 1, T = 1$)

3.1.4　2 次系の時間応答

式 (2.6) の伝達関数において $n = 2, m = 0$ の場合を **2 次系**または **2 次遅れ系** (second-order system) といい，式 (3.3) の第 1 式，第 2 式のいずれかの形で表されることが多い。

$$\mathcal{G}(s) = \frac{b_0}{s^2 + a_1 s + a_0} = \frac{K\omega_{\rm n}^2}{s^2 + 2\zeta\omega_{\rm n} s + \omega_{\rm n}^2} \tag{3.3}$$

後者の表現を 2 次系の標準形といい，K をゲイン，ζ を**減衰係数** (damping coefficient)，$\omega_{\rm n}$ を**固有角周波数** (natural angular frequency) という。伝達関数が安定（5.1, 5.2 節を参照）であることを前提として $a_1 > 0, a_0 > 0$，または $\zeta > 0, \omega_{\rm n} > 0$ と仮定する。

2 次系のインパルス応答やステップ応答は，極の配置によって質的に異なる 3 通りの挙動を示す。分母多項式 $s^2 + 2\zeta\omega_{\rm n} s + \omega_{\rm n}^2$ の根 p_1, p_2 は，それぞれ $\zeta > 1$ のときは相異なる二実根，$\zeta = 1$ のときは重根，$\zeta < 1$ のときは共役複素数根となる。2 次系のインパルス応答 $g(t)$ は，ζ による場合分けを用いて

$$g(t) = \begin{cases} \dfrac{Kp_1p_2}{p_1 - p_2}(e^{p_1 t} - e^{p_2 t}) & (\zeta > 1) \\ K\omega_{\rm n}^2\, e^{-\omega_{\rm n} t}\, t & (\zeta = 1) \\ \dfrac{K\omega_{\rm n}}{\sqrt{1-\zeta^2}}\, e^{-\zeta\omega_{\rm n} t}\, \sin(\omega_{\rm n}\sqrt{1-\zeta^2}t) & (\zeta < 1) \end{cases} \tag{3.4}$$

と得られる。また，ステップ応答 $y_s(t)$ は

$$y_s(t) = \begin{cases} K\left\{1 + \dfrac{1}{p_1 - p_2}\left(p_2 e^{p_1 t} - p_1 e^{p_2 t}\right)\right\} & (\zeta > 1) \\ K\left\{1 - e^{-\omega_{\rm n} t}(1 + \omega_{\rm n} t)\right\} & (\zeta = 1) \\ K\left\{1 - \dfrac{1}{\sqrt{1-\zeta^2}}\, e^{-\zeta\omega_{\rm n} t} \sin(\omega_{\rm n}\sqrt{1-\zeta^2}t + \theta)\right\} & (\zeta < 1) \end{cases} \tag{3.5}$$

となる。ここで

$$\theta = \tan^{-1}\frac{\sqrt{1-\zeta^2}}{\zeta}$$

である。それぞれの典型的な応答の概形を**図 3.2** に示す。

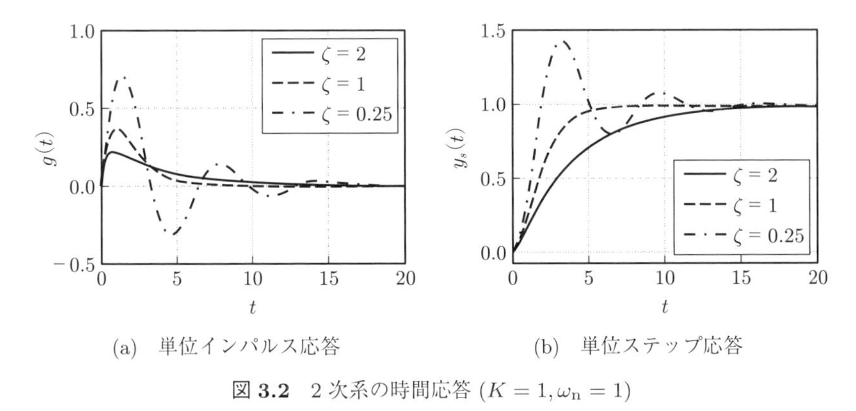

(a)　単位インパルス応答　　(b)　単位ステップ応答

図 **3.2**　2 次系の時間応答 ($K = 1, \omega_{\mathrm{n}} = 1$)

3.2　状態方程式の時間応答

3.2.1　状態方程式の解と遷移行列

状態方程式 (2.4) の両辺を Laplace 変換した式 (2.10) において，初期状態 $\boldsymbol{x}(0)$ を $\boldsymbol{0}$ に固定せずに計算を続けると

$$
\begin{aligned}
(s\boldsymbol{I} - \boldsymbol{A})\boldsymbol{\mathcal{X}}(s) &= \boldsymbol{x}(0) + \boldsymbol{B}u(s) \\
\boldsymbol{\mathcal{X}}(s) &= (s\boldsymbol{I} - \boldsymbol{A})^{-1}\boldsymbol{x}(0) + (s\boldsymbol{I} - \boldsymbol{A})^{-1}\boldsymbol{B}u(s) \\
\boldsymbol{x}(t) &= \mathscr{L}^{-1}\left[(s\boldsymbol{I} - \boldsymbol{A})^{-1}\right]\boldsymbol{x}(0) + \mathscr{L}^{-1}\left[(s\boldsymbol{I} - \boldsymbol{A})^{-1}\boldsymbol{B}u(s)\right]
\end{aligned}
$$

となる。ここで登場するリゾルベントの逆 Laplace 変換は

$$
\mathscr{L}\left[e^{\boldsymbol{A}t}\right] = (s\boldsymbol{I} - \boldsymbol{A})^{-1} \tag{3.6}
$$

の関係により，$\boldsymbol{A}$ の**行列指数関数** (matrix exponential) である $e^{\boldsymbol{A}t} \in \mathbb{R}^{n\times n}$ に一致する。これを用いると，状態方程式の解は式 (3.7) で表される。

$$
\boldsymbol{x}(t) = e^{\boldsymbol{A}t}\boldsymbol{x}(0) + \int_0^t e^{\boldsymbol{A}(t-\tau)}\boldsymbol{B}u(\tau)\mathrm{d}\tau \tag{3.7}
$$

なお，右辺第 1 項を**零入力応答** (zero input response)，第 2 項を**零状態応答** (zero state response) という。

実正方行列 $\boldsymbol{A} \in \mathbb{R}^{n\times n}$ の行列指数関数は，スカラの場合の

$$\mathscr{L}\left[e^{at}\right] = \frac{1}{s+a}, \quad a \in \mathbb{R} \tag{3.8}$$

の関係を自然に行列の場合へと拡張したもので，第一義的には式 (3.9) で定義されるものである。

$$e^{\boldsymbol{A}t} = \boldsymbol{I} + \boldsymbol{A}t + \frac{1}{2!}\boldsymbol{A}^2t^2 + \cdots = \sum_{k=0}^{\infty}\frac{1}{k!}\boldsymbol{A}^kt^k \tag{3.9}$$

いくつかの重要な性質を以下にまとめておく。

(1) 零行列の行列指数関数は単位行列である。すなわち，$e^{\boldsymbol{A}\cdot 0} = e^{\boldsymbol{O}} = \boldsymbol{I}$ である。

(2) $e^{\boldsymbol{A}t}$ は任意の $\boldsymbol{A} \in \mathbb{R}^{n\times n}$, $t \in \mathbb{R}$ に対して正則である。したがって，つねに逆行列が存在し，$(e^{\boldsymbol{A}t})^{-1} = e^{-\boldsymbol{A}t}$ である。

(3) $e^{\boldsymbol{A}t}$ と $\boldsymbol{A}$ は可換，すなわち $e^{\boldsymbol{A}t}\boldsymbol{A} = \boldsymbol{A}e^{\boldsymbol{A}t}$ である。このことは

$$e^{\boldsymbol{A}t}\boldsymbol{A} = \left(\sum_{k=0}^{\infty}\frac{1}{k!}\boldsymbol{A}^kt^k\right)\boldsymbol{A} = \boldsymbol{A}\left(\sum_{k=0}^{\infty}\frac{1}{k!}\boldsymbol{A}^kt^k\right) = \boldsymbol{A}e^{\boldsymbol{A}t}$$

であることから確かめられる。

(4) 上式は $e^{\boldsymbol{A}t}$ を t で微分したものにほかならない。すなわち

$$\frac{\mathrm{d}}{\mathrm{d}t}e^{\boldsymbol{A}t} = \boldsymbol{A}e^{\boldsymbol{A}t} = e^{\boldsymbol{A}t}\boldsymbol{A}$$

である。

(5) $\lambda \in \mathbb{C}$ が $\boldsymbol{A}$ の固有値，$\boldsymbol{v} \in \mathbb{C}^n$ が対応する固有ベクトルであるとき，$e^{\lambda t}$ は $e^{\boldsymbol{A}t}$ の固有値であり，$\boldsymbol{v}$ は対応する固有ベクトルである。これは

$$e^{\boldsymbol{A}t}\boldsymbol{v} = \left(\sum_{k=0}^{\infty}\frac{1}{k!}\boldsymbol{A}^kt^k\right)\boldsymbol{v} = \left(\sum_{k=0}^{\infty}\frac{1}{k!}\lambda^kt^k\right)\boldsymbol{v} = e^{\lambda t}\boldsymbol{v}$$

であることから確かめられる。

(6) t の部分について指数法則が成り立つ。すなわち，$t, s \in \mathbb{R}$ について

$$e^{\boldsymbol{A}(t+s)} = e^{\boldsymbol{A}t}e^{\boldsymbol{A}s} = e^{\boldsymbol{A}s}e^{\boldsymbol{A}t}$$

となる。

(6) の指数法則については，$\boldsymbol{A}, \boldsymbol{B} \in \mathbb{R}^{n\times n}$ に対して $e^{(\boldsymbol{A}+\boldsymbol{B})t} = e^{\boldsymbol{A}t}e^{\boldsymbol{B}t}$ が一般に成り立つと誤解しないように注意されたい。これが成り立つのは $\boldsymbol{A}$ と $\boldsymbol{B}$ が可換，すなわち $\boldsymbol{AB} = \boldsymbol{BA}$ である場合に限られる。

行列 $\boldsymbol{A}$ が与えられたときに $e^{\boldsymbol{A}t}$ を求めるには，行列の対角化やジョルダン標準形を用いる方法などいくつかあるが，低次の場合は定義に沿って $(s\boldsymbol{I} - \boldsymbol{A})^{-1}$ の逆 Laplace 変換を計算する方法が，例外が少なく確実である。

3.2.2 不変部分空間

$\lambda \in \mathbb{R}$ を $\boldsymbol{A} \in \mathbb{R}^{n\times n}$ の実固有値の一つとする。λ に対応する $\boldsymbol{A}$ の**実固有空間** (real eigenspace) は，固有ベクトルの一つ $\boldsymbol{v} \in \mathbb{R}^n$ が張る $\mathbb{R}^n$ の線形部分空間

$$\boldsymbol{V} := \mathrm{span}\{\boldsymbol{v}\} = \{k\boldsymbol{v} | k \in \mathbb{R}\}$$

である。ある時刻 $t_0 > 0$ において状態 $\boldsymbol{x}(t_0)$ が実固有値 λ の固有空間 $\boldsymbol{V}$ に属している，すなわち $\boldsymbol{A}$ の固有ベクトルの一つであったとすると，それ以降制御入力を加えなければ

$$\boldsymbol{x}(t) = e^{\boldsymbol{A}t}\boldsymbol{x}(t_0), \quad t \geq t_0$$

である。これに左から $\boldsymbol{A}$ をかけると

$$\boldsymbol{Ax}(t) = \boldsymbol{A}e^{\boldsymbol{A}t}\boldsymbol{x}(t_0) = e^{\boldsymbol{A}t}\boldsymbol{Ax}(t_0) = \lambda\boldsymbol{x}(t)$$

となり，$\boldsymbol{x}(t) \in \boldsymbol{V}$ が任意の $t \geq t_0$ について成り立つ。このように，$\boldsymbol{V}$ から発した解は $\boldsymbol{V}$ に留まり続けるという意味で，$\boldsymbol{V}$ は $\boldsymbol{A}$-**不変部分空間** (invariant subspace) であるという。

3.2.3 2 次系の固有値と解の振る舞い

2 次系に限ってその性質を深く把握しておくことはとても重要である。まず，

1次の場合には，第2章で見たように $\dot{x} = ax, a \in \mathbb{R}$ の解が $x(t) = x(0)e^{at}$ という指数関数になる。2次以上になると，固有値の虚数成分によって振動的な振る舞いが生じる可能性，および重複固有値の存在によって非指数的な振る舞いが生じる可能性が出てくる。3次以上であっても，複素数は必ず共役対でしか生じないので，基本的には2次の振る舞いの基本パターンを抑えておけば，後はその組合せとして把握することが可能である。

固有値の性質について重要なことは，実部の符号，虚部の有無（実数か否か），重複の有無の3点である。2次のシステムの場合，固有値は二つの相異なる実数，二つの同じ実数，共役複素数対のいずれかであるから，これに実部の正負を考慮して以下のような特徴的な振る舞いに分類される。以下，$\boldsymbol{A}$ の固有値を p_1, p_2 とし，両者が実数の場合には対応する固有空間を $\boldsymbol{V}_1, \boldsymbol{V}_2$ と表す。

（1）安定ノード $(p_1 < 0, p_2 < 0)$　　固有値がともに負の実数であるときは，**安定ノード** (stable node) と呼ばれる。$p_1 \neq p_2$ である場合には，それぞれに対応する固有空間が存在し，$\boldsymbol{A}$-不変部分空間となる。$p_1 < p_2$ であるとすると，絶対値が大きい p_1 に対応する指数関数 $e^{p_1 t}$ のほうが $e^{p_2 t}$ より速く収束するため，解軌道は $\boldsymbol{V}_2$ に沿って原点に収束する（図 **3.3**(a)）。固有値が重複する $p_1 = p_2 = p$ のときは非指数的な振る舞い te^{pt} の成分が現れ，1次元に縮退した固有空間 $\boldsymbol{V}_1 (= \boldsymbol{V}_2)$ に沿って原点に収束する†（図 3.3(b)）。

（2）安定フォーカス $(p_1, p_2 = \alpha \pm j\beta, \alpha < 0)$　　固有値が負の実部をもつ共役複素数対であるときは，**安定フォーカス** (stable focus) と呼ばれる。固有ベクトルは実ベクトルとならないので実固有空間は存在しない。図 3.3(c) に示すように，螺旋(らせん)状の軌道を描いて原点に収束する。

（3）センタ $(p_1, p_2 = \pm j\beta)$　　固有値が純虚数対であるときは，**センタ** (center) と呼ばれる。虚部 β に対応した角周波数をもつ周期解であり，その集合は原点を中心とした同心楕円(だえん)を描く（図 3.3(d)）。

（4）サドル $(p_1 < 0, p_2 > 0)$　　正と負の実固有値を一つずつもつ場合

---

† $\boldsymbol{A}$ が対角化できない場合は Jordan 標準形に相似変換され，$e^{\boldsymbol{A}t}$ の成分として te^{pt} が現れる。

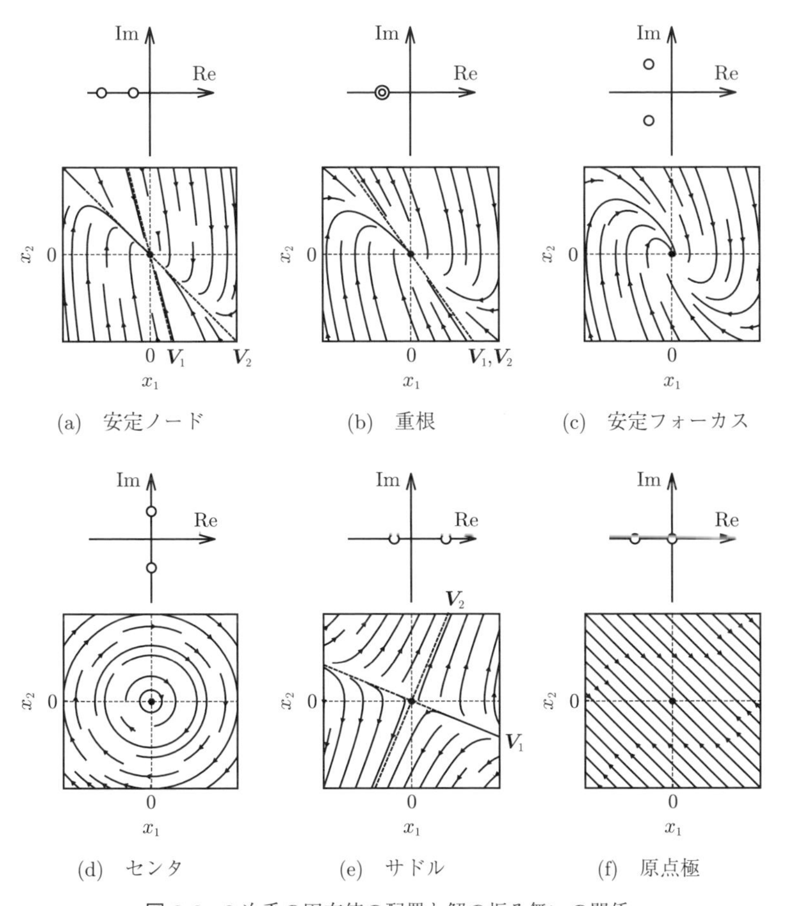

(a)　安定ノード　(b)　重根　(c)　安定フォーカス

(d)　センタ　(e)　サドル　(f)　原点極

図 3.3　2 次系の固有値の配置と解の振る舞いの関係

はサドル (saddle) または鞍点（あんてん）という。解は安定固有値に対応する $\boldsymbol{V}_1$ の方向から原点に近づこうとするが，不安定固有値に対応する $\boldsymbol{V}_2$ に沿って発散する（図 3.3(e)）。

（5）　**原点極**（$p_1 = 0, p_2 \in \mathbb{R}$）　　実固有値のうちの一つ p_1 が 0 である場合には，$e^{0t} = 1$ であり，対応する固有空間 $\boldsymbol{V}_1$ に沿った方向には状態がまったく動かないため，解軌道の集合は層状になる（図 3.3(f)）。

ノードおよびフォーカスにおいて，実部が正の場合にはそれぞれ不安定ノード，不安定フォーカスと呼ばれ，図 3.3(a)〜(c) と同様の軌道を描いて無限遠点に発散する。

3.3　周波数特性の解析

3.3.1　正弦波応答

インパルス応答，ステップ応答と並んで，伝達関数の重要なテスト入力応答の一つに正弦波応答がある。少し定義を先取りすることになるが，ここで伝達関数 $\mathcal{G}(s)$ が安定であると仮定しておこう。このとき，伝達関数 $\mathcal{G}(s)$ に角周波数 ω〔rad/s〕，振幅 A の正弦波入力 $u(t) = A\sin\omega t$ を印加し，十分に時間が経過した後の出力（定常応答）は，式 (3.10) で与えられる。

$$y(t) = A|\mathcal{G}(j\omega)|\ \sin(\omega t + \angle\mathcal{G}(j\omega)) \tag{3.10}$$

すなわち，出力は，入力と同じ角周波数 ω の正弦波信号で，振幅が $|\mathcal{G}(j\omega)|$ 倍，位相が $\angle\mathcal{G}(j\omega)$ だけ遅れたものに漸近する，という関係がわかる。

3.3.2　周波数応答

角周波数 ω の正弦波入力に対する定常応答の性質は，$\mathcal{G}(j\omega)$ によって調べられることがわかった。そこで，$\mathcal{G}(j\omega)$ を $\omega \in [0, \infty)$ の関数とみたもの，すなわち $\mathcal{G}(s) : \mathbb{C} \to \mathbb{C}$ を虚軸上で評価したものを**周波数伝達関数** (frequency transfer function) という。

3.1 節で述べたとおり，線形動的システムの入出力関係には重ね合わせの原理が成り立っているから，**図 3.4** のように二種類の角周波数 ω_1, ω_2 をもつ正弦波の和に対する応答は，それぞれの入力に対する正弦波応答の和で表せる。また，3.2 節までに述べてきたような議論を**時間領域** (time domain) での解析・設計というのに対して，このような考え方を**周波数領域** (frequency domain) での解析・設計という。

複素数値の関数である $\mathcal{G}(j\omega)$ を可視化するには，大きく分けて二つのアプ

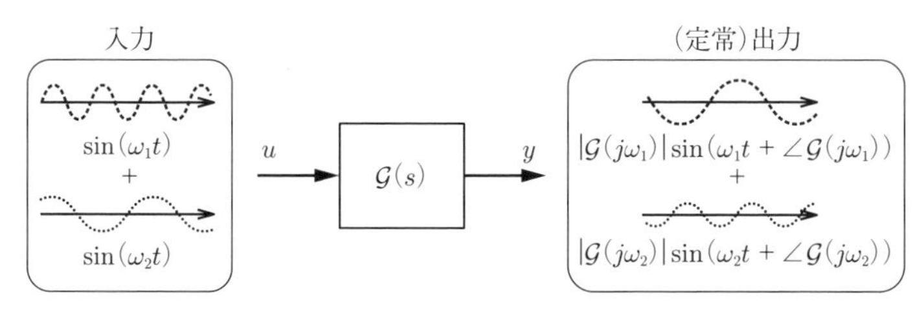

図 **3.4** 正弦波応答と重ね合わせ

ローチが考えられる。一つは横軸に ω をとり，上述したゲイン $|\mathcal{G}(j\omega)|$ と位相 $\angle\mathcal{G}(j\omega)$ をそれぞれ ω の関数としてプロットしたもので，**Bode 線図** (Bode plot) という。もう一つは，複素平面上に $(\mathrm{Re}[\mathcal{G}(j\omega)], \mathrm{Im}[\mathcal{G}(j\omega)])$ の軌跡を ω を変えながらプロットしたもので，**ベクトル軌跡** (vector locus) という。

$|\mathcal{G}(j\omega)|$ を $\mathcal{G}(s)$ のゲイン，$\angle\mathcal{G}(j\omega)$ を**位相** (phase) という。いずれも無次元

コーヒーブレイク

Laplace 変換と **Fourier 変換** (Fourier transformation) との間には密接な関係がある。インパルス応答 $g(t)$ を Laplace 変換すると伝達関数 $\mathcal{G}(s)$ になり，$\mathcal{G}(s)$ を $s = j\omega$ に制限すると周波数伝達関数 $\mathcal{G}(j\omega)$ になる。おおざっぱにいえば，周波数伝達関数 $\mathcal{G}(j\omega)$ は $g(t)$ を Fourier 変換したものである。ただし，Fourier 解析は Laplace 解析に比べて前提条件が厳しい。$g(t)$ が周期的であれば **Fourier 級数展開** (Fourier series expansion) が可能で，離散的な周波数スペクトルの情報が得られる。$g(t)$ が周期的でない場合には Fourier 変換が必要となるが，そのためには $g(t)$ が絶対可積分，すなわち $\displaystyle\int_{-\infty}^{\infty} |g(t)|\mathrm{d}t$ が有界でなければならない。$g(t)$ が絶対可積分かつ $t < 0$ で $g(t) = 0$ ならば

$$\mathcal{G}(j\omega) = \mathcal{G}(s)\big|_{s=j\omega} = \int_0^{\infty} g(t)e^{-j\omega t}dt$$

という関係で結ばれる。Laplace 変換は，積分変換の中で乗ずるものが $e^{-j\omega t}$ ではなく e^{-st} であり，収束領域と解析接続の概念を導入することによって，周期性や絶対可積分性に限定されることなく，周波数特性の解析をきわめて扱いやすくしてくれる。文献 29) では，Fourier 級数展開を起点として Laplace 変換を導くユニークな視点でこの関係を説明している。

量である。ゲイン $|\mathcal{G}(j\omega)|$ はそのままの値で「〜倍」と呼ぶほか，デシベル〔dB〕値に換算して，$20\log_{10}|\mathcal{G}(j\omega)|$ を用いて表すことが多い。実用上よく用いるデシベル換算値として**表 3.1** に示す対応を覚えておくと便利である。

表 3.1　よく用いるゲインのデシベル換算値

$20\log_{10}1 = 0\,\mathrm{dB}$	
$20\log_{10}\sqrt{2} \approx 3\,\mathrm{dB}$	$20\log_{10}\dfrac{1}{\sqrt{2}} \approx -3\,\mathrm{dB}$
$20\log_{10}2 \approx 6\,\mathrm{dB}$	$20\log_{10}0.5 \approx -6\,\mathrm{dB}$
$20\log_{10}10 = 20\,\mathrm{dB}$	$20\log_{10}0.1 = -20\,\mathrm{dB}$
$20\log_{10}100 = 40\,\mathrm{dB}$	$20\log_{10}0.01 = -40\,\mathrm{dB}$

位相 $\angle\mathcal{G}(j\omega)$ については通常は度数法（記号〔°〕または〔deg〕）で表し，弧度法〔rad〕は用いない。一方，変数である ω については通常は角周波数〔rad/s〕で表す†。

Bode 線図は**ゲイン線図** (gain plot) と**位相線図** (phase plot) の組からなる。横軸（周波数軸）には ω を対数目盛りでとり，片対数格子の上に，周波数の位置を揃えて縦に並べてプロットする（ゲインは dB 表記であるので実質的には両対数グラフということになる)。また，$\omega = 0$ rad/s にあたる点は縦横軸の交差点ではなく，左方の無限遠点にある。同様に，ゲイン線図においてゲイン 0 倍（$-\infty$〔dB]）にあたる点は下方の無限遠点に相当する。

ベクトル軌跡は，起点を $\lim_{\omega\to 0}\mathcal{G}(j\omega)$，終点を $\lim_{\omega\to\infty}\mathcal{G}(j\omega)$ とした曲線を複素平面上にプロットする。その際，方向を明示することと，起点・終点・軸との交点などの重要な箇所における ω の値を示しておくことが望ましい。複素平面においてゲインは原点からの距離，偏角は原点から見た方向（実軸正方向が 0°, 虚軸負方向が −90°，実軸負方向が −180°，虚軸正方向が −270° または +90°）を意味する。物理系においては，ω が十分大きくなると <u>ゲインと位相は減少する</u>傾向にある。また $\angle\mathcal{G}(0) = 0$ であるため，ベクトル軌跡は実軸上の点から発し，時計回りにまわりながら，原点に収束していく曲線となることが多い。

† 分野によっては周波数〔Hz〕を採用している場合もある（音響や信号処理の分野に多い）ので，その都度注意が必要である。換算は 1 Hz = 2π〔rad/s〕である。

3.3.3 基本的なシステムの周波数応答

代表的な伝達要素として

1：比例 K　　2：微分 Ts　　3：積分 $\dfrac{1}{Ts}$

4：1 次遅れ $\dfrac{1}{Ts+1}$　　5：2 次遅れ $\dfrac{\omega_{\mathrm{n}}^2}{s^2+2\zeta\omega_{\mathrm{n}}s+\omega_{\mathrm{n}}^2}$

6：3 次遅れ $\dfrac{\omega_{\mathrm{n}}^3}{s^3+\alpha_2\omega_{\mathrm{n}}s^2+\alpha_1\omega_{\mathrm{n}}^2s+\omega_{\mathrm{n}}^3}$

7：1 次進み $1+Ts$　　8：むだ時間 e^{-hs}

のそれぞれのベクトル軌跡，ゲイン線図，位相線図を**表 3.2** に示す。

多くの伝達関数の周波数応答は，これらの基本要素の周波数応答を，以下に示す法則に従って組み合わせることで作図が可能である。

- 複数の伝達関数の積 $\mathcal{G}(s)=\mathcal{G}_1(s)\mathcal{G}_2(s)\cdots\mathcal{G}_n(s)$ の周波数応答は

$$20\log_{10}|\mathcal{G}(j\omega)|=\sum_{i=1}^{n}20\log_{10}|\mathcal{G}_i(j\omega)|,\quad \angle\mathcal{G}(j\omega)=\sum_{i=1}^{n}\angle\mathcal{G}_i(j\omega)$$

　であるので，Bode 線図上ではそれぞれの周波数応答の足し合わせで表される。

- 伝達関数の逆数に対しては，つぎのように Bode 線図を上下対称に反転すればよい。

$$20\log_{10}\left|\frac{1}{\mathcal{G}(j\omega)}\right|=-20\log_{10}|\mathcal{G}(j\omega)|,\quad \angle\frac{1}{\mathcal{G}(j\omega)}=-\angle\mathcal{G}(j\omega)$$

- 伝達関数 $\mathcal{G}(s)$ の s を定数 $T>0$ で変数変換して $\mathcal{G}(Ts)$ とした場合，Bode 線図は横方向に $\log_{10}T$ だけ並行移動したものになる。ベクトル軌跡については，曲線の形は変わらない。
- $\mathcal{G}(s)$ を定数倍して $k\mathcal{G}(s)$ $(k>0)$ とした場合，ゲイン線図は縦方向に $20\log_{10}k$ だけ平行移動したものになり，位相線図は変わらない。またベクトル軌跡は相似に拡大縮小されたものとなる。

表 **3.2**　周波数応答

番号	ベクトル軌跡	ゲイン線図	位相線図
1	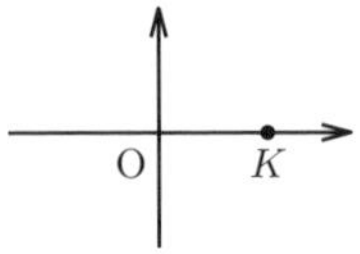 O　K	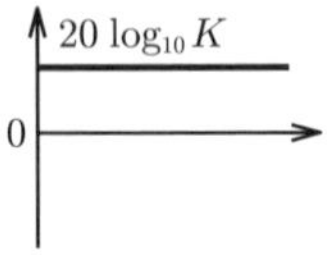 $20\log_{10}K$　0	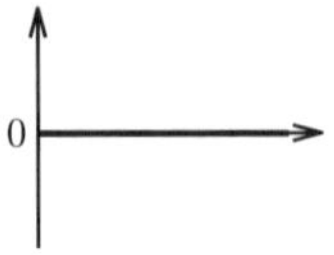 0
2	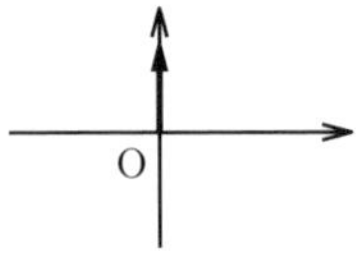 O	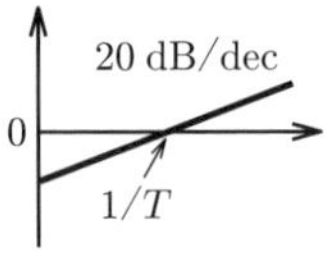 20 dB/dec　0　$1/T$	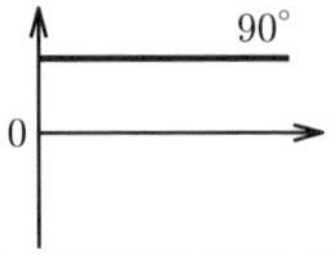 90°　0
3	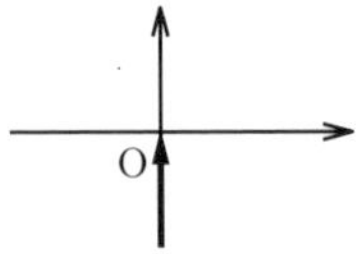 O	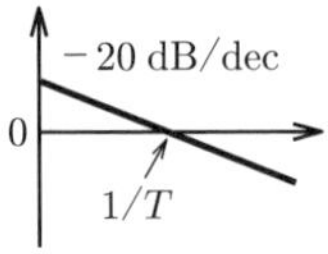 −20 dB/dec　0　$1/T$	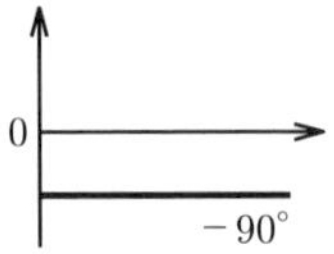 0　−90°
4	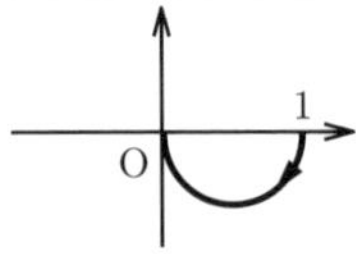 1　O	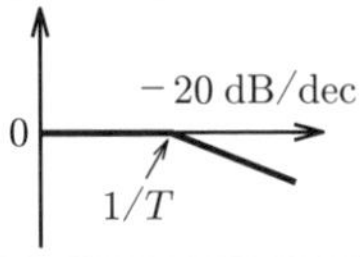 −20 dB/dec　0　$1/T$	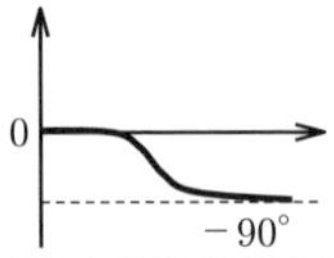 0　−90°
5	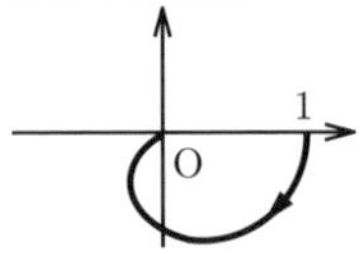 1　O	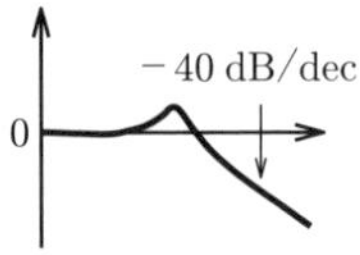 −40 dB/dec　0	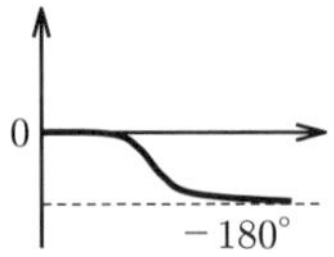 0　−180°
6	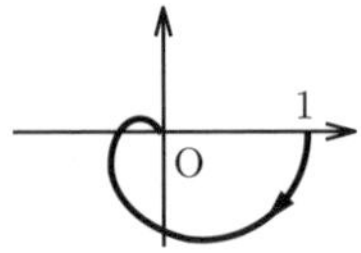 1　O	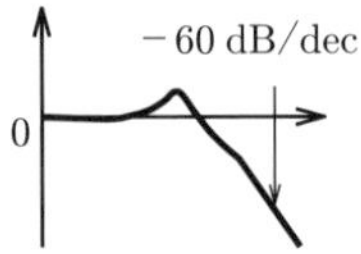 −60 dB/dec　0	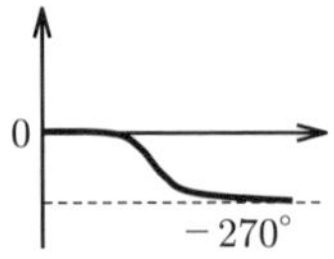 0　−270°
7	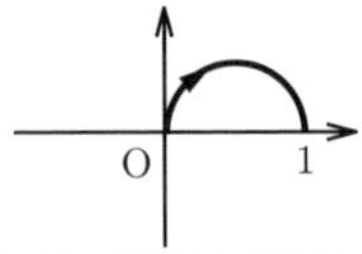 O　1	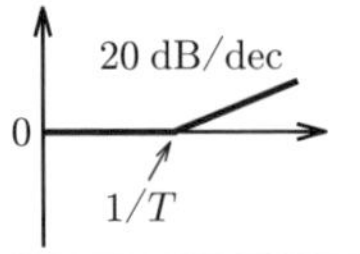 20 dB/dec　0　$1/T$	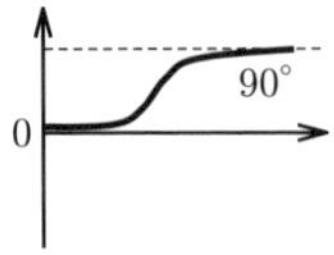 90°　0
8	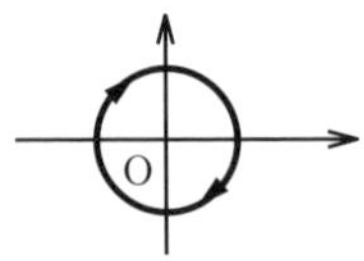 O	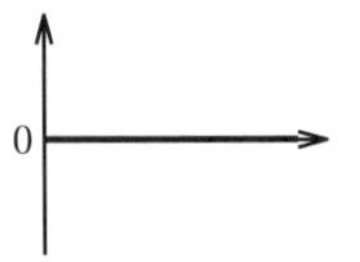 0	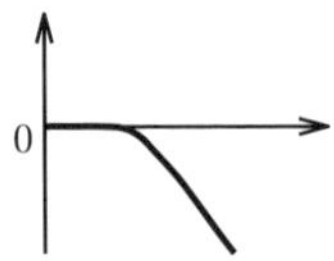 0

章　末　問　題

【１】 1 次系および 2 次系のステップ応答 $y_s(t)$ の計算を，対応するインパルス応答を時間積分するのでなく，直接 $\mathcal{G}(s)/s$ を逆 Laplace 変換する方法で求めよ。

【２】 $\mathcal{G}(s)$ が有理伝達関数のとき，$\mathcal{G}(-j\omega) = \bar{\mathcal{G}}(j\omega)$ が成り立つことを示せ。ただし，$\bar{\mathcal{G}}(j\omega)$ は $\mathcal{G}(j\omega)$ の複素共役を表す。

【３】 つぎの行列 $\boldsymbol{A}$ に対して $e^{\boldsymbol{A}t}$ を求めよ。また，$\dot{\boldsymbol{x}} = \boldsymbol{A}\boldsymbol{x}$ の振る舞いの様子を状態空間上に図示せよ。

$$\boldsymbol{A} = \begin{bmatrix} 0 & 1 \\ 16 & -6 \end{bmatrix}$$

【４】 行列 $\boldsymbol{A}, \boldsymbol{B}, \boldsymbol{C}$ がつぎのように与えられる線形システムを考える。

$$\boldsymbol{A} = \begin{bmatrix} -1 & -1 \\ 1 & -1 \end{bmatrix}, \quad \boldsymbol{B} = \begin{bmatrix} 0 \\ 1 \end{bmatrix}, \quad \boldsymbol{C} = \begin{bmatrix} 1 & 0 \end{bmatrix}$$

(1) $e^{\boldsymbol{A}t}$ を求めよ。

(2) 初期状態と入力がそれぞれ

$$\boldsymbol{x}(0) = \begin{bmatrix} 0 \\ 1 \end{bmatrix}, \qquad u(t) \equiv 1, \qquad t \in [0, \infty)$$

のときの $t \geq 0$ における出力応答 $y(t)$ を求めよ。

【５】 つぎの伝達関数 $\mathcal{G}(s)$ に $u(t) = 5\sin 100t$ を入力したときの定常応答を求めよ。

$$\mathcal{G}(s) = \frac{1}{s+10}$$

【６】 つぎの伝達関数 $\mathcal{G}(s)$ の Bode 線図とベクトル軌跡の概形を描け。

$$\mathcal{G}(s) = \frac{100}{s(s+1)(s+10)}$$

control system design

4 線形システムの構造

本章では，線形システムの状態空間の詳しい内部構造に着目する。可制御性と可制御部分空間の概念，制御と観測の双対性，状態空間表現の自由度を規定する等価変換，部分空間の構造を描き切る正準分解などについて述べる。このような観点で論じることができるのは状態空間表現ならではの特徴である。線形空間の道具立てに支えられた美しい理論体系を味わっていただきたい。

4.1 可制御性（可安定性）

システムの**可制御性** (controllability) の概念は，定義 4.1 のように述べられる。

定義 4.1 状態方程式 (2.4) で定義される線形動的システムが**可制御** (controllable) であるとは，任意に与えられた初期状態 $\boldsymbol{x}(0) \in \mathbb{R}^n$，ある正の数 $T > 0$ と制御入力 $u(t), t \in [0, T]$ が存在して，$\boldsymbol{x}(T) = \mathbf{0}$，すなわち

$$e^{\boldsymbol{A}T}\boldsymbol{x}(0) + \int_0^T e^{\boldsymbol{A}(T-\tau)}\boldsymbol{B}u(\tau)\mathrm{d}\tau = \mathbf{0} \tag{4.1}$$

を満たせることをいう。

システムの可制御性は行列 $\boldsymbol{A}, \boldsymbol{B}$ によって特徴づけられるので，これを $(\boldsymbol{A}, \boldsymbol{B})$ が可制御であるという。可制御性の必要十分条件はいくつか知られている[35)]。まず，そのうち実用上重要なものを二つ挙げる（定理 4.1）。

定理 4.1　行列 $\boldsymbol{A} \in \mathbb{R}^{n \times n}$, $\boldsymbol{B} \in \mathbb{R}^{n \times 1}$ に対して $(\boldsymbol{A}, \boldsymbol{B})$ が可制御であることは，以下の条件とそれぞれ等価である。

(1)　式 (4.2) で定義される**可制御性行列** (controllability matrix) が正則[†]である。

$$\boldsymbol{V}_c := [\boldsymbol{B} \ \ \boldsymbol{A}\boldsymbol{B} \ \ \boldsymbol{A}^2\boldsymbol{B} \ \cdots \ \boldsymbol{A}^{n-1}\boldsymbol{B}] \quad \in \mathbb{R}^{n \times n} \tag{4.2}$$

(2)　式 (4.3) で定義される**可制御性ペンシル** (controllability pencil) が，任意の $s \in \mathbb{C}$ に対して行フルランクである。

$$\boldsymbol{P}_c(s) := [\,s\boldsymbol{I} - \boldsymbol{A} | \,\boldsymbol{B}] \quad \in \mathbb{C}^{n \times (n+1)} \tag{4.3}$$

実際，$(\boldsymbol{A}, \boldsymbol{B})$ が可制御であるときは，T を正の数として

$$u(t) = -\boldsymbol{B}^\top e^{-\boldsymbol{A}^\top t}\boldsymbol{G}_c(T)^{-1}\boldsymbol{x}_0, \quad t \in [0, T] \tag{4.4}$$

$$\boldsymbol{G}_c(t) := \int_0^t (e^{-\boldsymbol{A}\tau})\boldsymbol{B}\boldsymbol{B}^\top(e^{-\boldsymbol{A}^\top \tau})\mathrm{d}\tau \tag{4.5}$$

で与えられる制御入力によって，$\boldsymbol{x}(T) = \boldsymbol{0}$ が達成される。この行列 $\boldsymbol{G}_c(t) \in \mathbb{R}^{n \times n}$, $t \in [0, \infty)$ を**可制御性グラム行列** (controllability Gramian matrix) といい，$(\boldsymbol{A}, \boldsymbol{B})$ が可制御であれば $t > 0$ で正則である。また，任意の目標状態 $\boldsymbol{x}_f \in \mathbb{R}^n$ に対しても，式 (4.4) の $\boldsymbol{x}_0$ を $\boldsymbol{x}_0 - e^{-\boldsymbol{A}T}\boldsymbol{x}_f$ と置き換えることにより，有限時間で到達することが可能である。このことから，システムは**可到達** (reachable) であるともいう。線形連続時間システムにおいては可制御性と可到達性は等価である。

このほか，4.4 節で示すように，可制御性はシステムを可制御正準形に変換できること，また第 8 章で述べる状態フィードバック制御則によって（共役複素

[†] 多入力システムの場合は $\boldsymbol{V}_c$ は一般に横長の行列となり，可制御性の必要十分条件は $\boldsymbol{V}_c$ が行フルランクであること，となる。

数対の条件を満たす限りにおいて）閉ループ系の固有値を任意に配置できることの必要十分条件にもなっている。

$(\boldsymbol{A}, \boldsymbol{B})$ が可制御でないときは**不可制御** (uncontrollable) であるという。不可制御のときは，$\boldsymbol{P}_c(s)$ が行フルランクでなくなるような $\boldsymbol{A}$ の固有値 $s \in \mathbb{C}$ が一つ以上存在することになる。そのような s を，システムの**不可制御極** (uncontrollable pole) または**不可制御モード** (uncontrollable mode) という。

さて，不可制御極が存在しても，その実部が負であれば許容するように緩めることで，以下のような可安定という概念が導入される。

定義 4.2　状態方程式 (2.4) で定義される線形動的システムが**可安定** (stabilizable) であるとは，$\mathrm{Re}[s] > 0$ を満たす任意の複素数 s に対して，行列ペンシル $\boldsymbol{P}_c(s)$ が行フルランクであることをいう。

自明な場合として，行列 $\boldsymbol{A}$ がもともと安定（すべての固有値の実部が負）であり，$\boldsymbol{B} = \boldsymbol{O}_{n\times 1}$，すなわち制御入力の影響がまったくない例を考える。このとき，当然 $\boldsymbol{V}_c = \boldsymbol{O}_{n\times n}$ であり，$(\boldsymbol{A}, \boldsymbol{B})$ は可制御ではない。しかし，$\boldsymbol{A}$ は右半平面に固有値をもたないから，$s\boldsymbol{I} - \boldsymbol{A}$ は右半平面では正則であり，可安定となっている。すなわち，なにも入力を加えずとも漸近安定であるようなシステムである。

先述したように，可制御性は状態フィードバック制御によって閉ループ系の固有値を任意に指定できるための必要十分条件であるのに対して，可安定性では閉ループ系を安定にできることだけを要請する条件となっている。

4.2　可観測性（可検出性）と双対性

定義 4.3　状態方程式 (2.4), (2.5) で定義される線形動的システムが**可観測** (observable) であるとは，有限区間 $t \in [0, T]$ における制御入力 $u(t)$ と出

力 $y(t)$ が与えられたときに初期状態を一意に決定できること，すなわち

$$y(t) = \boldsymbol{C}e^{\boldsymbol{A}t}\boldsymbol{x}(0) + \boldsymbol{C}\int_0^t e^{\boldsymbol{A}(t-\tau)}\boldsymbol{B}u(\tau)\mathrm{d}\tau \tag{4.6}$$

を $t \in [0, T]$ で満たすような $\boldsymbol{x}(0)$ を一意に定められることをいう。

制御入力 $u(t)$ が既知であれば，式 (4.6) の右辺の第 2 項も既知であるから，**可観測性** (observability) は，制御入力と行列 $\boldsymbol{B}$ にかかわらず，行列 $\boldsymbol{A}, \boldsymbol{C}$ のみによって特徴づけられる。そこで，システムが可観測であることを $(\boldsymbol{A}, \boldsymbol{C})$ が可観測であるという[†1]。また，$\boldsymbol{x}(0)$ を定めることができたならば

$$\boldsymbol{x}(T) = e^{\boldsymbol{A}T}\boldsymbol{x}(0) + \int_0^T e^{\boldsymbol{A}(T-\tau)}\boldsymbol{B}u(\tau)\mathrm{d}\tau$$

によって現在の状態 $\boldsymbol{x}(T)$ もわかることになる。出力 $y(t)$ はスカラの信号であるが，それを瞬間だけでなく一定時間 $[0, T]$ の間観測することによって，n 次元の状態 $\boldsymbol{x}(T)$ を知ることができたことになる。このような状態推定を具体的に行うアルゴリズムについては第 11 章のオブザーバの設計で述べる。

可観測性の必要十分条件は定理 4.2 のように述べられる。

定理 4.2 行列 $\boldsymbol{A} \in \mathbb{R}^{n\times n}$, $\boldsymbol{C} \in \mathbb{R}^{1\times n}$ に対して $(\boldsymbol{A}, \boldsymbol{C})$ が可観測であることは，以下の条件とそれぞれ等価である。

(1) 式 (4.7) で定義される**可観測性行列** (observability matrix)

$$\boldsymbol{V}_o := \begin{bmatrix} \boldsymbol{C} \\ \boldsymbol{C}\boldsymbol{A} \\ \vdots \\ \boldsymbol{C}\boldsymbol{A}^{n-1} \end{bmatrix} \in \mathbb{R}^{n\times n} \tag{4.7}$$

が正則[†2]である。

†1 この後述べる可制御性との双対性を意識して，$(\boldsymbol{C}, \boldsymbol{A})$ が可観測と表記することもある。
†2 多出力システムの場合は $\boldsymbol{V}_o$ は一般に縦長の行列となり，可観測性の必要十分条件は V_o が列フルランクであること，となる。

(2) 任意の $s \in \mathbb{C}$ に対して，式 (4.8) で定義される**可観測性ペンシル** (observability pencil) が列フルランクである。

$$\boldsymbol{P}_o(s) := \begin{bmatrix} s\boldsymbol{I} - \boldsymbol{A} \\ \boldsymbol{C} \end{bmatrix} \in \mathbb{C}^{n \times (n+1)} \tag{4.8}$$

一見してわかるとおり，可観測性の条件は可制御性の条件と規則的な対応がある。状態方程式 (2.4), (2.5) において行列 $\boldsymbol{A}, \boldsymbol{B}, \boldsymbol{C}$ をそれぞれ $\boldsymbol{A}^\top, \boldsymbol{C}^\top, \boldsymbol{B}^\top$ と入れ替え，かつ時間の流れを反転した

$$\dot{\boldsymbol{x}}(t) = -\boldsymbol{A}^\top \boldsymbol{x}(t) - \boldsymbol{C}^\top u(t) \tag{4.9}$$

$$y(t) = \boldsymbol{B}^\top \boldsymbol{x}(t) \tag{4.10}$$

を**双対システム** (dual system) という。もとのシステムの可制御性は双対システムの可観測性と等価である。このほかにも，線形動的システム理論のほとんどの性質について，制御と観測の間に**双対性** (duality) が成り立っている。例えば，可安定性の双対として，$(\boldsymbol{A}^\top, \boldsymbol{C}^\top)$ が可安定であるとき，$(\boldsymbol{A}, \boldsymbol{C})$ は**可検出** (detectable) という。後述するオブザーバによる状態推定の問題（11.1 節を参照）は，双対システムに状態フィードバック制御を施して推定誤差を 0 に制御する問題（第 8 章を参照）と考えることができる。また最適レギュレータ（9.3 節を参照）と定常 Kalman フィルタ（11.5 節を参照）との間にも，状態に対する重み行列と，状態外乱の統計モデル（共分散行列）とを置き換えることで双対性が成立している。

可制御性グラム行列の双対として**可観測性グラム行列** (observability Gramian matrix)

$$\boldsymbol{G}_o(t) := \int_0^t (e^{\boldsymbol{A}^\top \tau}) \boldsymbol{C}^\top \boldsymbol{C} (e^{\boldsymbol{A}\tau}) \mathrm{d}\tau \tag{4.11}$$

を定めると，与えられた $u(t), y(t), t \in [0, T], T > 0$ のもとでの初期状態は

$$\boldsymbol{x}(0) = \boldsymbol{G}_o(T)^{-1} \int_0^T e^{\boldsymbol{A}^\top t} \boldsymbol{C}^\top \left(y(t) - \boldsymbol{C} \int_0^t e^{\boldsymbol{A}(t-\tau)} \boldsymbol{B} u(\tau) \mathrm{d}\tau \right) \mathrm{d}t$$

と陽に求めることができる。

4.3 等　価　変　換

第2章の冒頭でも述べたとおり，動的システムの内部状態のとりかたには任意性がある。例えば，例2.4で述べたバネ-マス-ダンパ系において，内部状態を位置 $y(t)$ と速度 $\dot{y}(t)$ に代わって $-\dot{y}(t)$ と $2y(t)$ ととったとしても，システムの記述にはなんら本質的な変化を生じない。一般に，正則な行列 $\boldsymbol{T} \in \mathbb{R}^{n \times n}$ に対して

$$\bar{\boldsymbol{x}} = \boldsymbol{T}\boldsymbol{x} \tag{4.12}$$

を**座標変換** (coordinate transformation) または**状態変換** (state transformation) という。これは一対一の変換であり，逆変換 $\boldsymbol{x} = \boldsymbol{T}^{-1}\bar{\boldsymbol{x}}$ が一意に定まる。新しい状態 $\bar{\boldsymbol{x}}$ に関する状態空間表現を求めてみると

$$\dot{\bar{\boldsymbol{x}}} = \frac{\mathrm{d}}{\mathrm{d}t}\boldsymbol{T}\boldsymbol{x} = \boldsymbol{T}(\boldsymbol{A}\boldsymbol{x} + \boldsymbol{B}u) = \boldsymbol{T}\boldsymbol{A}\boldsymbol{T}^{-1}\bar{\boldsymbol{x}} + \boldsymbol{T}\boldsymbol{B}u$$
$$y = \boldsymbol{C}\boldsymbol{x} = \boldsymbol{C}\boldsymbol{T}^{-1}\bar{\boldsymbol{x}}$$

となる。ここで

$$\bar{\boldsymbol{A}} := \boldsymbol{T}\boldsymbol{A}\boldsymbol{T}^{-1}, \quad \bar{\boldsymbol{B}} := \boldsymbol{T}\boldsymbol{B}, \quad \bar{\boldsymbol{C}} = \boldsymbol{C}\boldsymbol{T}^{-1} \tag{4.13}$$

とおくと

$$\dot{\bar{\boldsymbol{x}}} = \bar{\boldsymbol{A}}\boldsymbol{x} + \bar{\boldsymbol{B}}u \tag{4.14}$$

$$y = \bar{\boldsymbol{C}}\bar{\boldsymbol{x}} \tag{4.15}$$

と表すことができる。このとき，システム (2.4), (2.5) とシステム (4.14), (4.15) は等価であるといい，両者の変換を**等価変換** (equivalent transformation) あるいは代数的等価変換という。

等価変換は，入出力関係を保ったまま内部状態の表現を変えるだけの変換である。実際，システム (4.14), (4.15) の u から y までの伝達関数は

$$
\begin{aligned}
\bar{\boldsymbol{C}}(s\boldsymbol{I}-\bar{\boldsymbol{A}})^{-1}\bar{\boldsymbol{B}} &= \boldsymbol{C}\boldsymbol{T}^{-1}(s\boldsymbol{I}-\boldsymbol{T}\boldsymbol{A}\boldsymbol{T}^{-1})^{-1}\boldsymbol{T}\boldsymbol{B} \\
&= \boldsymbol{C}(s\boldsymbol{I}-\boldsymbol{A})^{-1}\boldsymbol{B} \qquad (4.16)
\end{aligned}
$$

であり，もとのシステムから変わっていない（本章の章末問題【 **4** 】を参照）。すなわち，同じ伝達関数に変換されるような状態方程式は正則行列 $\boldsymbol{T}$ の自由度の分だけ無数に存在することになる。したがって，伝達関数から状態方程式に変換するためには，無数の候補の中から一つを選び出すなんらかの基準を定めなければならない。2.3.3 項で述べた可制御正準形による実現はその一つの方法であった。

変換式 $\bar{\boldsymbol{A}} := \boldsymbol{T}\boldsymbol{A}\boldsymbol{T}^{-1}$ は，線形代数では**相似変換** (similarity transformation) と呼ばれるものである。相似変換は行列のトレース，階数，行列式，特性多項式を保存する。すなわち

$$
\begin{aligned}
&\operatorname{trace}\boldsymbol{A} = \operatorname{trace}\bar{\boldsymbol{A}}, \quad \operatorname{rank}\boldsymbol{A} = \operatorname{rank}\bar{\boldsymbol{A}}, \\
&\det\boldsymbol{A} = \det\bar{\boldsymbol{A}}, \quad \phi_{\boldsymbol{A}}(s) = \phi_{\bar{\boldsymbol{A}}}(s)
\end{aligned}
$$

がそれぞれ成り立つ。特性多項式の根である固有値もまた相似変換で保存される。λ が $\boldsymbol{A}$ の固有値，$\boldsymbol{v} \in \mathbb{R}^n$ が $\boldsymbol{A}\boldsymbol{v} = \lambda\boldsymbol{v}$ を満たす固有ベクトルの一つであるとするとき

$$
\bar{\boldsymbol{A}}\boldsymbol{T}\boldsymbol{v} = \boldsymbol{T}\boldsymbol{A}\boldsymbol{v} = \lambda\boldsymbol{T}\boldsymbol{v}
$$

であるから，λ は $\bar{\boldsymbol{A}}$ の固有値であり，$\boldsymbol{T}\boldsymbol{v}$ がその固有ベクトルの一つになっている。このように，相似変換によって固有値は保存されるが，固有ベクトルおよび固有空間は $\boldsymbol{T}$ によって線形変換されたものになる。

さらに，変換後の可制御性行列は

$$
\begin{bmatrix} \bar{\boldsymbol{B}} & \bar{\boldsymbol{A}}\bar{\boldsymbol{B}} & \cdots & \bar{\boldsymbol{A}}^{n-1}\bar{\boldsymbol{B}} \end{bmatrix} = \boldsymbol{T}\begin{bmatrix} \boldsymbol{B} & \boldsymbol{A}\boldsymbol{B} & \cdots & \boldsymbol{A}^{n-1}\boldsymbol{B} \end{bmatrix} \qquad (4.17)
$$

であり，両辺の階数は変わらないため，システムの可制御性は等価変換によって変化しない。可観測性についても同様である。

4.4 可制御正準形と可観測正準形

等価変換のうち，特に重要なものは可制御正準形への変換である。状態方程式において，行列 $\boldsymbol{A}, \boldsymbol{B}$ の形が

$$\boldsymbol{A} = \begin{bmatrix} 0 & 1 & 0 & \cdots & 0 \\ 0 & 0 & 1 & \cdots & 0 \\ \vdots & \vdots & \ddots & \ddots & \vdots \\ 0 & 0 & \cdots & 0 & 1 \\ -a_0 & -a_1 & \cdots & -a_{n-2} & -a_{n-1} \end{bmatrix}, \quad \boldsymbol{B} = \begin{bmatrix} 0 \\ 0 \\ \vdots \\ 0 \\ 1 \end{bmatrix} \tag{4.18}$$

となっているものを**可制御正準形** (controllable canonical form) という（$\boldsymbol{C}$ の形は問わない)。この場合，$\boldsymbol{V}_c$ が下三角行列になることから $(\boldsymbol{A}, \boldsymbol{B})$ が可制御であることは明らかである。$\dot{x}_1 = x_2, \dot{x}_2 = x_3, \cdots, \dot{x}_{n-1} = x_n$ のように，先頭座標から順に時間微分したものが状態変数としてとられていて，システム固有の性質は $\boldsymbol{A}$ の最下行に集約されている。$\boldsymbol{A}$ の特性多項式を計算してみると

$$\phi_{\boldsymbol{A}}(s) = s^n + a_{n-1}s^{n-1} + \cdots + a_1 s + a_0 \tag{4.19}$$

となり，最下行は特性多項式の係数を並べたものにほかならないことがわかる。

同様に

$$\boldsymbol{A} = \begin{bmatrix} 0 & 0 & \cdots & 0 & -a_0 \\ 1 & 0 & \cdots & 0 & -a_1 \\ 0 & 1 & \ddots & \vdots & \vdots \\ \vdots & \vdots & \ddots & 0 & -a_{n-2} \\ 0 & 0 & \cdots & 1 & -a_{n-1} \end{bmatrix} \tag{4.20}$$

$$\boldsymbol{C} = \begin{bmatrix} 0 & 0 & \cdots & 0 & 1 \end{bmatrix} \tag{4.21}$$

を**可観測正準形** (observable canonical form) という（$\boldsymbol{B}$ の形は問わない）†。この場合も $(\boldsymbol{A}, \boldsymbol{C})$ は可観測である。また，$(\boldsymbol{A}, \boldsymbol{B})$ が可制御正準形であれば，$(\boldsymbol{A}^\top, \boldsymbol{B}^\top)$ は可観測正準形である。

与えられたシステムが可制御正準形に等価変換できることは可制御であることと同値であり，可観測正準形に等価変換できることは可観測であることと同値である。ここでは，$(\boldsymbol{A}, \boldsymbol{B})$ が可制御であるときに可制御正準形に変換するためのアルゴリズムを示そう。

(1) 可制御性行列 $\boldsymbol{V}_c$ を求め，正則であることを確認する。

(2) $\boldsymbol{A}$ の特性多項式を $\phi_{\boldsymbol{A}}(s) = s^n + a_{n-1}s^{n-1} + \cdots + a_1 s + a_0$ とする。

(3) 特性多項式の係数を並べて式 (4.22) の正則行列 $\boldsymbol{T}_0$ を作る。

$$\boldsymbol{T}_0 := \begin{bmatrix} a_1 & a_2 & \cdots & a_{n-1} & 1 \\ a_2 & a_3 & \cdots & 1 & 0 \\ \vdots & \vdots & \ddots & \vdots & \vdots \\ a_{n-1} & 1 & \cdots & 0 & 0 \\ 1 & 0 & \cdots & 0 & 0 \end{bmatrix} \in \mathbb{R}^{n\times n} \tag{4.22}$$

(4) 座標変換 $\boldsymbol{T} := (\boldsymbol{V}_c\boldsymbol{T}_0)^{-1}$, $\bar{\boldsymbol{x}} = \boldsymbol{T}\boldsymbol{x}$ を用いて等価変換を行う。

例 4.1

$$\boldsymbol{A} = \begin{bmatrix} 0 & 1 & 2 \\ 1 & 3 & 4 \\ 0 & 5 & 6 \end{bmatrix}, \quad \boldsymbol{B} = \begin{bmatrix} 1 \\ 0 \\ 0 \end{bmatrix}$$

とする。

$$\boldsymbol{V}_c = \begin{bmatrix} 1 & 0 & 1 \\ 0 & 1 & 3 \\ 0 & 0 & 5 \end{bmatrix}, \quad \det \boldsymbol{V}_c = 5$$

† なお，文献によっては可制御正準形の行列 $\boldsymbol{B}$，可観測正準形の行列 $\boldsymbol{C}$ を，それぞれ先頭要素に 1 がくる形で表す場合もある。

であり，$\boldsymbol{V}_c$ は正則であるから $(\boldsymbol{A}, \boldsymbol{B})$ は可制御である。$\boldsymbol{A}$ の特性多項式は

$$\phi_{\boldsymbol{A}}(s) = s^3 - 9s^2 - 3s - 4$$

であるから，各係数を $\alpha_0 = -4, \alpha_1 = -3, \alpha_2 = -9$ とおく。

$n = 3$ であることに注意して $\boldsymbol{T}_0$ を

$$\boldsymbol{T}_0 = \begin{bmatrix} \alpha_1 & \alpha_2 & 1 \\ \alpha_2 & 1 & 0 \\ 1 & 0 & 0 \end{bmatrix}$$

とすると，変換行列 $\boldsymbol{T}$ は

$$\boldsymbol{T} = (\boldsymbol{V}_c \boldsymbol{T}_0)^{-1} = \begin{bmatrix} -2 & -9 & 1 \\ -6 & 1 & 0 \\ 5 & 0 & 0 \end{bmatrix}^{-1} = \begin{bmatrix} 0 & 0 & 1/5 \\ 0 & 1 & 6/5 \\ 1 & 9 & 56/5 \end{bmatrix}$$

となる。変換後の $\bar{\boldsymbol{A}}, \bar{\boldsymbol{B}}$ は

$$\bar{\boldsymbol{A}} = \boldsymbol{T}\boldsymbol{A}\boldsymbol{T}^{-1} = \begin{bmatrix} 0 & 1 & 0 \\ 0 & 0 & 1 \\ 4 & 3 & 9 \end{bmatrix}, \quad \bar{\boldsymbol{B}} = \boldsymbol{T}\boldsymbol{B} = \begin{bmatrix} 0 \\ 0 \\ 1 \end{bmatrix}$$

となり，確かに可制御正準形となっていることがわかる。

4.5 状態空間の構造と Kalman の正準分解

一般にシステムが可制御とも可観測とも限らないときの状態空間の構造について考えよう。$\boldsymbol{A}$ の固有値のうち，可制御性ペンシル $\boldsymbol{P}_c(s)$ が行フルランクとならないような固有値を不可制御固有値ということはすでに述べた。可制御固有値に対応する $\boldsymbol{A}$ の固有空間を**可制御部分空間** (controllable subspace) といい，$\mathrm{Imag}\,\boldsymbol{V}_c$ に一致する。いま，$\mathrm{rank}\,\boldsymbol{V}_c = n_c (< n)$ であるとし，$\mathrm{Imag}\,\boldsymbol{V}_c$

の基底をなす列ベクトルを並べた行列を $\boldsymbol{T}_c \in \mathbb{R}^{n\times n_c}$，その補空間の基底をなす $n_{\bar{c}} := n - n_c$ 個の列ベクトルを並べた行列を $\boldsymbol{T}_{\bar{c}} \in \mathbb{R}^{n\times n_{\bar{c}}}$ とする。変換行列 $\boldsymbol{T} = [\boldsymbol{T}_c, \boldsymbol{T}_{\bar{c}}]^{-1}$ を用いてシステムを等価変換すると

$$\boldsymbol{x} = \begin{bmatrix} \boldsymbol{x}_c \\ \boldsymbol{x}_{\bar{c}} \end{bmatrix}, \quad \bar{\boldsymbol{A}} = \begin{bmatrix} \boldsymbol{A}_{cc} & \boldsymbol{A}_{c\bar{c}} \\ \boldsymbol{O} & \boldsymbol{A}_{\bar{c}\bar{c}} \end{bmatrix}, \quad \bar{\boldsymbol{B}} = \begin{bmatrix} \boldsymbol{B}_c \\ \boldsymbol{O} \end{bmatrix} \tag{4.23}$$

のように構造分解される。ここで $(\boldsymbol{A}_{cc}, \boldsymbol{B}_c)$ は可制御である。したがって，$\boldsymbol{x}_c$ は入力によって操ることができるが，$\boldsymbol{x}_{\bar{c}}$ は制御入力の影響が及ばない。

例 4.2

$$\boldsymbol{A} = \begin{bmatrix} 1 & 2 \\ 4 & 3 \end{bmatrix}, \quad \boldsymbol{B} = \begin{bmatrix} -1 \\ 1 \end{bmatrix}$$

とする。可制御性行列は $\operatorname{rank} \boldsymbol{V}_c = 1$ で不可制御であり，その基底を用いて

$$\boldsymbol{V}_c = \begin{bmatrix} -1 & 1 \\ 1 & -1 \end{bmatrix}, \quad \boldsymbol{T} = [\boldsymbol{T}_c, \boldsymbol{T}_{\bar{c}}]^{-1} = \frac{1}{2}\begin{bmatrix} -1 & 1 \\ 1 & 1 \end{bmatrix}$$

と変換行列を構成する。座標変換 $\bar{\boldsymbol{x}} = \boldsymbol{T}\boldsymbol{x}$ を用いて等価変換を行うと

$$\dot{\bar{\boldsymbol{x}}} = \bar{\boldsymbol{A}}\bar{\boldsymbol{x}} + \bar{\boldsymbol{B}}u$$

$$\bar{\boldsymbol{A}} = \begin{bmatrix} -1 & 2 \\ 0 & 5 \end{bmatrix}, \quad \bar{\boldsymbol{B}} = \begin{bmatrix} 1 \\ 0 \end{bmatrix}$$

を得る。制御入力 u によって動かすことができるのは $\bar{\boldsymbol{x}}_1$ だけであり，$\bar{\boldsymbol{x}}_2$ については入力の影響が及ばないことがわかる。

同様に，不可観測固有値に対応する $\boldsymbol{A}$ の固有空間を**不可観測部分空間** (unobservable subspace) といい，$\operatorname{Ker} \boldsymbol{V}_o$ に一致する。その基底を用いて等価変換することにより，不可観測なサブシステムとそれ以外の部分に分解すること

ができる。これらをあわせて一般化すると，任意の状態方程式で表される線形システムは，(1) 可制御かつ不可観測な部分空間，(2) 可制御かつ可観測な部分空間，(3) 不可制御かつ不可観測な部分空間，(4) 不可制御かつ可観測な部分空間に直和分解される。それぞれの部分空間の次元を

$$n_{c\bar{o}}, n_{co}, n_{\bar{c}\bar{o}}, n_{\bar{c}o} < n, \quad n_{c\bar{o}} + n_{co} + n_{\bar{c}\bar{o}} + n_{\bar{c}o} = n$$

とおくと，これらの基底ベクトルから作られる正則な変換行列 $\boldsymbol{T}$ が存在して，$\bar{\boldsymbol{x}} = \boldsymbol{T}\boldsymbol{x}$ によって状態方程式を式 (4.24), (4.25) のようにブロック分割された形に等価変換することができる。

$$\dot{\boldsymbol{x}} = \begin{bmatrix} \boldsymbol{A}_{c\bar{o}} & \boldsymbol{A}_{c\bar{o}co} & \boldsymbol{A}_{c\bar{o}\bar{c}\bar{o}} & \boldsymbol{A}_{c\bar{o}\bar{c}o} \\ \boldsymbol{O} & \boldsymbol{A}_{co} & \boldsymbol{O} & \boldsymbol{A}_{co\bar{c}o} \\ \boldsymbol{O} & \boldsymbol{O} & \boldsymbol{A}_{\bar{c}\bar{o}} & \boldsymbol{A}_{\bar{c}\bar{o}\bar{c}o} \\ \boldsymbol{O} & \boldsymbol{O} & \boldsymbol{O} & \boldsymbol{A}_{\bar{c}o} \end{bmatrix} \boldsymbol{x} + \begin{bmatrix} \boldsymbol{B}_{\bar{o}} \\ \boldsymbol{B}_{o} \\ \boldsymbol{O} \\ \boldsymbol{O} \end{bmatrix} u \tag{4.24}$$

$$y = \begin{bmatrix} \boldsymbol{O} & \boldsymbol{C}_{c} & \boldsymbol{O} & \boldsymbol{C}_{\bar{c}} \end{bmatrix} \boldsymbol{x} \tag{4.25}$$

これを **Kalman の正準分解** (Kalman's canonical decomposition) という。

章　末　問　題

【１】 式 (4.4) の制御入力を与えた場合に，$\boldsymbol{x}(T) = \boldsymbol{x}_f$ が達成されることを確認せよ。

【２】 可制御正準形 (4.18) の特性多項式が式 (4.19) になることを確認せよ。

【３】 つぎのシステムの可制御性と可観測性を判別し，Kalman の正準分解をせよ。

$$\boldsymbol{A} = \begin{bmatrix} 0 & -1 & 0 \\ 1 & -1 & 0 \\ 1 & 0 & -2 \end{bmatrix}, \quad \boldsymbol{B} = \begin{bmatrix} 0 \\ 0 \\ 1 \end{bmatrix}, \quad \boldsymbol{C} = \begin{bmatrix} 1 & 0 & 0 \end{bmatrix}$$

【４】 変換式 (4.16) の導出を確認せよ（ヒント：$\boldsymbol{Q} := \boldsymbol{T}^{-1}(s\boldsymbol{I} - \boldsymbol{T}\boldsymbol{A}\boldsymbol{T}^{-1})^{-1}\boldsymbol{T}$ とおいて $\boldsymbol{Q}^{-1}$ を求めるとよい）。

【５】 行列 $\boldsymbol{A}, \boldsymbol{B}, \boldsymbol{C}$ がつぎで与えられる線形システムを考える。

$$\boldsymbol{A} = \begin{bmatrix} -2 & 1 \\ 2 & -3 \end{bmatrix}, \quad \boldsymbol{B} = \begin{bmatrix} 0 \\ 1 \end{bmatrix}, \quad \boldsymbol{C} = \begin{bmatrix} 1 & 1 \end{bmatrix}$$

(1) u から y への伝達関数を求めよ。

(2) この状態方程式を

$$\bar{\boldsymbol{x}} = \boldsymbol{T}\boldsymbol{x}, \quad \boldsymbol{T} = \begin{bmatrix} 1 & 0 \\ -2 & 1 \end{bmatrix}$$

によって座標変換し，$\bar{\boldsymbol{x}}$ についての状態方程式を求めよ。

(3) 変換後の状態方程式に基づいて u から y への伝達関数を求めよ。

【6】 線形システム

$$\dot{\boldsymbol{x}}(t) = \begin{bmatrix} 0 & 1 \\ 0 & a \end{bmatrix} \boldsymbol{x}(t), \quad y(t) = [\ 1 \quad 1\ ]\boldsymbol{x}(t)$$

に対して，$t = 0$ から有限時間までの観測出力 $y(t)$ から，初期状態 $\boldsymbol{x}(0)$ を求める問題を考える。ただし，$a \in \mathbb{R}$ は定数である。$\boldsymbol{x}(0)$ を一意に求めることができる a の条件を示せ。さらに，その条件のもとで，$y(t) = 1 + (1 + a)e^{at}$ を観測した。このときの $\boldsymbol{x}(0)$ を求めよ。

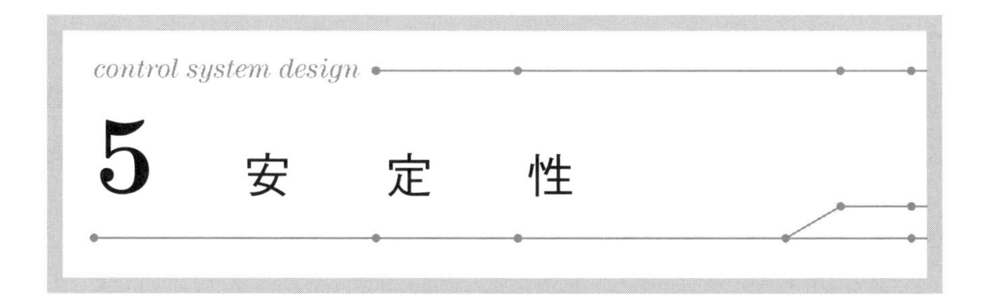

本章では，システムの安定性についての基本的な定義と性質を述べる。安定性は，制御工学において最も重要であり，かつ紛らわしい用語でもある。「なにについて，どういう意味での」安定性を論じているのかということにつねに注意を払っておかねばならない。加えて，線形システム理論と，その一般論にあたる非線形システム由来の安定性の用語に若干の齟齬（そご）がある点にも注意いただきたい。

5.1 安定性の定義

5.1.1 （伝達関数の）入出力安定性

システムの入出力関係に着目した場合，有界な信号を入力としたときに出力も有界になることを**入出力安定** (input-output stability) あるいは **BIBO 安定** (bounded-input bounded-output stability：有界入力-有界出力安定）という。伝達関数の入出力安定性を論じていることが明らかなときは，単に $\mathcal{G}(s)$ が**安定** (stable) であるともいう。ここでいう有界な信号とは，時間とともに無限大に発散しない信号のことで，式 (5.1) のように定義される。

$$|u(t)| \leq M < \infty, \qquad \forall t \in [0, \infty), \quad \exists M > 0 \tag{5.1}$$

M はいくら大きな値であってもよいが有限でなければならない。

実際には，あらゆる有界入力や初期値に対する出力を調べる必要はなく，インパルス応答一つを調べればよいことがわかっている。

定理 5.1　伝達関数 $\mathcal{G}(s)$ が入出力安定であるための必要十分条件は，そのインパルス応答 $g(t)$ の絶対値の積分が有界となることである。すなわち

$$\int_0^\infty |g(t)|\mathrm{d}t \leq M, \quad \exists M > 0 \tag{5.2}$$

である。

式 (5.2) の積分区間は $[0, \infty)$ であるから，有界になるためには必然的にインパルス応答が 0 に収束すること $g(t) \to 0 (t \to \infty)$ が要請される。第 2 章で述べたように，伝達関数のインパルス応答は，定数または t の多項式を係数とした，指数関数 $e^{p_i t}$ の線形結合で表される。ここで $p_i \in \mathbb{C}, i = 1, \cdots, n$ は伝達関数の極である。したがって，入出力安定性は伝達関数の極の性質で特徴づけられる。

定理 5.2　伝達関数 (2.6) で定義されるシステムが入出力安定であるための必要十分条件は，伝達関数のすべての極の実部が負であることである。

すなわち，n 個ある伝達関数の極がすべて複素平面の開左半平面内（虚軸を含まない左半平面）にあれば，システムは入出力安定となる。実部が負の極を**安定極** (stable pole) といい，そうでない極を**不安定極** (unstable pole) という。

5.1.2 （状態方程式の）内部安定性

状態方程式 (2.4), (2.5) の安定性は，まずは入出力を切り離した内部状態の安定性として定義される。端的には，入力のないシステム

$$\dot{\boldsymbol{x}}(t) = \boldsymbol{A}\boldsymbol{x}(t), \quad \boldsymbol{A} \in \mathbb{R}^{n \times n} \tag{5.3}$$

を考え，任意の初期状態 $\boldsymbol{x}(0)$ から発した解 $\boldsymbol{x}(t)$ が有界ならば，システム (5.3) は**内部安定** (internally stable)，または Lyapunov の意味で安定であるという。

状態方程式の内部安定性を論じていることが明らかなときは，単に式 (5.3) が安定であるともいう。また，$\boldsymbol{x}(t) \to 0 (t \to \infty)$ であるときは，さらに**漸近安定** (asymptotic stable) であるという。内部安定性の必要十分条件は，定理 5.3 のように行列 $\boldsymbol{A}$ の固有値で判定される。

定理 5.3 システム (5.3) が安定であるための必要十分条件は，行列 $\boldsymbol{A}$ のすべての固有値の実部が負または 0 であることである。また，漸近安定であるための必要十分条件は，$\boldsymbol{A}$ のすべての固有値の実部が負であることである。

前者の条件は，すべての固有値が複素平面の閉左半平面（虚軸を含む左半平面）に含まれること，後者では開左半平面に含まれること，とも言い換えられる。

さて，ここで述べた入力のない状態方程式の内部安定性と，5.1.1 項で述べた伝達関数の入出力安定性はどのようにつながっているのであろうか。入出力をもつ状態方程式 (2.4), (2.5) から伝達関数への変換式 (2.14) を考えると，伝達関数の分母多項式と行列 $\boldsymbol{A}$ の特性多項式は基本的に同じである。ただし，行列 $\boldsymbol{B}, \boldsymbol{C}$ の性質によっては分子多項式との間に共通因子をもち，約分が生じる可能性がある。伝達関数の極は $\boldsymbol{A}$ の固有値であるが，その逆は一般に正しくない。したがって，状態方程式が漸近安定ならば伝達関数は安定であるが，伝達関数が安定であっても状態方程式が漸近安定であるとは限らない。

例 5.1 状態方程式 (2.4), (2.5) において

$$\boldsymbol{A} = \begin{bmatrix} 4 & 3 \\ -6 & -5 \end{bmatrix}, \quad \boldsymbol{B} = \begin{bmatrix} 0 \\ 1 \end{bmatrix}$$

であるとする。$\boldsymbol{A}$ の固有値は $-2, 1$ であり，定理 5.3 によればこのシステムは内部不安定である。ここで

$$\boldsymbol{C}_1 = \begin{bmatrix} 1 & 0 \end{bmatrix}$$

$$\boldsymbol{C}_2 = \begin{bmatrix} 1 & 1 \end{bmatrix}$$

の2通りの出力行列の場合について考えてみると，それぞれ

$$\mathcal{G}_1(s) = \boldsymbol{C}_1(s\boldsymbol{I} - \boldsymbol{A})^{-1}\boldsymbol{B} = \frac{3}{(s+2)(s-1)}$$

$$\mathcal{G}_2(s) = \boldsymbol{C}_2(s\boldsymbol{I} - \boldsymbol{A})^{-1}\boldsymbol{B} = \frac{1}{(s+2)}$$

となる。$\mathcal{G}_1(s)$ は入出力の意味で不安定な2次系であるのに対し，$\mathcal{G}_2(s)$ は入出力安定な1次系となっている。これは，$(\boldsymbol{A}, \boldsymbol{C}_1)$ は可観測だが $(\boldsymbol{A}, \boldsymbol{C}_2)$ は不可観測であり，内在しているはずの $\boldsymbol{A}$ の不安定極の影響が出力から見えなくなってしまっていることによる。

コーヒーブレイク

本章の冒頭で述べたように，安定性の用語には注意が必要である。伝達関数の場合にはすべての極が開左半平面にあるときに安定といい，一つでも開右半平面にあるときは不安定であるという。その境界にある状況，すなわち虚軸上に極がある場合は，BIBO 安定の定義からすれば不安定である。例えば原点に極がある（伝達関数が積分器 $1/s$ を含む）場合は一定値の入力に対して発散するし，$\pm j\omega_0$ に極をもつ場合には，ちょうどその周波数の正弦波 $\sin\omega_0 t$ を入力した場合に出力が発散する。しかし，この境界を安定限界 (marginally stable) と呼んでいる場合もある。

一方で，状態方程式の内部安定性を論じる場合には，すべての極が閉左半平面にあれば（Lyapunov の意味で）安定といい，そのうち特に虚軸上の極を含まない場合を指して漸近安定ということが多い（さらにいえば，対象が非線形システムになると虚軸上に極をもつときには，Lyapunov 安定な場合とそうでない場合がある)。このような齟齬は，入力に対する応答を主に考えているか，初期値応答を主に考えているかという着眼点の違いと，隣接する力学系理論の分野との用語の交流によって生じている。いずれにせよ，境界の状況をどちら側に含めているかはおのおのの文脈に応じて慎重に確認するのが確実である。

5.2 Routh-Hurwitz の安定判別法

ここまで見てきたとおり，システムの安定性は伝達関数の極あるいは行列の固有値の性質に帰着される。すべての根の実部が負であるような実係数多項式を**安定多項式** (stable polynomial)，すべての固有値の実部が負であるような (つまり特性多項式が安定であるような) 実正方行列を**安定行列** (stable matrix) という[†1]。本節では，多項式の根を求めることなく，係数から直接安定性を調べる Routh-Hurwitz の安定判別法について述べる。

n 次の実係数多項式

$$D(s) = s^n + a_{n-1}s^{n-1} + \cdots + a_1 s_1 + a_0 \tag{5.4}$$

を考える[†2]。まず，一目でわかる安定性の必要条件として，定理 5.4 で示す性質が知られている。

定理 5.4　多項式 $D(s)$ が安定であれば，すべての $i = 1, \cdots, n-1$ について $a_i > 0$ である。

したがって，一つでも 0 あるいは負の係数をもつ多項式は，ただちに不安定であると結論づけられる。安定性の必要十分条件としては，Routh と Hurwitz が独立に導いた二つの方法が知られている。まず前者について，式 (5.5) のような **Routh 表** (Routh table) を構成しよう。

---

†1　それぞれ Hurwitz 多項式，Hurwitz 行列ともいう。

†2　$D(s)$ を定数倍しても安定性は変わらないので，ここでも一般性を失うことなく $D(s)$ はモニックであると仮定する。モニックでない場合は，定理 5.4 はすべての係数が同符号かつ非零，という条件となる。この後述べる Routh, Hurwitz の条件についても同様である。

$$
\begin{array}{c|ccccc}
s^n & 1 & a_{n-2} & a_{n-4} & a_{n-6} & \cdots \\
s^{n-1} & a_{n-1} & a_{n-3} & a_{n-5} & a_{n-7} & \cdots \\
\hline
s^{n-2} & b_1 & b_2 & b_3 & b_4 & \cdots \\
s^{n-3} & c_1 & c_2 & c_3 & c_4 & \cdots \\
\vdots & \vdots & \vdots & \vdots & \vdots & \\
s^0 & & & & &
\end{array}
\tag{5.5}
$$

s^n, s^{n-1} とラベルづけされている最初の 2 行には，$D(s)$ の係数を交互に並べる。s^{n-2} の行以降に現れる要素については

$$
\begin{aligned}
&b_1 := \frac{a_{n-1}a_{n-2} - a_{n-3}}{a_{n-1}}, \quad b_2 := \frac{a_{n-1}a_{n-4} - a_{n-5}}{a_{n-1}}, \cdots \\
&c_1 := \frac{b_1 a_{n-3} - a_{n-1}b_2}{b_1}, \quad c_2 := \frac{b_1 a_{n-5} - a_{n-1}b_3}{b_1}, \cdots \\
&\cdots
\end{aligned}
$$

のように，直上の 2 行の要素をたすきがけの要領で掛け合わせて計算する。また，係数が存在しないところには 0 を埋める。Routh 表は最大で $n+1$ 行で終了する。最左列の $\{1, a_{n-1}, b_1, \cdots\}$ を Routh 数列という。

定理 5.5　(Routh の条件)　$D(s)$ の不安定根の数は，Routh 数列の正負の符号変化の回数に等しい。すなわち，多項式 $D(s)$ が安定であるための必要十分条件は，Routh 数列の要素がすべて正となることである。

この条件と等価なものとして，Hurwitz の安定判別条件も知られている。

$$
\boldsymbol{H}_1 = [a_1], \quad \boldsymbol{H}_2 = \begin{bmatrix} a_1 & a_3 \\ a_0 & a_2 \end{bmatrix}, \quad \boldsymbol{H}_2 = \begin{bmatrix} a_1 & a_3 & a_5 \\ a_0 & a_2 & a_4 \\ 0 & a_1 & a_3 \end{bmatrix}, \cdots,
$$

$$\boldsymbol{H}_n = \begin{bmatrix} a_1 & a_3 & a_5 & \cdots & & \\ a_0 & a_2 & a_4 & \cdots & & \\ 0 & a_1 & a_3 & \cdots & & \\ \vdots & \vdots & \vdots & \ddots & & \\ & & & & a_{n-1} & 0 \\ & & & & a_{n-2} & a_n \end{bmatrix} \tag{5.6}$$

を定義する（Routh 表と同様，係数が存在しないところは 0 とおく）。$\boldsymbol{H}_i, i = 1, \cdots, n-1$ は，$\boldsymbol{H}_n \in \mathbb{R}^{n \times n}$ の左上 $i \times i$ を切り取った小行列となっている。このとき定理 5.6 が成り立つ。

定理 5.6（Hurwitz の条件） 多項式 $D(s)$ が安定であるための必要十分条件は，$\det \boldsymbol{H}_i, i = 1, \cdots, n$ がすべて正となることである。

3 次以下の場合の具体的な係数条件は以下のとおりである。

(1) $D(s) = s + a_0$ が安定 $\Leftrightarrow a_0 > 0$

(2) $D(s) = s^2 + a_1 s + a_0$ の場合

$$D(s) \text{ が安定} \Leftrightarrow a_1, a_0 > 0$$

(3) $D(s) = s^3 + a_2 s^2 + a_1 s + a_0$ の場合

$$D(s) \text{ が安定} \Leftrightarrow a_2, a_1, a_0 > 0, a_2 a_1 > a_0$$

5.3 Lyapunov の安定判別法

Lyapunov の安定判別法は，状態方程式 (2.4) の解を直接求めることなく，Lyapunov 関数と呼ばれるあるスカラ値関数の性質によって，間接的に内部安定性を調べる方法である。まず準備として，$\mathbb{R}^n$ 上で定義された対称二次形式のスカラ値関数

$$V(\boldsymbol{x}) := \frac{1}{2}\boldsymbol{x}^\top \boldsymbol{P}\boldsymbol{x}, \qquad \boldsymbol{P} \in \mathbb{R}^{n\times n}, \ \ \boldsymbol{P} = \boldsymbol{P}^\top \tag{5.7}$$

を考え，正定性の概念を定義 5.1 で定義する。

定義 5.1　(正定性)

(1)　$\boldsymbol{x} \in \mathbb{R}^n$ に対して $V(\boldsymbol{x}) \geq 0$ であるとき，$V(\boldsymbol{x})$ は**半正定** (positive semidefinite) であるという。

(2)　$V(\boldsymbol{x})$ が半正定で，かつ $V(\boldsymbol{x}) = 0$ となるのは $\boldsymbol{x} = 0$ に限られるとき，$V(\boldsymbol{x})$ は**正定** (positive definite) であるという。

$-V(\boldsymbol{x})$ が半正定, 正定であるとき, $V(\boldsymbol{x})$ はそれぞれ**半負定** (negative semidefinite)，**負定** (negative definite) であるという†。また，システム (5.3) に沿った関数 $V(\boldsymbol{x})$ の時間微分

$$\begin{aligned}\dot{V}(\boldsymbol{x}) &= \frac{\partial V}{\partial \boldsymbol{x}} A\boldsymbol{x} = \frac{1}{2}(\dot{\boldsymbol{x}}^\top \boldsymbol{P}\boldsymbol{x} + \boldsymbol{x}^\top \boldsymbol{P}\dot{\boldsymbol{x}}) = \frac{1}{2}(\boldsymbol{x}^\top \boldsymbol{A}^\top \boldsymbol{P}\boldsymbol{x} + \boldsymbol{x}^\top \boldsymbol{P}\boldsymbol{A}\boldsymbol{x}) \\ &= \frac{1}{2}\boldsymbol{x}^\top(\boldsymbol{P}\boldsymbol{A} + \boldsymbol{A}^\top \boldsymbol{P})\boldsymbol{x}\end{aligned}$$

は，また $\mathbb{R}^n$ 上の対称二次形式スカラ値関数となる。

このとき，Lyapunov の安定性条件は定理 5.7 のように与えられる。

定理 5.7　(Lyapunov の安定定理)　ある二次形式 $V(\boldsymbol{x})$ が存在して，V が正定かつ $\dot{V}$ が負定であるならば，システム (5.3) は漸近安定である。

定理 5.7 が満たされるとき，関数 $V(\boldsymbol{x})$ を Lyapunov 関数という。この定理をもとに，Lyapunov 関数の候補を探索する問題を，行列方程式を解く問題に帰着させたものが定理 5.8 である。

† 文献によっては半正定，半負定をそれぞれ準正定，準負定ということもある。

定理 5.8　システム (5.3) が漸近安定であることは，以下と等価である。行列 $\boldsymbol{Q} \succ \boldsymbol{O}, \boldsymbol{Q} \in \mathbb{R}^{n\times n}$ が任意に与えられたとき，それぞれに対して，式 (5.8) の **Lyapunov 方程式** (Lyapunov equation)

$$\boldsymbol{P}\boldsymbol{A} + \boldsymbol{A}^\top \boldsymbol{P} = -\boldsymbol{Q} \tag{5.8}$$

を満たす行列 $\boldsymbol{P} \succ \boldsymbol{O}$ が一意に存在する。このとき，$\boldsymbol{P}$ の二次形式

$$V(\boldsymbol{x}) := \frac{1}{2}\boldsymbol{x}^\top \boldsymbol{P}\boldsymbol{x}$$

で定義される関数 $V(\boldsymbol{x})$ は定理 5.7 の条件を満たす Lyapunov 関数となる。

また，ある $\boldsymbol{Q} \succ \boldsymbol{O}$ について式 (5.8) の解 $\boldsymbol{P} \succ \boldsymbol{O}$ が存在するならば，ほかの任意の $\boldsymbol{Q} \succ \boldsymbol{O}$ についても正定解が存在することもいえる。

例 5.2　次式で表される線形システムを考える。

$$\dot{\boldsymbol{x}} = \boldsymbol{A}\boldsymbol{x}, \quad \boldsymbol{A} = \begin{bmatrix} 1 & 2 \\ -3 & -4 \end{bmatrix}$$

$\boldsymbol{A}$ の固有値は $-1, -2$ であるのでこのシステムは安定だが，これを定理 5.8 を用いて検証してみよう。$\boldsymbol{Q} = 12\boldsymbol{I}$ とおいて，対称行列

$$\boldsymbol{P} = \begin{bmatrix} p_{11} & p_{12} \\ p_{12} & p_{22} \end{bmatrix}$$

を未知行列とした Lyapunov 方程式 (5.8) を解くと，$p_{11} = 27, p_{12} = 11, p_{22} = 7$ を得る。これは $p_{11} > 0, p_{22} > 0, p_{11}p_{22} - p_{12}^2 > 0$ を満たすから，$\boldsymbol{P} \succ \boldsymbol{O}$ である。したがって，このシステムは安定である。

なお，本来 Lyapunov の安定判別法は，二次形式とは限らない $V(\boldsymbol{x})$ を考えることによって，第 2 章で述べた非線形状態方程式 (2.26) の安定性も保証することができる適用範囲の広い考え方である。非線形システム (2.26) と，それを近似した線形システム (2.4) の安定性の関係については，定理 5.9 の Lyapunov

の線形化法と呼ばれる有用な知見が得られている。

定理 5.9

(1) 線形近似システム (2.4) が漸近安定であれば，もとの非線形システム (2.26) も原点近傍において漸近安定である。

(2) 線形近似システム (2.4) が不安定であれば，もとの非線形システム (2.26) の原点も不安定である。

これらの逆は一般に成り立たないことに注意されたい。また，線形近似システム (2.4) が漸近安定ではなく安定なだけの場合は，もとの非線形システム (2.26) については安定とも不安定ともいえない。

5.4　フィードバック系の内部安定性

5.4.1　フィードバック結合と内部安定性

さて，すでに単一ブロックの入出安定性については述べた。ここからは図 **5.1** に示すようなフィードバック系を考える。通常の構成では，r を目標値または参照入力，e を偏差，u を制御入力，y を出力と考える。d は外乱と呼ばれ，実際に外乱として存在するかどうかにかかわらず，後述する内部安定性を検証するために導入した信号である。偏差 e を起点として，フィードバックループを一巡して r との加え合せ点に戻ってくるまでの伝達関数 $\mathcal{L}(s) := \mathcal{P}(s)\mathcal{K}(s)$ を，**一巡伝達関数** (loop transfer function) あるいは**開ループ伝達関数** (open-loop

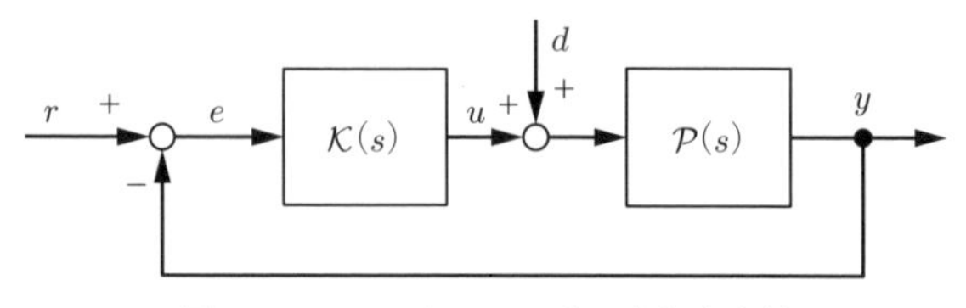

図 **5.1**　フィードバック系の内部安定性

transfer function) という[†]。

目標値 r から出力 y までの伝達関数は

$$\mathcal{G}_{yr}(s) = \frac{\mathcal{P}(s)\mathcal{K}(s)}{1+\mathcal{P}(s)\mathcal{K}(s)} = \frac{\mathcal{L}(s)}{1+\mathcal{L}(s)} \tag{5.9}$$

である。一見，$\mathcal{G}_{yr}(s)$ が入出力安定であればフィードバック系が安定であると定義してよさそうに思えるが，それだけでは十分ではない。$\mathcal{P}(s), \mathcal{K}(s)$ がそれぞれ分母多項式と分子多項式を用いて

$$\mathcal{P}(s) = \frac{N_{\mathcal{P}}(s)}{D_{\mathcal{P}}(s)}, \quad \mathcal{K}(s) = \frac{N_{\mathcal{K}}(s)}{D_{\mathcal{K}}(s)}$$

と表されているとする。このとき，$N_{\mathcal{P}}(s)$ と $D_{\mathcal{K}}(s)$，$N_{\mathcal{K}}(s)$ と $D_{\mathcal{P}}(s)$ の間に共通因子が存在するときは，それらはたがいに約分されてしまって $\mathcal{L}(s)$ には現れない。したがって，$\mathcal{G}_{yr}(s)$ の安定性にも影響しないことになる。これを**極零相殺** (pole-zero cancellation) という。

例 5.3 $\mathcal{P}(s) = 1/(s-1)$, $\mathcal{K}(s) = (s-1)/(s+1)$ であるとする。このとき，共通因子 $(s-1)$ は約分されて $\mathcal{L}(s) = 1/(s+1)$ には現れず，$\mathcal{G}_{yr}(s) = 1/(s+2)$ は入出力安定となっている。しかしながら，$\mathcal{P}(s)$ はそもそも不安定であるので，$\mathcal{P}(s)$ が 0 でない初期値をもった場合，あるいは外乱 d が入った場合には，$\mathcal{P}(s)$ の出力 y は発散する。この事実は，d から y までの伝達関数

$$\mathcal{G}_{yd}(s) = \frac{\mathcal{P}(s)}{1+\mathcal{P}(s)\mathcal{K}(s)} = \frac{s+1}{(s-1)(s+2)}$$

を求めてみるとすぐにわかる。

このような，極零相殺による不安定性の隠蔽を避けるために，フィードバック系の**内部安定性** (internal stability) を導入する。具体的には，すべてのブロックの入力段に外生入力を加えることを（仮想的に）考え，各ブロックの出力までのすべての組合せについての入出力安定性として定義する。すなわち，図 5.1

† 一巡伝達関数と開ループ伝達関数を区別する場合もあるが，本書では図 5.1 の単一フィードバック系を対象としているため，同じものとしている。

の場合には r, d から u, y までの四つの組合せの入出力関係を調べることになる。

定義 5.2　図 5.1 に示すフィードバック系が内部安定であるとは

$$\mathcal{G}_{yr}(s) = \frac{\mathcal{P}(s)\mathcal{K}(s)}{1+\mathcal{P}(s)\mathcal{K}(s)} \tag{5.10}$$

$$\mathcal{G}_{yd}(s) = \frac{\mathcal{P}(s)}{1+\mathcal{P}(s)\mathcal{K}(s)} \tag{5.11}$$

$$\mathcal{G}_{ur}(s) = \frac{\mathcal{K}(s)}{1+\mathcal{P}(s)\mathcal{K}(s)} \tag{5.12}$$

$$\mathcal{G}_{ud}(s) = -\frac{\mathcal{P}(s)\mathcal{K}(s)}{1+\mathcal{P}(s)\mathcal{K}(s)} \tag{5.13}$$

がすべて入出力安定となることをいう。

じつのところ，フィードバック系の入出力安定性と内部安定性のギャップは，ひとえに不安定な極零相殺の存在に起因している。したがって，その可能性さえ排除しておけば $\mathcal{G}_{yr}(s)$ だけから内部安定性を判定できる。また，上記の四つの伝達関数に共通する分母多項式

$$\phi_{\mathrm{FB}}(s) = D_{\mathcal{P}}(s)D_{\mathcal{K}}(s) + N_{\mathcal{P}}(s)N_{\mathcal{K}}(s) \tag{5.14}$$

を**フィードバック系の特性多項式** (characteristic polynomial) という（行列の特性多項式と混同しないように注意されたい）。$\phi_{\mathrm{FB}}(s)$ には，極零相殺が生じるような場合でも共通因子がすべて残っているので，フィードバック系の内部安定性の条件は定理 5.10 のように言い換えることができる。

定理 5.10　フィードバック系が内部安定であることは，以下の条件とそれぞれ等価である。

- $\mathcal{P}(s)$ と $\mathcal{K}(s)$ の間に不安定な極零相殺（制御対象の不安定極と制御器の不安定な零点が相殺）がなく，かつ $\mathcal{G}_{yr}(s)$ が入出力安定であること。

- 特性多項式 $\phi_{\mathrm{FB}}(s)$ の根が安定であること。

5.4.2 Nyquist の安定判別法

Nyquist の安定判別法 (Nyquist stability criterion) では，図 **5.2**(a) に示す開ループ系すなわち一巡伝達関数 $\mathcal{L}(s)$ の周波数特性から，図 (b) に示す閉ループ系の安定性を図的に判断する方法である。

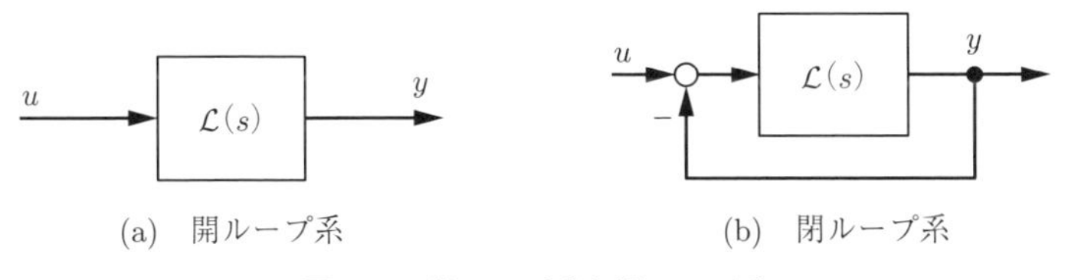

図 **5.2** 開ループ系と閉ループ系

まず複素平面において，右半平面を時計回りに囲むような，虚軸と半径無限大の半円からなる閉曲線 Γ を考える（図 **5.3**）。$\mathcal{L}(s)$ による Γ の像 $\mathcal{L}(\Gamma)$ を，$\mathcal{L}(s)$ の **Nyquist 線図**（Nyquist plot または Nyquist diagram）という。Γ のうち，虚軸の正の部分 ($\omega = 0$ から $+\infty$ まで) の $\mathcal{L}(s)$ による像は，$\mathcal{L}(s)$ のベクトル軌跡にほかならず，また $\mathcal{L}(s)$ が有理伝達関数の場合は $\mathcal{L}(-j\omega)$ と $\mathcal{L}(j\omega)$ は複素共役の関係にある。したがって Nyquist 線図とは，基本的に，ベクトル軌跡とその実軸に関する鏡像を連結した閉曲線となっている（例外処理については後述する）。

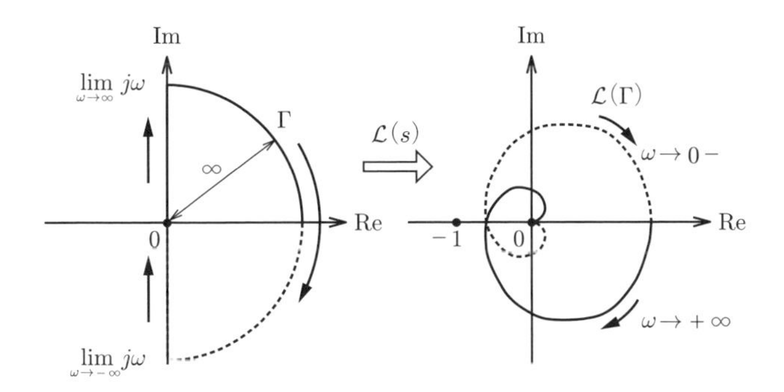

図 **5.3** Nyquist 線図の例

このとき，図 5.2(b) の閉ループ系の内部安定性は定理 5.11 のように述べられる。

定理 5.11　$\mathcal{L}(s)$ が内部に不安定な極零相殺をもたないとする。開ループ系 $\mathcal{L}(s)$ の不安定極の数を Π，閉ループ系 $\mathcal{L}(s)/(1+\mathcal{L}(s))$ の不安定極の数を Z，Nyquist 軌跡 $\mathcal{L}(\Gamma)$ が複素平面上の点 -1 を反時計回りにまわる回数を N とする。このとき

$$N = \Pi - Z \tag{5.15}$$

が成り立つ。したがって，閉ループ系が内部安定（$Z = 0$）であるための必要条件は $N = \Pi$ である。

いうまでもなく，Nyquist の安定性条件と定理 5.10 の条件は等価である。したがって，$\mathcal{L}(s)$ が伝達関数の形で正確にわかっているならば，$\phi_{\mathrm{FB}}(s)$ を Routh-Hurwitz の安定判別法などで調べても同じ結果が得られる。Nyquist の安定判別法の真価は，$\mathcal{L}(s)$ の周波数特性が正確ではなく概形だけわかっている場合，あるいは誤差をともなうデータから得られている場合などに，おおよその傾向や安定性喪失の勘所を教えてくれるところにある。

なお，$\mathcal{L}(s)$ が Γ 上に極をもつ場合には Nyquist 線図の作図に注意が必要である。この場合は Γ の内側に極を避けるような曲線 Γ' をとり，Γ' を Γ に近づけたときの $\mathcal{L}(\Gamma')$ の極限として描く。また，回避した Γ 上の極は $\mathcal{L}(s)$ の不安定極の数 Π には含めない†。

例 5.4

(1)　$\mathcal{L}(s) = 1/(s(s+1)^3)$ の場合：$\mathcal{L}(s)$ は原点 $s = 0$ に極をもつため，$\mathcal{L}(j\omega) \to -3 - j\infty(\omega \to 0+)$, $\mathcal{L}(j\omega) \to -3 + j\infty(\omega \to 0-)$ と不連続になっている。そこで，3 点 $-j\epsilon, \epsilon, j\epsilon(\epsilon > 0)$ を通る半円に

† Γ 上の極を Γ の外側（虚軸上の極に対しては左側）に避けるようにとることも可能で，この場合は不安定極の数 Π に含める。

よって原点を迂回した閉曲線 Γ_ϵ とその像 $\mathcal{L}(\Gamma_\epsilon)$ を考え，$\epsilon \to 0$ としたときの極限を考えると，Nyquist 線図は複素平面の右側で接続されることがわかる（図 **5.4**(a)）。

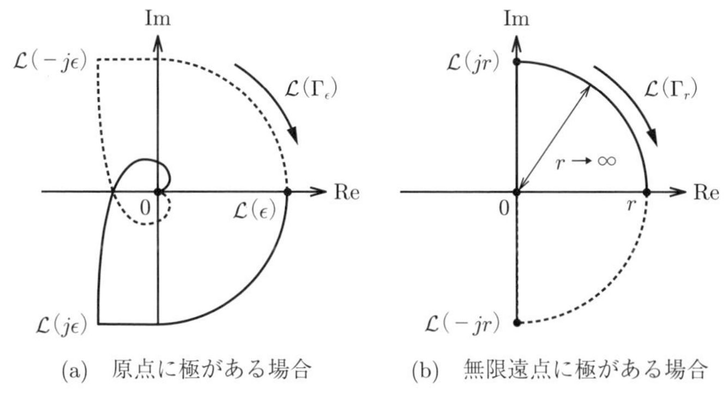

(a)　原点に極がある場合　　(b)　無限遠点に極がある場合

図 5.4　Γ 上に極がある場合の Nyquist 線図の例

(2)　$\mathcal{L}(s) = s$ の場合：$\mathcal{L}(s)$ は複素関数としては恒等写像であり，無限遠点 $|s| \to \infty$ に極をもつ。3 点 $-jr, r, jr (r > 0)$ を通る閉半円を Γ_r として $\lim_{r\to\infty} \mathcal{L}(\Gamma_r)$ を考えれば，Nyquist 線図は複素平面の右側で接続されることがわかる（図 5.4(b)）。

5.4.3　安　定　余　裕

Nyquist の安定判別法において，もともと安定な開ループ伝達関数 $\mathcal{L}(s)$ に対して，安定性を損なうことなくどこまでフィードバックゲインを上げられるかという問題は実用上特に重要である。$\mathcal{L}(s)$ が安定であれば不安定極の数は 0，つまり $\Pi = 0$ である。Nyquist の定理によれば閉ループ系が安定になるための必要十分条件は $Z = N - \Pi = 0 \Leftrightarrow N = 0$，すなわち，Nyquist 線図が複素平面上の点 -1 を一度も囲まないということになる。

第 3 章で述べたように，物理系の周波数応答においては，高周波領域においてゲインも位相もともに減少するのが普通であるから，この安定性の必要十分条件は，ベクトル軌跡が点 -1 を左に見るようにして原点に収束することを要請している。点 -1 は原点からの距離が 1，偏角が -180° の点であることに注意すると，ベクトル軌跡について「偏角が -180° になったときに原点からの距離が 1 未満」，「原点からの距離が 1 になったときに偏角が -180° より大きい」という表現にも言い換えられる。

そこで，**図 5.5** の Bode 線図のようにゲイン $|\mathcal{L}(j\omega)|$ が ω の増加とともに低下していくときに，0 dB を下回るところの角周波数を**ゲイン交差角周波数** (gain crossover frequency) といい，ω_{gc}〔rad/s〕で表す。ω_{gc} における位相と -180° との差を**位相余裕** (phase margin) といい，PM〔deg〕と表す（式 (5.16)）。

$$\mathrm{PM} = -(-180^\circ - \angle\mathcal{L}(j\omega_{\mathrm{gc}})) \tag{5.16}$$

同様に，位相 $\angle\mathcal{L}(j\omega)$ が ω の増加とともに低下していくときに，-180° を下回るところの角周波数を**位相交差角周波数** (phase crossover frequency) といい，ω_{pc}〔rad/s〕で表す。ω_{pc} におけるゲインと 0 dB との差を**ゲイン余裕** (gain margin) といい，GM〔dB〕と表す（式 (5.17)）。

$$\mathrm{GM} = -20\log_{10}|\mathcal{L}(j\omega_{\mathrm{pc}})| \tag{5.17}$$

位相余裕とゲイン余裕を総称して**安定余裕** (stability margin) という。図 5.5 のベクトル軌跡においては，ベクトル軌跡が単位円と交わる点の半径と負の実

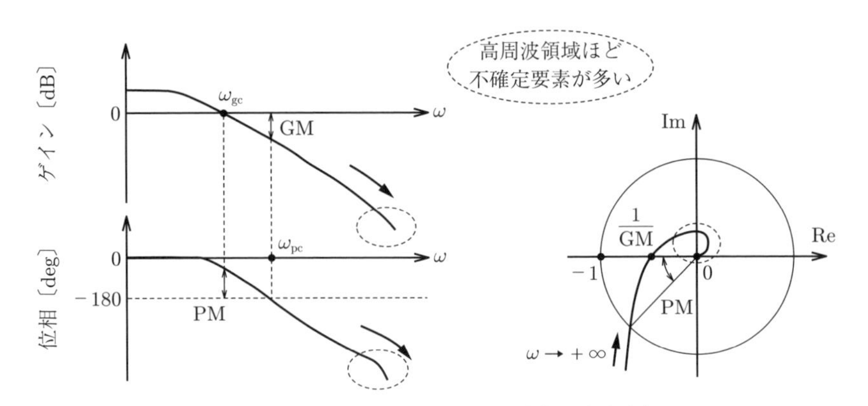

図 5.5　典型的な安定系の周波数応答と安定余裕

軸がなす角が PM〔deg〕であり，ベクトル軌跡が負の実軸と交わる点と原点との距離の逆数が GM である。フィードバック系の内部安定性は GM が正であること，PM が正であること，$\omega_{\rm pc} > \omega_{\rm gc}$ であること，と等価に言い換えることができる。

最後に，システムのゲインが増大して安定性を喪失するときの状況を特に把握しておこう（図 **5.6**）。$\omega_{\rm pc} = \omega_{\rm gc}$ となり安定臨界に達したとき，すなわち $\rm PM = 0^\circ$, $\rm GM = 0\ dB$ のときには，ちょうど $\omega = \omega_{\rm pc} = \omega_{\rm gc}$ の角周波数の正弦波入力に対して，同じ振幅で位相が 180° 遅れた（符号が反転した）正弦波が出力される。これがブロックの入力端にフィードバックされると，同相の信号どうしが加え合わされ，角周波数 ω の成分の振幅が理論上は無限に増幅される結果となる。

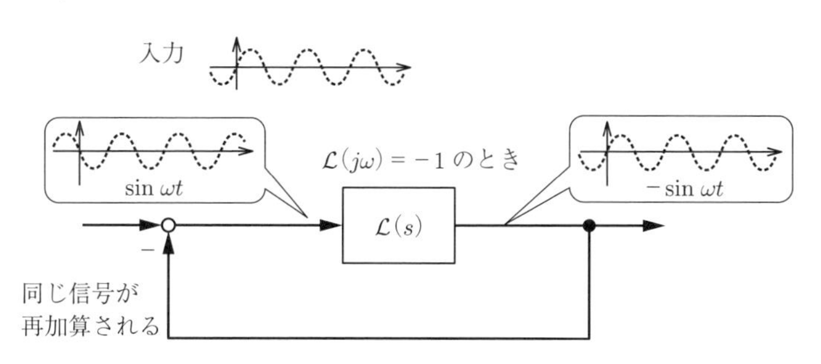

図 **5.6** フィードバック系の不安定化現象

コーヒーブレイク

近年では用いられることが少なくなったが，縦軸にゲイン，横軸に位相をとった図をゲイン-位相線図という。この図の上に，閉ループ系 $\mathcal{L}(j\omega)/(1+\mathcal{L}(j\omega))$ の絶対値が一定となる $\mathcal{L}(j\omega)$ の集合，および偏角が一定となる $\mathcal{L}(j\omega)$ の集合（等 M-軌跡と等 α-軌跡）をプロットしたものを **Nichols 線図** (Nichols chart) という。ゲインと位相の情報が一つのグラフにまとめられており，そこから閉ループ系の周波数特性（ゲインと位相）を読み取ることができるため，位相余裕とゲイン余裕の設計に便利である。

章　末　問　題

【１】 システム

$$\mathcal{P}(s) = \frac{1}{s^4 + 2s^3 + 3s^2 + 4s + 5}$$

の入出力安定性を判別せよ。また，不安定極の数を調べよ。

【２】 線形システム

$$\dot{\boldsymbol{x}} = \boldsymbol{A}\boldsymbol{x}, \quad \boldsymbol{A} = \begin{bmatrix} -2 & 1 \\ 2 & -3 \end{bmatrix}$$

の安定性を，$\boldsymbol{Q} = \boldsymbol{I}$ とおいた Lyapunov 方程式を解くことによって判別せよ。

【３】 $\mathcal{K}(s), \mathcal{P}(s)$ が次式で与えられるフィードバック制御系の内部安定性を調べ，極零相殺が生じていれば，それを説明せよ。

$$\mathcal{K}(s) = \frac{s^2 - 3s + 2}{s^2 + 2s + 1}, \quad \mathcal{P}(s) = \frac{s+1}{s^2 - 4}$$

【４】 $\mathcal{K}(s), \mathcal{P}(s)$ が次式で与えられるフィードバック制御系を考える。

$$\mathcal{K}(s) = k > 0, \quad \mathcal{P}(s) = \frac{1}{(s+1)^2(0.1s+1)}, \quad \mathcal{L}(s) = \mathcal{P}(s)\mathcal{K}(s)$$

(1) r から y までの伝達関数 $\mathcal{G}(s)$ を求めよ。

(2) $\mathcal{P}(s)$ の Bode 線図の概形を描き，ゲイン余裕 GM を図中に記せ。

(3) $k = 100$ のときの Nyquist 軌跡の概形を描け。

(4) Routh または Hurwitz の安定判別法を用いて，フィードバック系が内部安定になる k の範囲を求め，Nyquist の安定判別法による結果と比較せよ。

【５】 $\mathcal{K}(s), \mathcal{P}(s)$ が次式で与えられるフィードバック制御系を考える。

$$\mathcal{K}(s) = 3, \quad \mathcal{P}(s) = \frac{1}{(s-1)(s+a)}, \qquad a > 0$$

フィードバック系が安定になるような a，不安定になるような a をそれぞれ一つずつ挙げ，それぞれの根拠を Nyquist の安定判別法を用いて説明せよ。

control system design

6 制御系の設計仕様

制御工学は，制御対象の特性を調べることだけではなく，制御対象の特性を理解したうえで，望ましい制御系を設計する実学である。制御系設計においては，設計者の意図（望ましいと考える要求）を満たすような制御器を設計する。例えば，制御対象の出力を目標値にすばやく追従させる，外乱が加わる場合に，制御対象の出力を目標値に一致させておく，といった特性を制御器の設計によって実現する。そのためには，注目している特性を定量的に評価する必要がある。特に，速応性，減衰性（安定度），定常特性の三つは，抑えておくべき性質である。本章では，速応性，減衰性，定常特性に関する性能評価指標と，それらを用いた**設計仕様**(design specification) についてまとめる。

6.1 制御系の性能評価指標

ここでは，速応性，減衰性，定常特性を時間領域，周波数領域，s 領域において評価する方法について述べる。一般に，制御系の振る舞いは，複素平面上で虚軸に最も近い実部をもつ**代表極**(dominant pole)†で特徴づけることができる。以下では，フィードバック制御系の目標値 r から出力 y までの伝達関数の代表極が 2 次遅れ系

$$
\mathcal{G}_{yr}(s) = \frac{\omega_{\rm n}^2}{s^2 + 2\zeta\omega_{\rm n}s + \omega_{\rm n}^2} \tag{6.1}
$$

の極である場合を考える。

† 最も遅い応答モードに対応するものである。

6.1.1　時間領域の指標

図 6.1 に示す 2 次遅れ系 $\mathcal{G}_{yr}(s)$ のステップ応答を考える。この時間応答における性能評価指標は以下のとおりである。

- **立ち上がり時間**(rise time)：ステップ応答が定常値 y_∞ の 10 %から 90 %に達するまでの時間であり，速応性の指標である。
- **遅れ時間**(delay time)：ステップ応答が定常値 y_∞ の 50 %に達するまでの時間であり，速応性の指標である。
- **整定時間**(settling time)：ステップ応答が定常値 y_∞ の ±5 %（あるいは ±2 %）の範囲に落ち着くまでに要する時間であり，速応性と減衰性の両方に関係している指標である。
- **最大行き過ぎ量**(maximum overshoot)：ステップ応答が定常値 y_∞ を超えて行き過ぎる場合において，最大行き過ぎ量 $A_{\max}$ は応答の最大値 $y_{\max}$ と定常値 y_∞ の差 $(y_{\max} - y_\infty)$ で与えられる。$A_{\max}/y_\infty \times 100$〔%〕のように百分率で表すことも多い。これは，**オーバーシュート**(overshoot) とも呼ばれ，減衰性の指標である。
- **行き過ぎ時間**(peak time)：最大行き過ぎ量 $A_{\max}$ に達するまでに要する時間であり，速応性の指標である。
- **定常偏差**(steady-state error)：十分時間が経過したときの目標値と応答の差 $1 - y_\infty$ であり，定常特性の指標である。

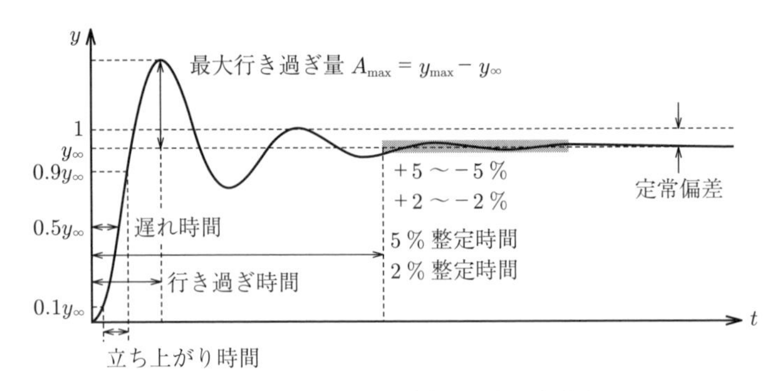

図 6.1　単位ステップ応答と性能評価指標

6.1.2 周波数領域の指標

2 次遅れ系の周波数特性を表した**図 6.2** に示すゲイン線図を考える。このゲイン線図における性能評価指標は以下のとおりである。

- **バンド幅**(bandwidth)：ゲイン $|\mathcal{G}_{yr}(j\omega)|$ が直流ゲイン $|\mathcal{G}_{yr}(0)|$ の $1/\sqrt{2}$ 倍になる角周波数であり，速応性の指標である。
- **ピークゲイン**(peak gain)：$M_{\rm p} = \max_{\omega \geq 0} |\mathcal{G}_{yr}(j\omega)|$ で定義されるもので，入力信号の振幅と出力信号の振幅の比の最大値に対応する。減衰性の指標である。
- **直流ゲイン**(dc gain)：定常特性に関する指標で，$|\mathcal{G}_{yr}(0)|$ が 1 に近いほどステップ応答における定常偏差が小さい。

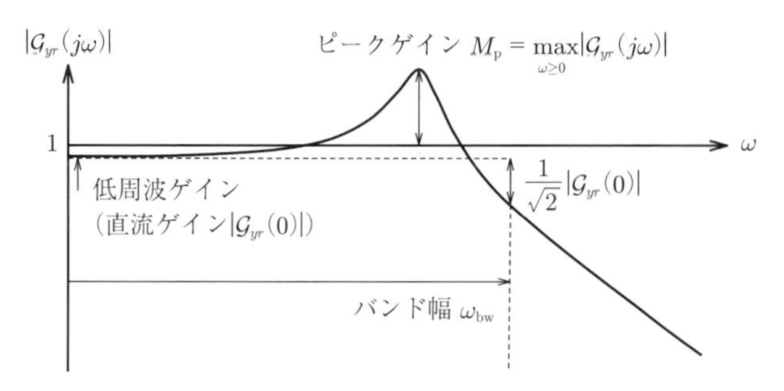

図 6.2 ゲイン特性と性能評価指標

6.1.3 s 領域の指標

ここでは，時間領域の指標と極の位置の関係について述べ，極配置の仕様を与える。

まず，減衰性については，$\zeta > 1/\sqrt{2}$ であれば，ステップ応答における振動がすみやかに減衰することが知られている。$1 > \zeta > 1/\sqrt{2}$ のとき，2 次遅れ系の極は，$\lambda = -\zeta\omega_{\rm n} \pm j\omega_{\rm n}\sqrt{1-\zeta^2}$ となり，$|{\rm Im}[\lambda]| < |{\rm Re}[\lambda]|$（極の虚部の絶対値より実部の絶対値のほうが大きい）を満たす。これは，**図 6.3**(a) の灰色領域に極を配置することに対応している。

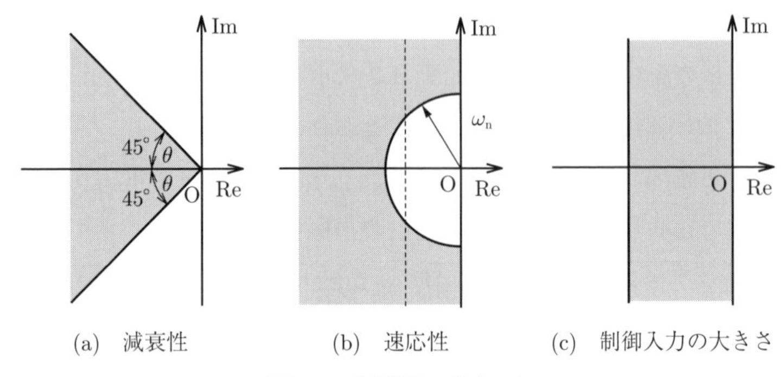

(a)　減衰性　　(b)　速応性　　(c)　制御入力の大きさ

図 6.3　極配置のポイント

つぎに，速応性については，固有角周波数 $\omega_{\rm n}$ が大きいほど，応答が速くなる。$\omega_{\rm n}$ は原点からの距離に対応しているので，図 6.3(b) の灰色領域に極を配置することになる。実際，$0 < \zeta < 1$ の立ち上がり時間 $t_{\rm r}$ を考えてみる。立ち上がり時間は，出力が定常値の 10％ から 90％に至るまでの時間であるが，簡単のため，定常値に至る時間を考えることにすると

$$t_{\rm r} \simeq \frac{1}{\omega_{\rm n}\sqrt{1-\zeta^2}} \tan^{-1}\left(-\frac{\sqrt{1-\zeta^2}}{\zeta}\right) \tag{6.2}$$

となる（本章の章末問題【１】を参照）。例えば，$\zeta = 1/\sqrt{2}$ の場合では，$t_{\rm r} = 3\pi\sqrt{2}/(4\omega_{\rm n})$ となり，$\omega_{\rm n}$ が大きいほど，立ち上がり時間が小さくなることを確認できる。

さらに，減衰性と速応性の指標である整定時間を考える。5％整定時間は，約 $3/(\zeta\omega_{\rm n})$ となる（本章の章末問題【１】を参照）。そのため，目標とする整定時間が $t_{\rm s}$ であるとき，$3/(\zeta\omega_{\rm n}) \leq t_{\rm s}$ を満たすことが望ましい。そして，2 次遅れ系の極は，$\lambda = -\zeta\omega_{\rm n} \pm j\omega_{\rm n}\sqrt{1-\zeta^2}$ であるので，実部が $-3/t_{\rm s}$ より小さければよいことがわかる。これは，図 6.3(b) の破線より左側の領域に極を配置することに対応している。

最後に，制御入力の大きさの観点である。極の実部を負側に大きくすると，フィードバックゲインが大きくなる。したがって，図 6.3(c) の灰色領域のように，実部が負側に大きくならないような極を選ぶことが望ましい。

6.2 閉ループ系と開ループ系の設計仕様の関係

6.1 節では，閉ループ系の特性に注目していた。一方，Nyquist の安定判別法では，開ループ系（開ループ伝達関数，一巡伝達関数）の特性から閉ループ系の安定性を判別できる。じつは，閉ループ系の速応性，減衰性，定常特性についても，開ループ系の特性で定量的に評価できる。第 12 章で説明するループ整形法では，この開ループ系の設計仕様を利用する。以下では，閉ループ系

$$\mathcal{G}_{yr}(s) = \frac{\mathcal{P}(s)\mathcal{K}(s)}{1+\mathcal{P}(s)\mathcal{K}(s)}$$

の設計仕様である

- 速応性：$\mathcal{G}_{yr}$ のバンド幅 $\omega_{\rm bw}$ を大きくする
- 減衰性：$\mathcal{G}_{yr}$ のピークゲイン $M_{\rm p}$ を小さくする
- 定常特性：$\mathcal{G}_{yr}$ の直流ゲインを 0 dB にする

を開ループ系 $\mathcal{L}(s) = \mathcal{P}(s)\mathcal{K}(s)$ の設計仕様に書き換えてみよう。

まず，速応性についてである。簡単のため，$|\mathcal{G}_{yr}(0)| = 1$ であるとすると，$|\mathcal{G}_{yr}(j\omega_{\rm bw})| = 1/\sqrt{2}$ となる角周波数 $\omega_{\rm bw}$ がバンド幅である。一方，開ループ系 $\mathcal{L}(j\omega)$ では，ゲイン交差角周波数 $\omega_{\rm gc}$ に対して，$|\mathcal{L}(j\omega_{\rm gc})| = 1$ であり，さらに，$|1+\mathcal{L}(j\omega_{\rm gc})|$ は，位相余裕 PM を用いて

$$|1+\mathcal{L}(j\omega_{\rm gc})| = 2\sin\frac{\rm PM}{2} \tag{6.3}$$

となる（本章の章末問題【**5**】を参照）。つまり

$$|\mathcal{G}_{yr}(j\omega_{\rm gc})| = \frac{|\mathcal{L}(j\omega_{\rm gc})|}{|1+\mathcal{L}(j\omega_{\rm gc})|} = \frac{1}{2\sin\dfrac{\rm PM}{2}} \tag{6.4}$$

の関係が成り立つ。したがって，$\mathrm{PM} = 90^\circ$ のときは，$|\mathcal{G}_{yr}(j\omega_{\rm gc})| = 1/\sqrt{2}$ となり，$\omega_{\rm gc} = \omega_{\rm bw}$ であることがわかる。さらに，$\mathrm{PM} < 90^\circ$ のとき，$|\mathcal{G}_{yr}(j\omega_{\rm gc})| > 1/\sqrt{2}$ となるので，$\omega_{\rm gc} < \omega_{\rm bw}$ という関係が得られる。以上をまとめると，$\mathrm{PM} \le 90^\circ$ のとき，$\omega_{\rm gc} \le \omega_{\rm bw}$ の関係が成り立つ。これより，開ループ系 $\mathcal{L}$ の

ゲイン交差角周波数 ω_{gc} を大きくすれば，閉ループ系 $\mathcal{G}_{yr}$ のバンド幅 ω_{bw} が大きくなり，速応性がよくなる。

つぎは減衰性についてである。$\mathcal{G}_{yr}$ のピークゲインは，$M_{\mathrm{p}} = \max_{\omega} |\mathcal{G}_{yr}(j\omega)|$ である。これと式 (6.4) より

$$M_{\mathrm{p}} \geq |\mathcal{G}_{yr}(j\omega_{\mathrm{gc}})| = \frac{1}{2\sin\dfrac{\mathrm{PM}}{2}} \tag{6.5}$$

が得られる。これより，位相余裕 PM が小さいと $|\mathcal{G}_{yr}(j\omega_{\mathrm{gc}})|$ が大きくなり，そして，ピークゲイン M_{p} が大きくなることがわかる。つまり，PM が小さくなると振動的になりやすくなる。したがって，減衰性を改善するためには，位相余裕 PM を大きくすればよい。

最後に，定常特性については，閉ループ系の伝達関数が

$$\mathcal{G}_{yr}(s) = \frac{\mathcal{P}(s)\mathcal{K}(s)}{1+\mathcal{P}(s)\mathcal{K}(s)} = \frac{\mathcal{L}(s)}{1+\mathcal{L}(s)} \tag{6.6}$$

となることから，$|\mathcal{L}(0)|$ の値を大きくすることで，$|\mathcal{G}_{yr}(0)|$ が 1 に近くなることがわかる。したがって，$\mathcal{L}(s)$ の低周波ゲインを大きくする（直流ゲインを $|\mathcal{L}(0)| = \infty$ にする）ことによって，定常偏差が小さくなる。

以上をまとめると，開ループ系 $\mathcal{L}(s)$ の設計仕様は，$\mathcal{L}(s)$ が安定で，$\mathcal{P}(s)$ と

コーヒーブレイク

閉ループ系のゲイン定数をパラメータとして変化させたときに，閉ループ極の変化状態を示すものを**根軌跡**(root locus) という。閉ループ系の特性多項式は，一巡伝達関数を用いて $1+\mathcal{L}(s)=0$ と表される。したがって，$\mathcal{L}(s)$ のゲイン定数 k を $k=0$ から $k \to \infty$ に変化させたとき，$1+\mathcal{L}(s)=0$ の根を複素平面上にプロットしたものが根軌跡となる。$\mathcal{L}(s)$ のゲインが制御器のパラメータである場合，根軌跡上の特定の極を指定することで，それに対応するパラメータを求めることができる。つまり，s 領域における速応性や減衰性の仕様を考慮しながら，制御系設計をすることができる。根軌跡の性質としては，実軸に対称，根軌跡の数は $\mathcal{L}(s)$ の極の数に等しい，軌跡の始点（$k=0$）は $\mathcal{L}(s)$ の極，軌跡の終点（$k=\infty$）は $\mathcal{L}(s)$ の零点または無限遠点，などがある。

$\mathcal{K}(s)$ の間に不安定な極零相殺がないことを仮定すると，つぎのようになる。

- 速応性：ゲイン交差角周波数 $\omega_{\rm gc}$ をできるだけ大きくする。
- 減衰性：位相余裕 PM を大きくする。
- 定常特性：低周波ゲインを大きくする（直流ゲインを $|\mathcal{L}(0)| = \infty$ にする）。

6.3　各特性に関する設計仕様

6.1 節では，時間領域，周波数領域，s 領域における性能評価指標を説明し，6.2 節では，閉ループ系と開ループ系の周波数特性の関係性を示した。ここでは，それらを速応性，減衰性，定常特性に関する設計仕様として整理する。

6.3.1　過渡特性に関する設計仕様

速応性に関する設計仕様をまとめたものを図 **6.4** に示す。

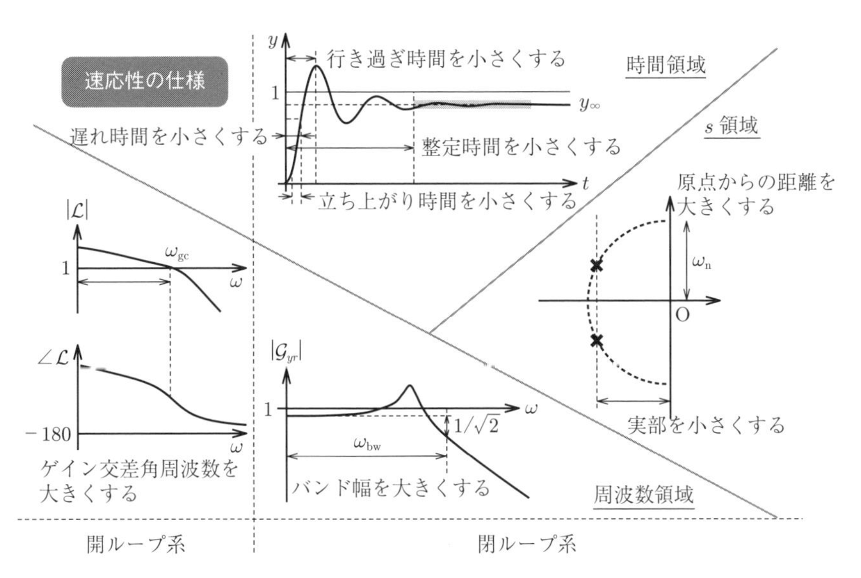

図 **6.4**　速応性に関する設計仕様

閉ループ系 $\mathcal{G}_{yr}$ のステップ応答においては，立ち上がり時間，行き過ぎ時間，遅れ時間，整定時間を小さくすることが要請される。$\mathcal{G}_{yr}$ のゲイン線図においては，バンド幅を大きくすることが求められる。$\mathcal{G}_{yr}$ の極（図 6.4 の ✖ 印）については，極の原点からの距離が速応性の指標であり，その値が大きいほど，また，極の実部が小さいほど速応性がよい。開ループ系 $\mathcal{L}$ については，ゲイン交差角周波数 $\omega_{\rm gc}$ を大きくすることが要請される。

減衰性に関する設計仕様をまとめたものを**図 6.5** に示す。

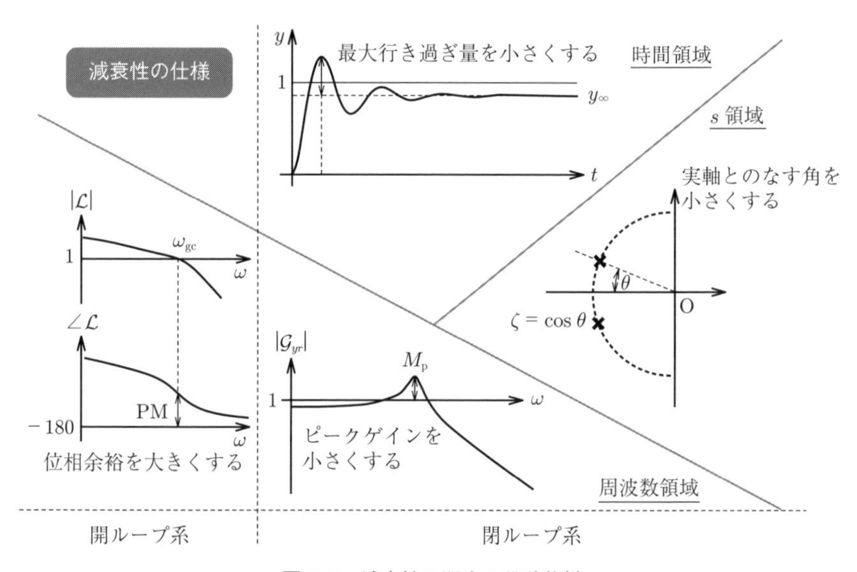

図 6.5　減衰性に関する設計仕様

閉ループ系 $\mathcal{G}_{yr}$ のステップ応答に対しては，最大行き過ぎ量を小さくすることが要請される。$\mathcal{G}_{yr}$ のゲイン線図においては，ピークゲインを小さくすることが求められる。$\mathcal{G}_{yr}$ の極（図 6.5 の ✖ 印）については，極の実部と虚部の大きさの比が減衰性の指標となる。これは，原点と極を結ぶベクトルと実軸とのなす角を θ としたときの $\tan\theta$ のことであり，θ が 0 に近いほど減衰性がよい。なお，$\zeta = \cos\theta$ としたとき，ζ が 2 次遅れ系の減衰係数である。開ループ系 $\mathcal{L}$ については，位相余裕 PM を大きくすることが要請される。

表 **6.1**　閉ループ系の仕様

	サーボ系	プロセス系
減衰係数	0.6～0.8	0.2～0.5
最大行き過ぎ量	0～25％	0～25％
ピークゲイン	1.1～1.5	1.1～1.5

表 **6.2**　開ループ系の仕様

	サーボ系	プロセス系
位相余裕	40～60 deg	20 deg 以上
ゲイン余裕	10～20 dB	3～10 dB

過渡特性の設計仕様の目安となる値を**表 6.1** と**表 6.2** に示す†。

6.3.2　定常特性に関する設計仕様

定常特性に関する設計仕様をまとめたものを**図 6.6** に示す。

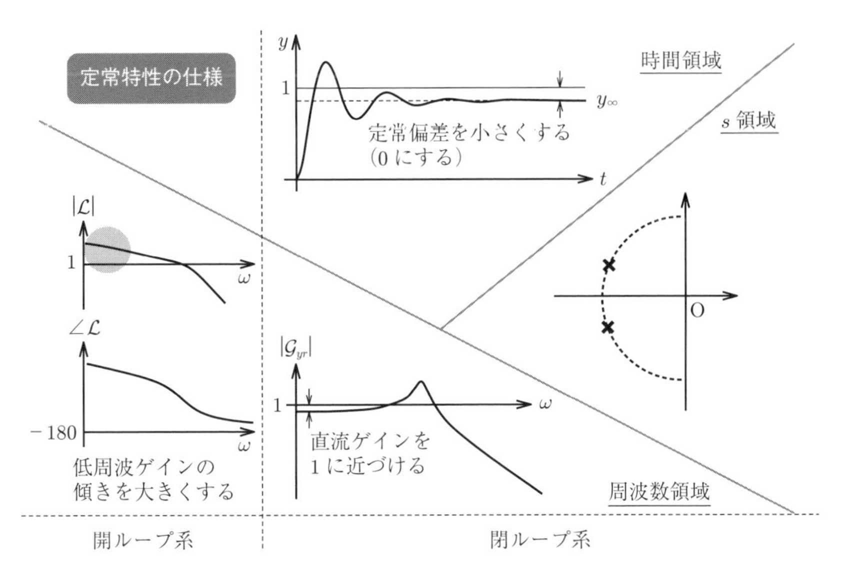

図 **6.6**　定常特性に関する設計仕様

閉ループ系 $\mathcal{G}_{yr}$ の時間応答においては，定常偏差を小さくすることが要請される。閉ループ系 $\mathcal{G}_{yr}$ のゲイン線図においては，直流ゲイン（低周波ゲイン）

† サーボ系は，物体の位置や回転角度などの制御量を目標値の変化に追従させる制御系のことであり，プロセス系は，温度，流量，圧力などの制御量を一定に保つことを重視した制御系のことである。サーボ系は追従制御，プロセス制御系は定値制御といったように区別されることもあるが，どちらの制御系においても，制御量が目標値に追従することと，外乱が加わっても定常状態でその影響が制御量に表れないことが要請される。

$|\mathcal{G}_{yr}(0)|$ が 1 に近いほど，ステップ状の目標値に対する定常偏差が小さくなる。また，開ループ系 $\mathcal{L}$ については，低周波ゲインを大きくすることが求められる。なお，詳細は 10.2 節で述べるが，$\mathcal{L}$ の低周波ゲインの傾きで，定常偏差が 0 になる目標値の種類が決まる。傾きが -20 dB/dec であれば，ステップ状の目標値に定常偏差なく追従し，-40 dB/dec であれば，ランプ状の目標値に追従する。

6.4 評価関数

評価関数(performance function) と呼ばれる関数を導入することで，制御系の性能を定量的に評価することができる。実際，第 9 章で説明する最適制御では，評価関数の値を最小化する制御入力を決定する問題を考える。

評価関数は，注目する特性に応じて決める。まず，閉ループ系における偏差に注目した評価関数を二つ紹介する。

一つ目は，偏差の 2 乗を初期時刻から無限時間先まで積分した値

$$J = \int_0^\infty e(t)^2 \mathrm{d}t \tag{6.7}$$

で評価するものである。これは，Integral Square Error の頭文字をとって ISE 基準と呼ばれる。これは，大きい誤差を重く評価しようとするものである。また，この評価関数を最小にすることは，物理システムのエネルギーを最小にすることに対応するため，実用的にも意義のある評価関数である。

二つ目は，偏差の絶対値を時間の重みつきで積分した値

$$J = \int_0^\infty t|e(t)|\mathrm{d}t \tag{6.8}$$

で評価するものである。これは，Integral of Time multiplied Absolute Error の頭文字をとって，ITAE 基準と呼ばれる。時間経過に比例して重みが大きくなるので，過渡応答の後半の誤差を厳しく評価したい場合に有用である。

つぎに，閉ループ系の内部状態 $\boldsymbol{x}$ や制御入力 u に注目した評価関数としては

$$J = \int_0^\infty \left\{ \boldsymbol{x}(t)^\top \boldsymbol{x}(t) + u(t)^2 \right\} \mathrm{d}t \tag{6.9}$$

がよく用いられる。第9章では，これを一般化した評価関数を用いている。

章　末　問　題

【1】 2次遅れ系

$$\mathcal{P}(s) = \frac{K\omega_\mathrm{n}^2}{s^2 + 2\zeta\omega_\mathrm{n}s + \omega_\mathrm{n}^2},\quad 0 < \zeta < 1/\sqrt{2}$$

のステップ応答を考える。以下の問に答えよ。

(1) 行き過ぎ時間 t_p および最大行き過ぎ量 A_max を求めよ。

(2) 5％整定時間の近似値 t_s を求めよ。また，2％整定時間を求めよ。

(3) $y(t) = K$ となる最小の $t \geq 0$ を求めよ。

【2】 【1】の2次遅れ系のピークゲイン M_p を求めよ。

【3】 【1】の結果を用いて，$\zeta\omega_\mathrm{n}$ を行き過ぎ時間 t_p，最大行き過ぎ量 A_max，およびゲイン K で表せ。

【4】 1次遅れ系

$$\mathcal{P}(s) = \frac{1}{Ts+1}$$

の単位ステップ応答 $y(t)$ を計算し，$t = T, 2T, 3T, 4T$ のときの値 $y(T)$, $y(2T)$, $y(3T)$, $y(4T)$ を求めよ。

【5】 式 (6.3) を導け。

【6】 $\ddot{y}(t) + 2\zeta\dot{y}(t) + y(t) = r(t)$ で与えられる閉ループ系を考える。$r(t)$ を単位ステップ入力とし，偏差を $e(t) = r(t) - y(t)$ としたとき，ISE 基準の評価関数 J の値を最小化する $\zeta > 0$ と，そのときの J の値を求めよ。

control system design

7 PID 制御

現場でよく用いられている制御則の一つが **PID 制御** (PID control) である。PID 制御は，偏差の大小に応じて入力を決める比例動作，偏差の過去の履歴を入力に反映する積分動作，偏差の変化傾向を入力に反映する微分動作からなる制御方式である。PID 制御の原型とその調整方法は，20 世紀前半に提案され，現場の制御装置が空気圧・油圧式から電気・電子式，そしてマイコンに進化していく中で，実情にあわせてカスタマイズされてきた。また，PID 制御の偏差の現在・過去・未来の情報を利用するという考え方は，人間の判断や行動に類似しているため，制御則を直感的に理解しやすい。この歴史の深さや，制御則のゲインチューニング結果の物理的な意味づけのしやすさが，いまもなお現場で利用されている理由であろう。本章では，PID 制御の基本的な考え方とゲインチューニングのいくつかの方法を説明する。さらに，実用化の工夫の中で実現された 2 自由度制御についても触れる。

7.1 PID 制御則

PID 制御の P，I，D は，Proportional，Integral，Derivative の頭文字で，それぞれ，比例，積分，微分の意味である。つまり，PID 制御は，比例，積分，微分の三つの動作から構成されている。

PID 制御の制御則は

$$u(t) = k_{\mathrm{P}} e(t) + k_{\mathrm{I}} \int_0^t e(\tau)\mathrm{d}\tau + k_{\mathrm{D}} \frac{\mathrm{d}}{\mathrm{d}t} e(t) \tag{7.1}$$

となる。そして，Laplace 変換したものは

$$u(s) = \mathcal{K}(s)e(s), \quad \mathcal{K}(s) = k_{\mathrm{P}} + \frac{k_{\mathrm{I}}}{s} + k_{\mathrm{D}}s \tag{7.2}$$

となる。ただし，u は制御入力，$e = r - y$ は偏差，r は目標値，y は制御対象の出力である。さらに，k_{P} は**比例ゲイン** (proportional gain)，k_{I} は**積分ゲイン** (integral gain)，k_{D} は**微分ゲイン** (derivative gain) と呼ばれる。PID 制御は，比例動作，積分動作，微分動作の和であるので，ブロック線図で表すと，**図 7.1** のように，並列結合で表される。

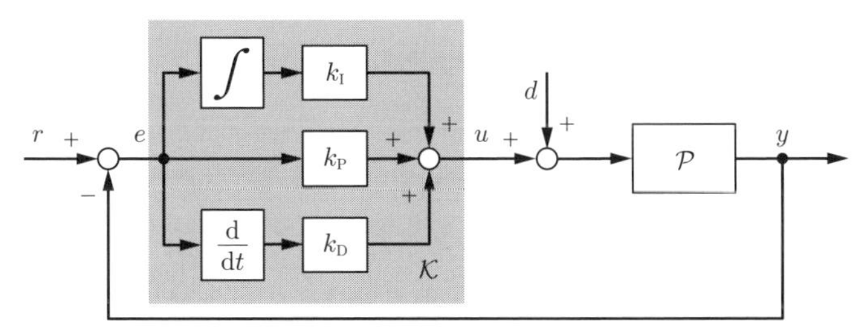

図 7.1 PID 制御

また，式 (7.2) は，式 (7.3) のような形で用いられることがある。

$$u(s) = k_{\mathrm{P}}\left(1 + \frac{1}{T_{\mathrm{I}}s} + T_{\mathrm{D}}s\right)e(s) \tag{7.3}$$

ただし，$T_{\mathrm{I}} := k_{\mathrm{P}}/k_{\mathrm{I}}$ は**積分時間** (integral time)，$T_{\mathrm{D}} := k_{\mathrm{D}}/k_{\mathrm{P}}$ は**微分時間** (derivative time) である。

PID 制御では，偏差 $e = r - y$ の情報を利用して，制御入力 u を決定するが，目標値 r がステップ信号の場合，制御入力が急激に変化してしまう。特に，微分動作の影響は大きく，**微分キック** (derivative kick) と呼ばれる現象が生じる。この問題に対応するために，微分動作や比例動作を出力 y にのみ働くようにした，**図 7.2** が用いられることが多い。これを **I-PD 制御** (I-PD control)（比例微分先行型 PID 制御）という。I-PD 制御の制御則は

$$\mathcal{K} : u(s) = \frac{k_{\mathrm{I}}}{s}e(s) - (k_{\mathrm{P}} + k_{\mathrm{D}}s)y(s) \tag{7.4}$$

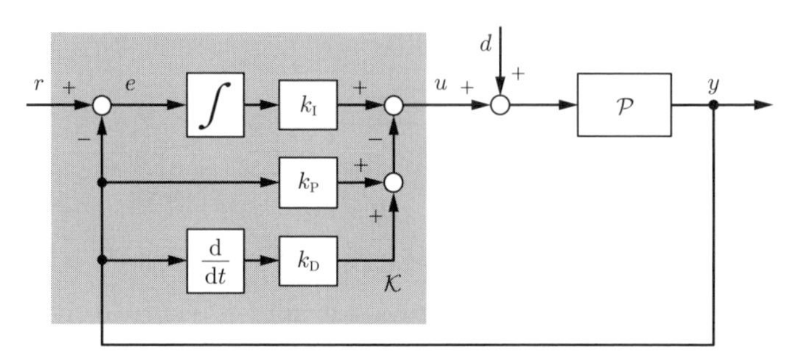

図 **7.2**　I-PD 制御

となる。なお，比例動作を偏差に働くようにしておく，**PI-D 制御** (PI-D control)（微分先行型 PID 制御）が用いられることもある。

7.1.1　P　制　御

P 制御 (P control) は，$\mathcal{K}(s) = k_\mathrm{P}$ としたもの（式 (7.2) で $k_\mathrm{I} = k_\mathrm{D} = 0$ としたもの）で，偏差 e に比例した制御入力を計算する。比例ゲイン k_P を増加させることによって，立ち上がりが速くなり，定常偏差も減少する。しかし，そのかわりに，振動的になり，制御対象によっては不安定になることがある。以下では，2 次の制御対象

$$\mathcal{P}(s) = \frac{b_0}{s^2 + a_1 s + a_0} \tag{7.5}$$

を例にとって P 制御の効果を説明する。

まず，$\mathcal{K}(s) = k_\mathrm{P}$ のとき，r から y までの伝達関数は

$$\mathcal{G}_{yr}(s) = \frac{\mathcal{P}(s)\mathcal{K}(s)}{1 + \mathcal{P}(s)\mathcal{K}(s)} = \frac{b_0 k_\mathrm{P}}{s^2 + a_1 s + a_0 + b_0 k_\mathrm{P}} \tag{7.6}$$

となる。これを 2 次遅れ系の標準形に対応づけると

$$\mathcal{G}_{yr}(s) = \frac{K\omega_\mathrm{n}^2}{s^2 + 2\zeta\omega_\mathrm{n} s + \omega_\mathrm{n}^2}$$
$$\omega_\mathrm{n} = \sqrt{a_0 + b_0 k_\mathrm{P}}, \quad \zeta = \frac{a_1}{2\sqrt{a_0 + b_0 k_\mathrm{P}}}, \quad K = \frac{b_0 k_\mathrm{P}}{a_0 + b_0 k_\mathrm{P}} \tag{7.7}$$

となる。これより，比例ゲイン k_P を大きくすると，ω_n が大きくなり，応答が

速くなることがわかる。しかし，k_{P} は，ζ の分母にも含まれているため，同時に ζ が小さくなり振動的になる。特に，$\zeta < 1$ の場合では，最大行き過ぎ量は

$$A_{\max} = K \exp\left(-\frac{\pi\zeta}{\sqrt{1-\zeta^2}}\right) \tag{7.8}$$

となる（第 6 章の章末問題【**1**】を参照）が，$\zeta \to 0$ のとき，$A_{\max}$ が増大する。ただし，5% 整定時間の近似値は

$$t_s \leq \frac{3}{\zeta\omega_{\mathrm{n}}} = \frac{6}{a_1} \tag{7.9}$$

である（第 6 章の章末問題【**1**】を参照）ので，k_{P} を変えてもほとんど変わらない。それから，$K \neq 1$ であるため，一定値の目標値に対して，定常偏差が生じることがわかる。そして，k_{P} を増加させることによって，K が 1 に近づき，定常偏差が小さくなる。ただし，k_{P} を大きくしすぎると制御入力が過大になるため，現実には，$K \neq 1$ となり，定常偏差を 0 にすることはできない。

上記を周波数特性の観点から説明する。ピークゲインは，$\zeta < 1/\sqrt{2}$ のとき

$$M_{\mathrm{p}} = \frac{K}{2\zeta\sqrt{1-\zeta^2}} \tag{7.10}$$

である（第 6 章の章末問題【**2**】を参照）。したがって，k_{P} を増大させると，M_{P} が増大することがわかる。さらに，バンド幅は，固有角周波数 ω_{n} に比例するので，k_{P} を増大させると，バンド幅も大きくなる。これらからも，応答が振動的になることと，応答の立ち上がりが速くなることを確認できる。

例 7.1　式 (7.5) において，$a_1 = 2, a_0 = 10, b_0 = 8$ とし，比例ゲインを $k_{\mathrm{P}} = 1, 2, 5$ と変化させたときの閉ループ系のステップ応答を図 **7.3** に示す。ただし，$r(t)$ は単位ステップ関数であり，$d(t) \equiv 0$ とした。これより P 制御では，出力が目標値に追従しないことがわかる。ただし，比例ゲインを大きくすると，目標値との差が小さくなる。また，比例ゲインを大きくすると，立ち上がりが速くなり，振動の周期が短くなる。

つぎは，閉ループ系 $\mathcal{G}_{yr}(s)$ の周波数特性を確認する。閉ループ系の Bode 線図は，図 **7.4** である。

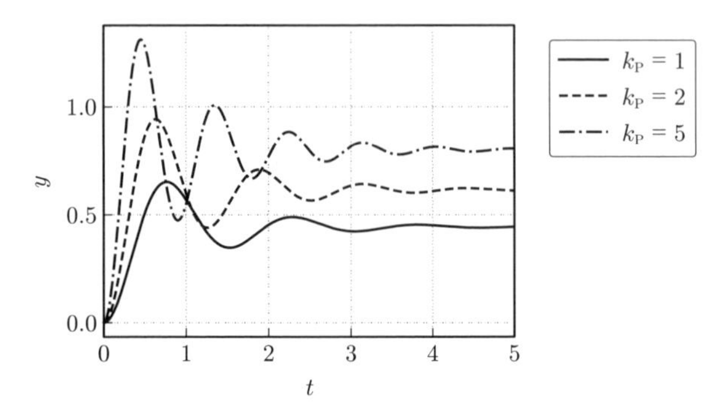

図 **7.3**　P 制御を用いたときの閉ループ系のステップ応答

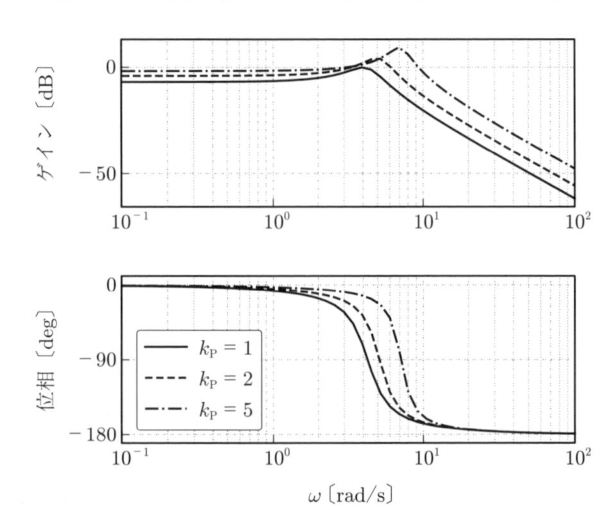

図 **7.4**　P 制御を用いたときの閉ループ系の Bode 線図

まず，比例ゲインを大きくすると，ゲイン線図が上方向に移動する。これによって，直流ゲインが大きくなり，また，バンド幅が大きくなることがわかる。さらに，ピークゲインも大きくなっている。上記より，比例ゲインを大きくすると，直流ゲインが大きくなり，ステップ応答の定常偏差が小さくなることを確認できる。そして，バンド幅が大きくなることにより，応答速度が速くなるが，その一方で，ピークゲインが大きくなることで，振動的になってしまう。

7.1.2 PI 制御

I 制御は，偏差の積分値の定数倍を制御入力に加えるものである。偏差が残っている限り，これが積分されて制御入力に反映される。これにより，定常偏差を改善することができる。ここでは，P 制御と I 制御を組み合わせた **PI 制御** (PI control) を説明する。PI 制御は，式 (7.2) で $k_{\mathrm{D}} = 0$ とした $\mathcal{K}(s) = k_{\mathrm{P}} + k_{\mathrm{I}}/s$ である。

式 (7.5) の制御対象を考える。このとき，r から y までの伝達関数は

$$\mathcal{G}_{yr}(s) = \frac{\mathcal{P}(s)\mathcal{K}(s)}{1+\mathcal{P}(s)\mathcal{K}(s)} = \frac{b_0(k_{\mathrm{P}}s + k_{\mathrm{I}})}{s^3 + a_1 s^2 + (a_0 + b_0 k_{\mathrm{P}})s + b_0 k_{\mathrm{I}}} \tag{7.11}$$

となる。目標値を単位ステップ関数（$r(s) = 1/s$）とすると，出力 y の定常値 y_∞ は，最終値の定理（付録 A.1 を参照）より

$$y_\infty = \lim_{s\to 0} s\mathcal{G}_{yr}(s)r(s) = \mathcal{G}_{yr}(0) = 1 \tag{7.12}$$

となる。これより，ステップ応答に対する定常偏差が 0 であることがわかる。一方，外乱 d から y までの伝達関数は

$$\mathcal{G}_{yd}(s) = \frac{\mathcal{P}(s)}{1+\mathcal{P}(s)\mathcal{K}(s)} = \frac{b_0 s}{s^3 + a_1 s^2 + (a_0 + b_0 k_{\mathrm{P}})s + b_0 k_{\mathrm{I}}} \tag{7.13}$$

である。ステップ状の外乱 $d(s) = 1/s$ が加わったときの外乱特性は，$y_\infty = \lim_{s\to 0} s\mathcal{G}_{yd}(s)d(s) = \mathcal{G}_{yd}(0) = 0$ である。つまり，定常偏差が 0 になることがわかる。このように，積分動作を加えると，ステップ状の目標値や外乱に対して定常偏差が生じない。

例 7.2　例 7.1 と同じ制御対象に対して，PI 制御を施す。**図 7.5** は，比例ゲインを $k_{\mathrm{P}} = 5$ と固定し，積分ゲインを $k_{\mathrm{I}} = 0, 5, 10$ と変化させたときのステップ応答である。I 制御を加える（$k_{\mathrm{I}} = 5, 10$ とする）ことにより，定常偏差が 0 になることを確認できる。しかし，積分ゲイン k_{I} を大きくすると，振動的になる。

つぎは，閉ループ系 $\mathcal{G}_{yr}(s)$ の周波数特性を確認する。Bode 線図は，**図 7.6** である。このグラフから，I 制御を加えることで，直流ゲインが 0 dB とな

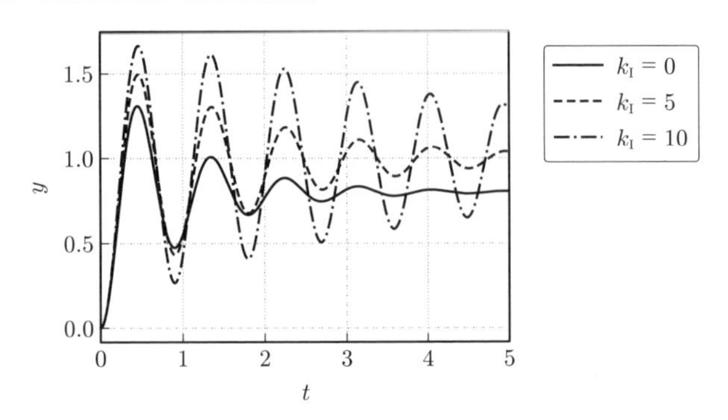

図 7.5　PI 制御を用いたときの閉ループ系のステップ応答

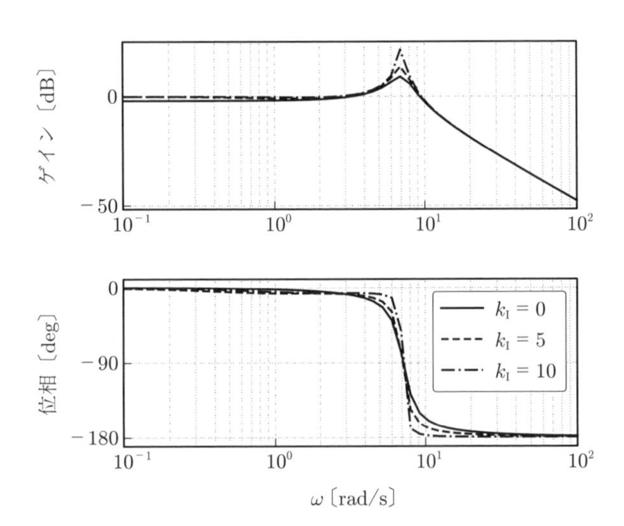

図 7.6　PI 制御を用いたときの閉ループ系の Bode 線図

ることがわかる。一方，積分ゲイン k_I を大きくしていくことで，ピークゲインが大きくなっていることがわかる。

7.1.3 PID　制　御

最後に，減衰性を改善するために，D 制御を利用する。微分動作は，偏差の微分値の定数倍を制御入力に加えるものである。これは，偏差が増加（減少）しつつあるとき，その先を見越して制御入力を大きく（小さく）するという働きをする。これにより，偏差の変化を抑えることができる。

PI 制御器に D 制御を加えた PID 制御器は

$$\mathcal{K}(s) = \frac{k_{\mathrm{D}}s^2 + k_{\mathrm{P}}s + k_{\mathrm{I}}}{s} \tag{7.14}$$

であるので，式 (7.5) の制御対象に PID 制御を施したときの閉ループ系は

$$\mathcal{G}_{yr}(s) = \frac{\mathcal{P}(s)\mathcal{K}(s)}{1+\mathcal{P}(s)\mathcal{K}(s)} = \frac{b_0(k_{\mathrm{D}}s^2 + k_{\mathrm{P}}s + k_{\mathrm{I}})}{s^3 + (a_1 + b_0k_{\mathrm{D}})s^2 + (a_0 + b_0k_{\mathrm{P}})s + b_0k_{\mathrm{I}}} \tag{7.15}$$

となる。このとき，$\mathcal{G}_{yr}(0)$ の値は，$\mathcal{G}_{yr}(0) = 1$ となるので，ステップ状の目標値に対して，定常偏差が 0 になる。また，閉ループ系の特性多項式は，$s^3 + (a_1 + b_0k_{\mathrm{D}})s^2 + (a_0 + b_0k_{\mathrm{P}})s + b_0k_{\mathrm{I}}$ であり，各項の係数を $k_{\mathrm{D}}, k_{\mathrm{P}}, k_{\mathrm{I}}$ で独立に決めることができる。これより，速応性と減衰性を同時に改善できる。

つぎに，外乱 d から出力 y までの伝達関数は

$$\mathcal{G}_{yd}(s) = \frac{\mathcal{P}(s)}{1+\mathcal{P}(s)\mathcal{K}(s)} = \frac{b_0s}{s^3 + (a_1 + b_0k_{\mathrm{D}})s^2 + (a_0 + b_0k_{\mathrm{P}})s + b_0k_{\mathrm{I}}} \tag{7.16}$$

となり，$\mathcal{G}_{yd}(0) = 0$ である。つまり，ステップ状の外乱（定値外乱）に対して，定常偏差が 0 になる。

例 7.3 例 7.1 の制御対象に PID 制御を施す。比例ゲインを $k_{\mathrm{P}} = 5$，積分ゲインを $k_{\mathrm{I}} = 10$ に固定し，微分ゲインを $k_{\mathrm{D}} = 0, 0.2, 0.5$ と変化させたときのステップ応答が**図 7.7** である。これより，D 制御によって，振動が抑えられていることを確認できる。また，k_{D} を大きくするほど，振動が小さくなる。

さらに，閉ループ系 $\mathcal{G}_{yr}(s)$ の周波数特性を確認する。**図 7.8** より，ピークゲインが小さくなっていることがわかる。これにより，振動が小さくなる。一方，直流ゲインは変わらず，また，バンド幅もほとんど変化しない。

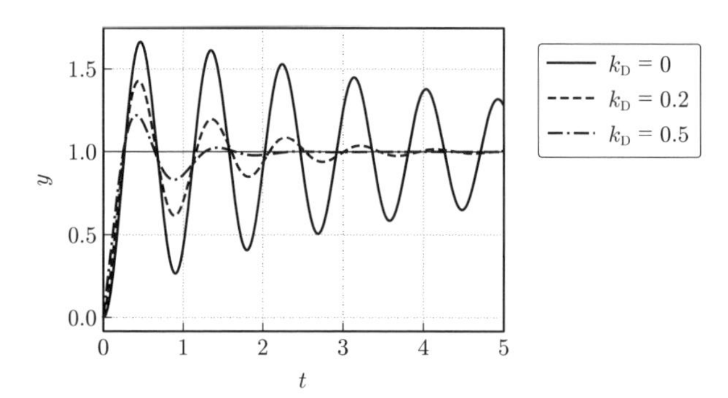

図 7.7　PID 制御を用いたときの閉ループ系のステップ応答

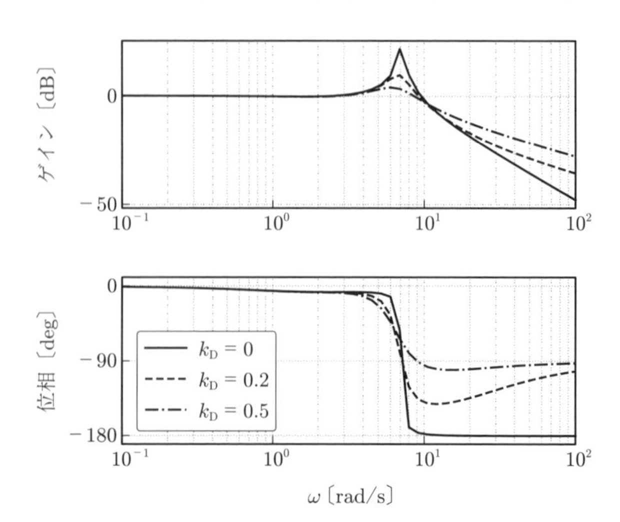

図 7.8　PID 制御を用いたときの閉ループ系の Bode 線図

7.2　限 界 感 度 法

PID ゲインをチューニングする方法として，Ziegler & Nichols の**限界感度法** (ultimate gain method) やステップ応答法が知られている。ここでは，限界感度法について説明する。限界感度法は，ヒューリスティックな調整方法である。制御対象のモデルが不要という利点の一方で，実験を繰り返す必要がある点や，安定な制御対象に限定される点，限界感度（不安定になる手前）付近で実機を動かす必要がある点が欠点である。

限界感度法では，まず，P 制御を施して閉ループ系を構成し，比例ゲイン k_{P} を大きくしていく。すると，振動が大きくなり，制御対象によっては，持続振動が生じる。これは，**図 7.9** のように，開ループ系 $k_{\mathrm{P}}\mathcal{P}(j\omega)$ のベクトル軌跡が $(-1, j0)$ を通る状況に対応する。そのときの比例ゲイン k_{P0} と持続振動の周期 T_0 を調べる。そして，その値と**表 7.1** を用いて，比例ゲイン k_{P}，積分時間 T_{I}，微分時間 T_{D} を決定する。なお，PID 制御則は，式 (7.3) の形式であり，式 (7.2) の場合は，$k_{\mathrm{I}} = k_{\mathrm{P}}/T_{\mathrm{I}}$, $k_{\mathrm{D}} = k_{\mathrm{P}}T_{\mathrm{D}}$ とする。

理想的な 1 次遅れ系や 2 次遅れ系では比例ゲインを大きくしても持続振動は生じないが，実際のシステムには，微小な振動成分や**むだ時間** (time delay) が

コーヒーブレイク

D 制御では，偏差の微分情報を使う。しかし，理想的な微分は，制御器として実装できない。例えば，PD 制御は，$k_{\mathrm{D}}s + k_{\mathrm{P}}$ であるが，これは非プロパーなので，現実世界の電気回路で実装することはできない（2.3 節のコーヒーブレイクを参照）。そのため，実際は，**不完全微分** (inexact differential) を用いた

$$\mathcal{K}(s) = k_{\mathrm{D}}\frac{s}{T_{\mathrm{lp}}s + 1} + k_{\mathrm{P}}$$

の形で実装する。ここで，時定数 T_{lp} はカットオフ周波数である。これは，微分にローパスフィルタ（1 次遅れ系）を付加したものとなっており，プロパーな関数である。ノイズは，微分によって増幅されるが，ローパスフィルタが加わることにより，ノイズの影響を低減することができる。

I 制御では，偏差の積分値を使うが，これは，制御入力に飽和がある場合に問題が生じることがある。例えば，制御対象の出力を増加させる方向の偏差が積分で蓄積されているとき，行き過ぎ量を小さくさせる状況になったとしても，積分値の影響で行き過ぎ量が大きくなってしまう（積分ワインドアップ）。これを改善するために，入力飽和の情報をフィードバックし，積分演算を停止させたり，積分値を補正したりする**アンチワインドアップ制御** (anti-windup control) が用いられる。

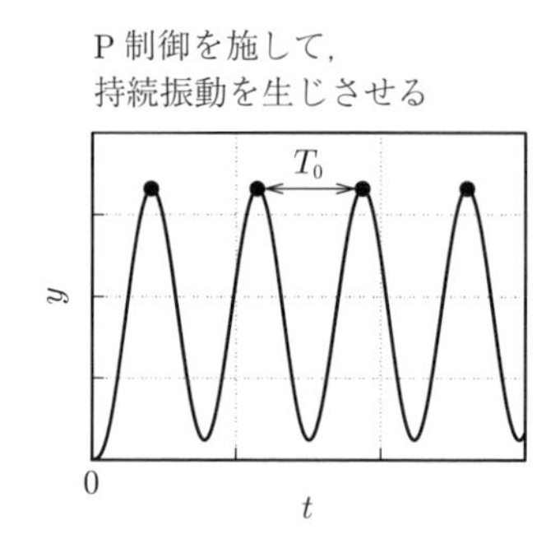

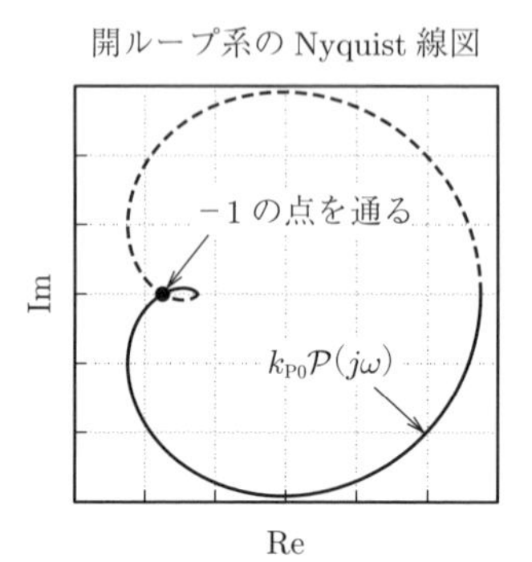

図 7.9　限界感度法のイメージ

表 7.1　限界感度法

	比例ゲイン k_{P}	積分時間 T_{I}	微分時間 T_{D}
P 制御	$0.5k_{\mathrm{P0}}$		
PI 制御	$0.45k_{\mathrm{P0}}$	$0.83T_0$	
PID 制御	$0.6k_{\mathrm{P0}}$	$0.5T_0$	$0.125T_0$

あるため，その影響で持続振動が生じる（ゲインを大きくすると不安定になる）。また，表 7.1 は最も基本的なものであり，さまざまな改良版が提案されている。

例 7.4　制御対象として

$$\mathcal{P}(s) = \frac{b_0}{s^2 + a_1 s} e^{-Ls} \tag{7.17}$$

を考える。ただし，$a_1 = 2$, $b_0 = 8$, $L = 0.01$ とする。これは，2 次遅れ系に微小なむだ時間があるとしたものである。むだ時間系は，e^{-Ls} のように無限次元系で表されているが，ここでは，2 次の Padé 近似

$$e^{-Ls} \simeq \frac{12 - 6Ls + L^2 s^2}{12 + 6Ls + L^2 s^2} \tag{7.18}$$

を用いてシミュレーションを行う（1 次の Padé 近似は，例 2.3 を参照）。

この制御対象に対して，比例ゲイン k_{P0} を 25 程度にして P 制御を施すと，**図 7.10** のように持続振動が生じる。グラフから持続振動の周期を計測すると，$T_0 = 0.45$ であることがわかるので，これと表 7.1 より，PID

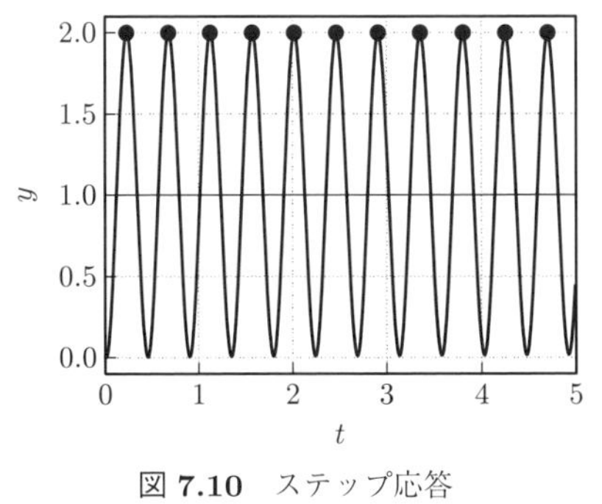

図 **7.10**　ステップ応答

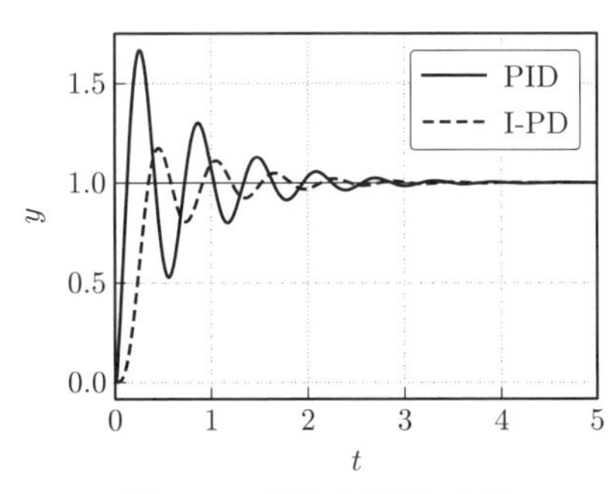

図 **7.11**　限界感度法による
チューニング結果

ゲインを求めることができる。

図 7.11 にチューニングした PID ゲインを用いたときの結果を示す。グラフより，限界感度法によるチューニングでそこそこよい応答が得られていることを確認できる。ただし，最大行き過ぎ量が大きい。これを改善するには，制御則を式 (7.4) の I-PD 制御に変更するか，PID ゲインを微調整するとよい。I-PD 制御を用いた場合の結果を図 7.11 に示している。

7.3　ステップ応答法

ステップ応答法 (process reaction curve method) では，ステップ入力（一定値の入力）を制御対象に加えたときの制御対象の出力の特徴を把握し，それに基づいて PID ゲインをチューニングする。ステップ入力を加えたときの出力の振る舞いとして，**図 7.12** のように，出力が発散する場合（無定位系）と出力が一定値に収束する場合（定位系）がある。例えば，DC モータの場合，一定値の電圧を印加すると，モータが回転し続けるので，角度を出力とする場合には無定位系となる。ただし，角速度を出力とする場合には定位系となる。

無定位系では，制御対象をむだ時間系と積分系からなるシステムとして近似する。つまり，制御対象の出力 $y(s)$ を

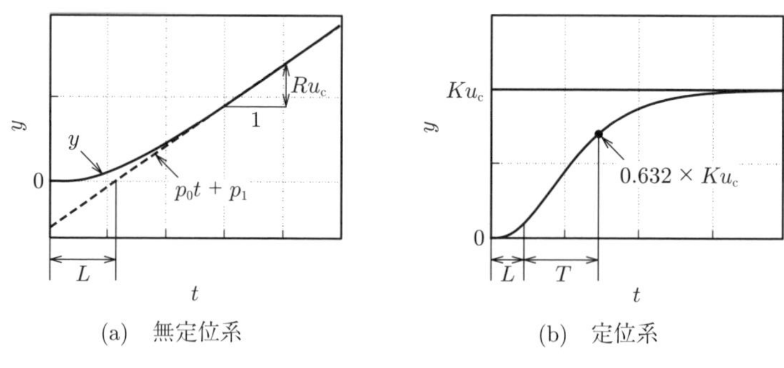

(a) 無定位系　(b) 定位系

図 7.12 ステップ応答法のイメージ

$$y(s) = \frac{R}{s}e^{-Ls}u(s) \tag{7.19}$$

とみなす。制御対象にステップ入力 $u(s) = u_c/s$ を加えて，図 7.12(a) に示すようなステップ応答を観測する。そして，得られたステップ応答曲線の勾配が最も急なところに接線を引き，その勾配を Ru_c とする。さらに，その接線と $y = 0$ の線の交点を $t = L$ とする。接線の方程式が $y = p_0t + p_1$ であるとき

$$R = \frac{p_0}{u_c}, \quad L = -\frac{p_1}{p_0} \tag{7.20}$$

となる。これらの値と**表 7.2** から PID ゲインを決定する。

表 7.2 ステップ応答法

	比例ゲイン k_P	積分ゲイン k_I	微分ゲイン k_D
P 制御	$1/(RL)$		
PI 制御	$0.9/(RL)$	$k_P/(3.33L)$	
PID 制御	$1.2/(RL)$	$k_P/(2L)$	$0.5k_PL$

定位系では，制御対象をむだ時間系と 1 次遅れ系からなるシステムとして近似する。つまり，制御対象の出力 $y(s)$ を

$$y(s) = \frac{K}{1+Ts}e^{-Ls}u(s) \tag{7.21}$$

とみなす。制御対象にステップ入力 $u(s) = u_c/s$ を加えて，図 7.12(b) に示す

ようなステップ応答を観測する。そして，むだ時間 L と定常値 Ku_{c}，時定数 T を求める。このとき，$R = K/T$ として，表 7.2 から PID ゲインを決定する。

例 7.5 例 7.4 と同じ制御対象に $u_{\mathrm{c}} = 10$ のステップ入力を加え，応答を観測すると**図 7.13** となった。応答を破線で示すような直線で近似し，その傾きと切片を求めると，$p_0 = 30.4762$, $p_1 = -8.664$ が得られた。これより，R と L を計算すると，それぞれ，$R = 3.0476$, $L = 0.2842$ となった。これと表 7.2 より，PID ゲインを求めることができる。

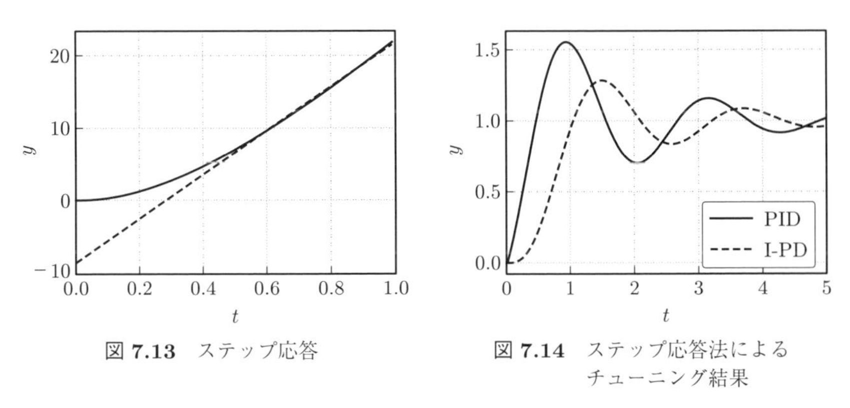

図 **7.13** ステップ応答

図 **7.14** ステップ応答法によるチューニング結果

図 7.14 にチューニングした PID ゲインを用いたときの結果を示す。グラフより，ステップ応答法によるチューニングでそこそこよい応答が得られていることを確認できる。

7.4 モデルマッチング法

モデルマッチング法 (model matching method) は，ある適切な**規範モデル** (reference model) $\mathcal{M}(s)$ を与え，それに目標値 $r(s)$ から出力 $y(s)$ までの伝達関数 $\mathcal{G}_{yr}(s)$ を一致させる（または近づける）というものである。ここでは，PID ゲインをシステマティックに算出できる部分的モデルマッチング法（北森法）を紹介する。

まず，r から y への伝達関数 $\mathcal{G}_{yr}(s)$ を求め，$1/\mathcal{G}_{yr}(s)$ の Maclaurin 展開（0 を中心とした Taylor 展開）を計算し，s の多項式を得る。さらに，$1/\mathcal{M}(s)$ の Maclaurin 展開を計算し，s の多項式を得る。そして，それらの多項式の低次の項から順に一致させるように，PID ゲインを決定していく。なお，目標値応答ではなく，外乱応答に注目する場合には，外乱 $d(s)$ から出力 $y(s)$ までの伝達関数 $\mathcal{G}_{yd}(s)$ を用いる。

規範モデルとしては，**二項係数標準形** (binomial coefficient standard form) や **Butterworth 標準形** (Butterworth standard form) がよく利用される。例えば，2 次の規範モデル

$$\mathcal{M}(s) = \frac{\omega_{\rm n}^2}{s^2 + 2\zeta\omega_{\rm n}s + \omega_{\rm n}^2} \tag{7.22}$$

において，減衰係数 ζ を $\zeta = 1$ と選んだものが二項係数標準形で，$\zeta = 1/\sqrt{2}$ としたものが Butterworth 標準形である。それぞれのステップ応答の例を**図 7.15**(a) に示す。二項係数標準形の極は $-\omega_{\rm n}$（重根）となるので，振動がまったく生じない。固有角周波数 $\omega_{\rm n}$ は速応性に関するパラメータであるので，大きな値を指定するほど制御系の立ち上がりが速くなる。一方，Butterworth 標準形の極は $-(1/\sqrt{2})\omega_{\rm n} \pm j(1/\sqrt{2})\omega_{\rm n}$ であるので振動的になるが，最大行き過ぎ量は $A_{\max} = \exp(-\pi) = 0.043$ となるので，振動は大きくない。

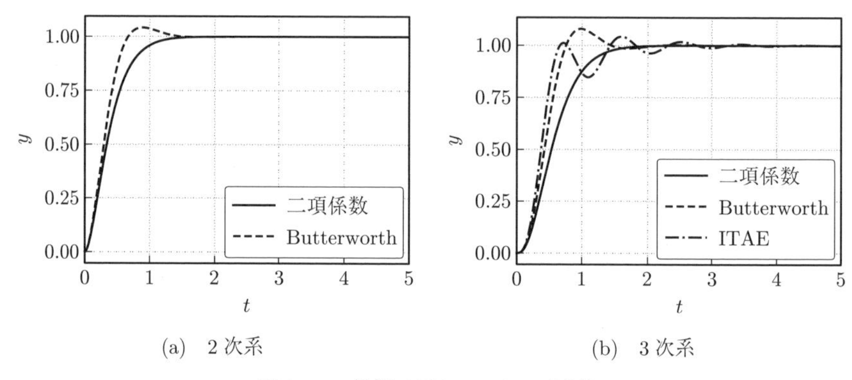

(a)　2 次系　　(b)　3 次系

図 7.15　規範モデルのステップ応答

さらに，3 次の規範モデル

$$\mathcal{M}(s) = \frac{\omega_{\rm n}^3}{s^3 + \alpha_2\omega_{\rm n}s^2 + \alpha_1\omega_{\rm n}^2 s + \omega_{\rm n}^3} \tag{7.23}$$

では，$(\alpha_1, \alpha_2) = (3, 3)$ が二項係数標準形，$(\alpha_1, \alpha_2) = (2, 2)$ が Butterworth 標準形である。このほか，式 (6.8) の ITAE 基準の評価関数の値をほぼ最小化する **ITAE 最小標準形** (ITAE standard form) もある。これは，式 (7.23) において，$(\alpha_1, \alpha_2) = (2.15, 1.75)$ としたものである。それぞれの規範モデルのステップ応答を図 7.15(b) に示す。

例 7.6 入力 u から出力 y までの伝達関数が $\mathcal{P}(s)$ で与えられる制御対象に対して，I-PD 制御 $u(s) = (k_{\rm I}/s)e(s) - (k_{\rm P} + k_{\rm D}s)y(s)$ を施す（図 7.2）。このとき，r から y までの伝達関数 $\mathcal{G}_{yr}$ が 3 次の規範モデル

$$\mathcal{M}(s) = \frac{\omega_{\rm n}^3}{s^3 + \alpha_2\omega_{\rm n}s^2 + \alpha_1\omega_{\rm n}^2 s + \omega_{\rm n}^3} \tag{7.24}$$

に一致する PID ゲインを求めよう。まず，$1/\mathcal{G}_{yr}(s)$ は

$$\frac{1}{\mathcal{G}_{yr}(s)} = 1 + \frac{k_{\rm P}}{k_{\rm I}}s + \frac{k_{\rm D}}{k_{\rm I}}s^2 + \frac{1}{k_{\rm I}}\frac{1}{\mathcal{P}(s)}s \tag{7.25}$$

である。一方，$1/\mathcal{M}(s)$ は

$$\frac{1}{\mathcal{M}(s)} = 1 + \frac{\alpha_1}{\omega_{\rm n}}s + \frac{\alpha_2}{\omega_{\rm n}^2}s^2 + \frac{1}{\omega_{\rm n}^3}s^3 \tag{7.26}$$

である。ここで，$1/\mathcal{P}(s)$ の Maclaurin 展開が

$$\frac{1}{\mathcal{P}(s)} = \gamma_0 + \gamma_1 s + \gamma_2 s^2 + \cdots \tag{7.27}$$

で表されたとすると，モデルマッチングを実現する PID ゲインは式 (7.28) のように求まる。

$$k_{\rm I} = \gamma_2\omega_{\rm n}^3, \quad k_{\rm P} = \frac{\alpha_1}{\omega_{\rm n}}k_{\rm I} - \gamma_0, \quad k_{\rm D} = \frac{\alpha_2}{\omega_{\rm n}^2}k_{\rm I} - \gamma_1 \tag{7.28}$$

例題 7.1　2 次遅れ系

$$\mathcal{P}(s) = \frac{b_0}{s^2 + a_1 s} \tag{7.29}$$

に対して，P 制御を施す。このとき，P 制御系のモデルマッチングを考えよ。ただし，規範モデルは，式 (7.22) の 2 次系とする。

【解答】　まず，r から y までの伝達関数は

$$\mathcal{G}_{yr}(s) = \frac{b_0 k_{\mathrm{P}}}{s^2 + a_1 s + b_0 k_{\mathrm{P}}} \tag{7.30}$$

となる。これを式 (7.22) の 2 次の規範モデル $\mathcal{M}(s)$ に一致させる。$1/\mathcal{G}_{yr}(s)$ の Maclaurin 展開を計算すると

$$\frac{1}{\mathcal{G}_{yr}(s)} = 1 + \frac{a_1}{b_0 k_{\mathrm{P}}} s + \frac{1}{b_0 k_{\mathrm{P}}} s^2 \tag{7.31}$$

となることがわかる。一方

$$\frac{1}{\mathcal{M}(s)} = 1 + \frac{2\zeta}{\omega_{\mathrm{n}}} s + \frac{1}{\omega_{\mathrm{n}}^2} s^2 \tag{7.32}$$

である。$1/\mathcal{G}_{yr}(s)$ と $1/\mathcal{M}(s)$ の s の 1 次の項を一致させるように k_{P} を求めると

$$k_{\mathrm{P}} = \frac{a_1 \omega_{\mathrm{n}}}{2 b_0 \zeta} \tag{7.33}$$

となる。$a_1 = 2$，$b_0 = 8$ とし，$\omega_{\mathrm{n}} = 5$，$\zeta = 1/\sqrt{2}$ としてシミュレーションを行うと，**図 7.16** の実線で示す応答となる。一点鎖線で示している規範モデルの応答に完全に一致しないが，近い応答になっていることを確認できる。グラフには，点線で $k_{\mathrm{P}} = \omega_{\mathrm{n}}^2/b_0$ としたものと，破線で $k_{\mathrm{P}} = a_1^2/(4\zeta^2 b_0)$ としたものを描いている。それぞれ，2 次の規範モデルの固有角周波数に注目したものと，減衰係数に注目したものになっている。これより，モデルマッチング法でチューニングしたものが，両者の中間的な応答になることがわかる。　◇

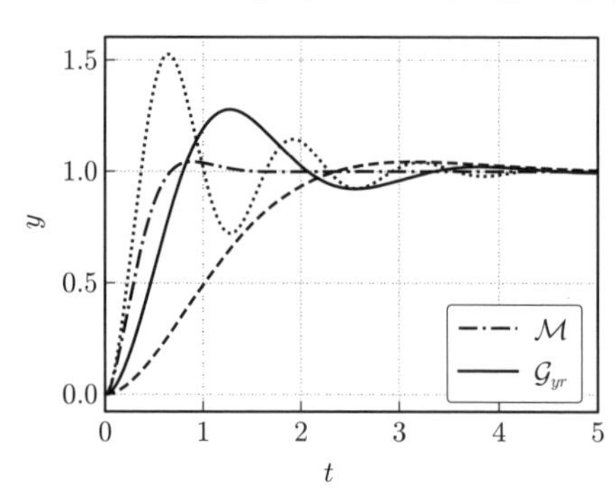

図 7.16　モデルマッチング法によるチューニング結果

7.5　2自由度制御系

2 自由度制御 (two-degrees-of-freedom control) とは，フィードバック制御にフィードフォワード制御を組み合わせたものである。それぞれの長所を併せ持っており，制御対象の安定化や外乱抑制をフィードバック制御で実現し，目標値応答性能をフィードフォワード制御で改善する。PID 制御器の改良版である I-PD 制御器は，2 自由度制御器となっている。I-PD 制御の制御入力は

$$
\begin{aligned}
u(s) &= \frac{k_{\mathrm{D}}s^2 + k_{\mathrm{P}}s + k_{\mathrm{I}}}{s}\left(\frac{k_{\mathrm{I}}}{k_{\mathrm{D}}s^2 + k_{\mathrm{P}}s + k_{\mathrm{I}}}r(s) - y(s)\right) \\
&= \mathcal{K}_1(s)(\mathcal{K}_2(s)r(s) - y(s))
\end{aligned}
\tag{7.34}
$$

のように書き直すことができる。このとき，ブロック線図は**図 7.17** となる。$\mathcal{K}_2(s)$ は，目標値 r を整形するもので，ステップ目標値の立ち上がり部分を鈍らせる働きがある。これにより，目標値応答の行き過ぎを抑制することができる。また，$\mathcal{K}_1(s)$ は通常の PID 制御器であるので，安定性や外乱応答は変わらないことがわかる。なお，目標値を整形する機能を有していると解釈できるため，目標値フィルタ型と呼ばれる。

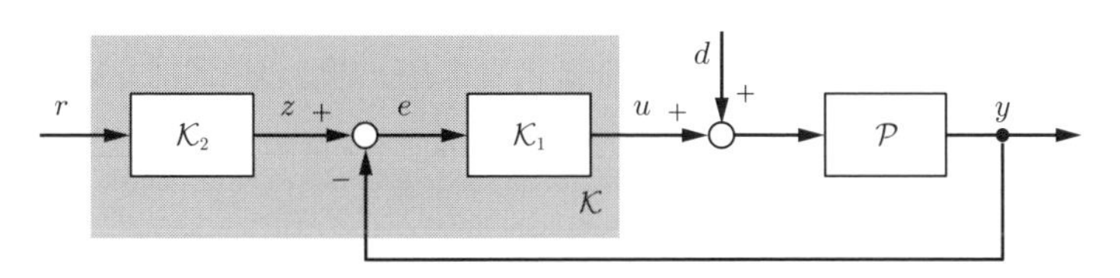

図 7.17　目標値フィルタ型 2 自由度制御系

また，I-PD 制御の制御入力は

$$
\begin{aligned}
u(s) &= \frac{k_{\mathrm{D}}s^2 + k_{\mathrm{P}}s + k_{\mathrm{I}}}{s}e(s) - (k_{\mathrm{P}} + k_{\mathrm{D}}s)r(s) \\
&= \mathcal{K}_1(s)e(s) + \mathcal{K}_3(s)r(s)
\end{aligned}
\tag{7.35}
$$

のように書き換えることもできる。ブロック線図は，**図 7.18** となる。これは，目標値の急激な変化で大きくなった制御入力を $\mathcal{K}_3(s)r(s)$ で打ち消していると解釈することができる。そのため，フィードフォワード型と呼ばれる。

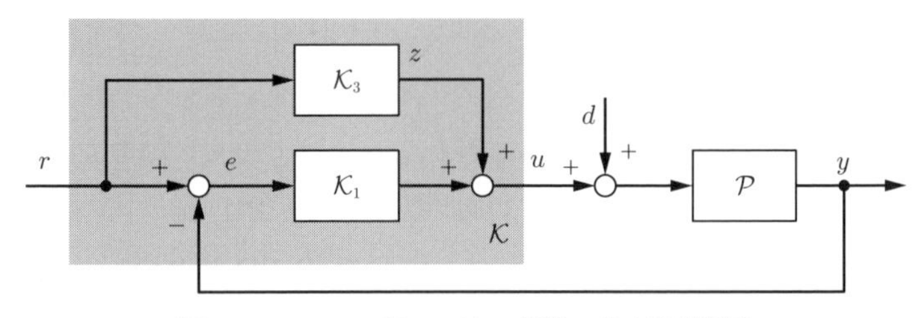

図 7.18　フィードフォワード型 2 自由度制御系

以上のように，I-PD 制御は，通常の PID 制御に目標値を整形する 2 自由度制御の機構が備わっている。ちなみに，$\mathcal{K}_2(s)$ と $\mathcal{K}_3(s)$ を，パラメータ α, β を用いて

$$\mathcal{K}_2(s) = \frac{(1-\beta)k_{\mathrm{D}}s^2 + (1-\alpha)k_{\mathrm{P}}s + k_{\mathrm{I}}}{k_{\mathrm{D}}s^2 + k_{\mathrm{P}}s + k_{\mathrm{I}}} \tag{7.36}$$

$$\mathcal{K}_3(s) = -(\alpha k_{\mathrm{P}} + \beta k_{\mathrm{D}}s) \tag{7.37}$$

とすると，$\alpha = \beta = 0$ のとき，PID 制御（$\mathcal{K}_2(s) = 1, \mathcal{K}_3(s) = 0$）となり，$\alpha = \beta = 1$ のとき，I-PD 制御となることがわかる。このように考えれば，α, β を調整することによって，PID 制御と I-PD 制御の中間的な応答を実現することができるようになる。**図 7.19** は，α と β を変化させたときのある

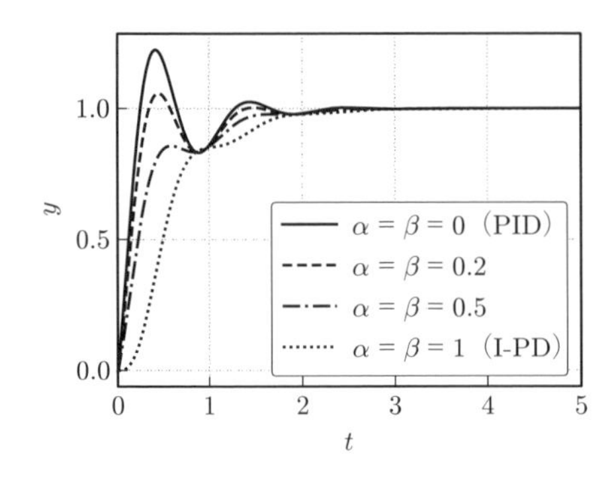

図 7.19　2 自由度化パラメータとステップ応答の関係

閉ループ系のステップ応答を表している。この α, β は **2 自由度化パラメータ** (two-degrees-of-free parameter) と呼ばれ，目標値応答の調整に使われることがある。

コーヒーブレイク

2 自由度制御系の一般形が図の**条件付きフィードバック制御** (conditional feedback control) である。

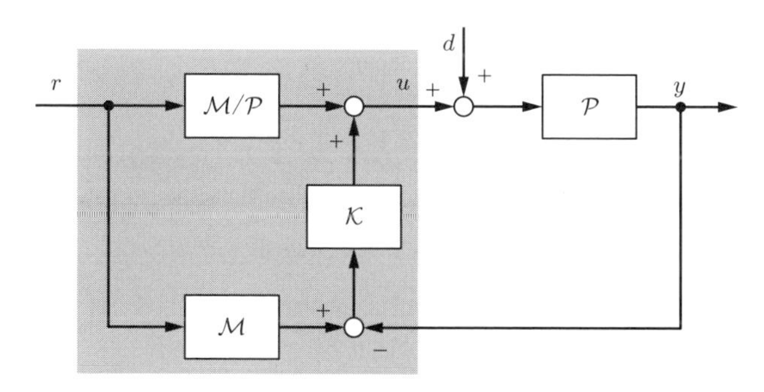

図　条件付きフィードバック制御

$\mathcal{K}$ が安定化や外乱抑制を行う制御器，$\mathcal{M}$ が目標値応答特性を決める規範モデルである。制御入力は

$$u(s) = \frac{\mathcal{P}(s)}{\mathcal{M}(s)} r(s) + \mathcal{K}(s)(\mathcal{M}(s)r(s) - y(s)) \tag{1}$$

である。もし，外乱がなく，制御対象のモデル化誤差もない場合には，$y(s) = \mathcal{P}(s) \times \mathcal{M}(s)/\mathcal{P}(s) \times r(s) = \mathcal{M}(s)r(s)$ となり，式 (1) の右辺第 2 項は 0 になる。一方，外乱やモデル化誤差がある場合は，$y(s) \neq \mathcal{M}(s)r(s)$ となるが，$\mathcal{K}(s)$ によって，偏差 $(\mathcal{M}(s)r(s) - y(s))$ が 0 になるように制御される。このように，$\mathcal{K}(s)$ が偏差が 0 でないときのみ機能するので，条件付きフィードバック制御と呼ばれる。なお，このシステムの安定条件は

(1)　$\mathcal{M}(s)$ と $\mathcal{M}(s)/\mathcal{P}(s)$ が安定

(2)　$\mathcal{P}(s)$ と $\mathcal{K}(s)$ からなる閉ループ系が安定

である。これを満たす範囲内で，フィードバック特性の観点から $\mathcal{K}(s)$ を，目標値応答の観点から $\mathcal{M}(s)$ を決めればよい。

章　末　問　題

【１】 制御対象

$$\mathcal{P}(s) = \frac{K}{s^2(Ts+1)}$$

を PD 制御器 $\mathcal{K}(s) = 1 + ks$ で安定化する。閉ループ系が内部安定となる $k \in \mathbb{R}$ の範囲を求めよ。

【２】 制御対象

$$P(s) = \frac{10(s+4)}{s(s+1)(s+2)}$$

を $u(s) = k(r - y(s))$ で安定化する。ただし，r は一定値の目標信号である。閉ループ系が安定限界（出力 y に持続振動が生じる状態）となる $k \in \mathbb{R}$ を求めよ。さらに，そのときの閉ループ極を求めよ。

【３】 制御対象

$$\mathcal{P}(s) = \frac{b_0}{s^2 + a_1 s + a_0}$$

に対して，制御入力を

$$u(s) = \left(k_{\mathrm{P}} + \frac{k_{\mathrm{I}}}{s}\right) r(s) - \left(k_{\mathrm{P}} + \frac{k_{\mathrm{I}}}{s} + k_{\mathrm{D}} s\right) y(s)$$

と与える。ただし，r は目標値である。このとき，閉ループ系 $\mathcal{G}_{yr}(s)$ を求めよ。そして，それが，式 (7.22) の 2 次の規範モデルに一致するような k_{P}，k_{I}，$k_{\mathrm{D}} \in \mathbb{R}$ を求めよ。

【４】 一巡伝達関数が

$$\mathcal{L}(s) = \mathcal{P}(s)\mathcal{K}(s) = \frac{3}{s^2 + 4s + 3}\frac{ks+1}{s}$$

で与えられるフィードバック制御系を考える。フィードバック制御系の極の実部がすべて -1 未満となるような $k \in \mathbb{R}$ の範囲を求めよ。

【５】 制御対象

$$\mathcal{P}(s) = \frac{1}{s^2 + 2s + 4}$$

を PI 制御器

$$u(s) = \mathcal{K}(s)e(s) = \frac{k_1 s + k_0}{s} e(s)$$

で安定化する。ただし，$e = r - y$ は偏差であり，r は目標値である。以下の問に答えよ。

(1) フィードバック制御系が内部安定となる $k_0 \in \mathbb{R}, k_1 \in \mathbb{R}$ の範囲を $k_0 - k_1$ 平面上に図示せよ。

(2) 目標値を $r(t) = \cos t$ とする。十分時間が経過したときの偏差が $|e(t)| \leq \sqrt{13}/3$ となるような $k_1 \in \mathbb{R}, k_0 \in \mathbb{R}$ の範囲を $k_0 - k_1$ 平面上に図示せよ。

control system design

8 状態フィードバック制御

本章では，状態方程式で表されるシステムに対する制御系設計について説明する。制御系設計の目的は，フィードバック制御によってシステムを安定化したり，望ましい応答をもつようにすることであった。この目的を達成するには，フィードバックによって閉ループ系の極の位置を動かす必要がある。しかし，制御対象が伝達関数で表されている場合には，制御対象の出力のフィードバックを考えることになり，極の指定に限界がある。これに対して，制御対象の出力以外の内部状態（物理的な意味をもつ必要はない）のフィードバックを考えることによって，閉ループ系の極を自由に指定することができるようになる。つまり，システムの内部状態を観測することができれば，その情報を用いて状態を精密に制御でき，システムを安定化したり，望ましい応答をもたせるようにすることができる。本章では，システムの内部状態の情報を利用して制御入力を決定する状態フィードバック制御則とその設計アルゴリズムを紹介する。

8.1 状態フィードバック制御則

状態方程式 $\dot{\boldsymbol{x}}(t) = \boldsymbol{A}\boldsymbol{x}(t) + \boldsymbol{B}u(t)$ で記述されたシステムに対して制御器を設計することを考える。ここで考える制御問題は，**レギュレータ問題** (regulator problem) と呼ばれるもので，任意の初期状態 $\boldsymbol{x}(0) = \boldsymbol{x}_0$ に対し，状態変数 $\boldsymbol{x}(t) \in \mathbb{R}^n$ を $\boldsymbol{x}(t) \to \boldsymbol{0}$ $(t \to \infty)$ に制御する。システムが可制御であれば，任意の初期状態 $\boldsymbol{x}(0)$ を有限の時間 $t_{\mathrm{f}} > 0$ で目標状態 $\boldsymbol{0}$ に移す制御入力を求めることができる（式 (4.4)）。しかしながら，この入力だけでは $t > t_{\mathrm{f}}$ でも $\boldsymbol{x}(t) = \boldsymbol{0}$

を維持することはできない。また，フィードフォワード入力となるため，初期状態を正確に把握できていない場合や，外乱やモデル化誤差がある場合には目的を達成することができない。そのため，フィードバック制御が必要になる。

ここでは，状態 $\boldsymbol{x}$ のすべての要素がセンサなどを用いて観測可能であるとする。そして，その観測された情報を用いて制御入力を決定する。具体的には，入力 u を状態 $\boldsymbol{x}$ の線形関数として決定する**状態フィードバック制御** (state feedback control)

$$u(t) = \boldsymbol{F}\boldsymbol{x}(t) \tag{8.1}$$

を考える（**図 8.1**）。ここで，$\boldsymbol{F} \in \mathbb{R}^{1\times n}$ は，**状態フィードバックゲイン** (state feedback gain) と呼ばれる。

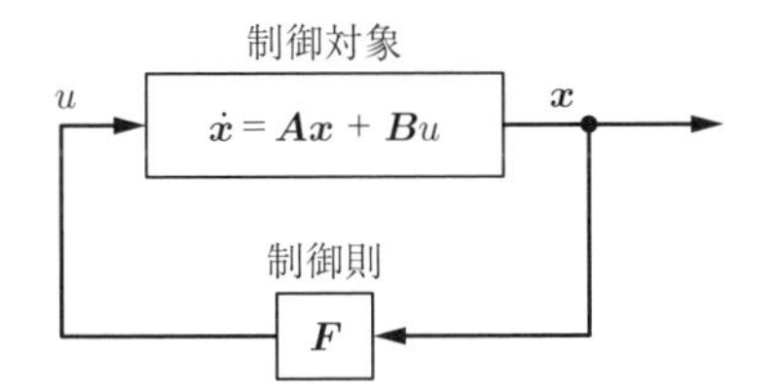

図 8.1 状態フィードバック制御

例 8.1 状態フィードバック制御は，PD 制御の一種であると解釈できる。**図 8.2** のような DC モータの位置速度フィードバック制御系を考える。この制御系の制御対象は，状態を $\boldsymbol{x} = [e\ \dot{\theta}]^\top$ ととると

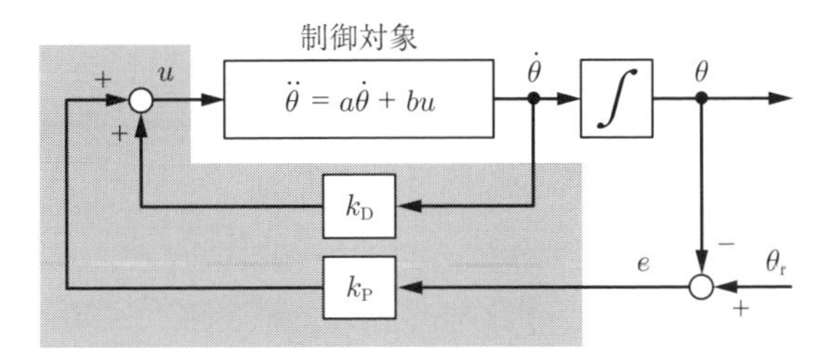

図 8.2 DC モータの位置速度フィードバック制御系

$$\dot{\boldsymbol{x}}(t) = \begin{bmatrix} 0 & -1 \\ 0 & -a \end{bmatrix} \boldsymbol{x}(t) + \begin{bmatrix} 0 \\ b \end{bmatrix} u(t) \tag{8.2}$$

となる。一方，制御則は，PD 制御：$u(t) = k_{\mathrm{P}} e(t) + k_{\mathrm{D}} \dot{\theta}(t)$ であるが，これは，$\boldsymbol{F} = [k_{\mathrm{P}}\ k_{\mathrm{D}}]$ とすれば，状態フィードバック制御則 $u(t) = \boldsymbol{F}\boldsymbol{x}(t)$ の形で書くことができる。

8.2 極 配 置 法

状態フィードバック制御における状態フィードバックゲイン $\boldsymbol{F}$ の設計法の一つに，**極配置法** (pole assignment method) がある。システム $\dot{\boldsymbol{x}}(t) = \boldsymbol{A}\boldsymbol{x}(t) + \boldsymbol{B}u(t)$ に状態フィードバック制御 $u(t) = \boldsymbol{F}\boldsymbol{x}(t)$ を施すと，閉ループ系は

$$\dot{\boldsymbol{x}}(t) = \boldsymbol{A}\boldsymbol{x}(t) + \boldsymbol{B}\boldsymbol{F}\boldsymbol{x}(t) = (\boldsymbol{A} + \boldsymbol{B}\boldsymbol{F})\boldsymbol{x}(t) \tag{8.3}$$

となる。行列 $\boldsymbol{A} + \boldsymbol{B}\boldsymbol{F}$ が安定行列，すなわち $\boldsymbol{A} + \boldsymbol{B}\boldsymbol{F}$ のすべての固有値の実部が負であれば，システムが漸近安定となる。したがって，そうなるように $\boldsymbol{F}$ を設計すればよい。$\boldsymbol{A} + \boldsymbol{B}\boldsymbol{F}$ の固有値のことを**閉ループ極** (closed-loop pole) や**レギュレータ極** (regulator pole) という。

定理 8.1　システム $(\boldsymbol{A}, \boldsymbol{B})$ が可制御であれば，状態フィードバック制御則 $u(t) = \boldsymbol{F}\boldsymbol{x}(t)$ によって任意の極配置が可能である。

証明　配置したい極を $p_1, p_2, \ldots, p_n \in \mathbb{C}$ とする。このとき，$\boldsymbol{A} + \boldsymbol{B}\boldsymbol{F}$ の特性多項式が

$$(s - p_1)(s - p_2) \cdots (s - p_n) = s^n + \delta_{n-1} s^{n-1} + \cdots + \delta_1 s + \delta_0 \tag{8.4}$$

と一致するような $\boldsymbol{F}$ が存在すればよい。システムが可制御であれば，適当な座標変換 $\bar{\boldsymbol{x}} = \boldsymbol{T}\boldsymbol{x}$ によって可制御正準形に変換できる（4.4 節を参照）。

$$
\boldsymbol{TAT}^{-1} = \begin{bmatrix} 0 & 1 & 0 & \cdots & 0 \\ \vdots & \ddots & \ddots & \ddots & \vdots \\ \vdots & & \ddots & \ddots & 0 \\ 0 & \cdots & \cdots & 0 & 1 \\ -a_0 & -a_1 & \cdots & \cdots & -a_{n-1} \end{bmatrix}, \quad \boldsymbol{TB} = \begin{bmatrix} 0 \\ 0 \\ \vdots \\ 0 \\ 0 \\ 1 \end{bmatrix} \tag{8.5}
$$

ここで，$a_0, a_1, \ldots, a_{n-1}$ は，$\boldsymbol{A}$ の特性多項式の係数である。このとき

$$
\bar{\boldsymbol{F}} = \begin{bmatrix} a_0 - \delta_0 & a_1 - \delta_1 & \cdots & a_{n-1} - \delta_{n-1} \end{bmatrix} \tag{8.6}
$$

とし，$\boldsymbol{F} = \bar{\boldsymbol{F}}\boldsymbol{T}$ とすると，$\boldsymbol{A} + \boldsymbol{BF} = \boldsymbol{T}^{-1}(\boldsymbol{TAT}^{-1} + \boldsymbol{TB}\bar{\boldsymbol{F}})\boldsymbol{T}$ は

$$
\boldsymbol{A} + \boldsymbol{BF} = \begin{bmatrix} 0 & 1 & 0 & \cdots & 0 \\ \vdots & \ddots & \ddots & \ddots & \vdots \\ \vdots & & \ddots & \ddots & 0 \\ 0 & \cdots & \cdots & 0 & 1 \\ -\delta_0 & -\delta_1 & \cdots & \cdots & -\delta_{n-1} \end{bmatrix} \tag{8.7}
$$

となり，$\boldsymbol{A} + \boldsymbol{BF}$ の特性多項式は式 (8.4) に一致する。これより，任意の極配置が可能なことがわかる。 □

任意の指定極に極配置できるための条件は，システム $(\boldsymbol{A}, \boldsymbol{B})$ が可制御であることである[†]。

極配置法では，まず，$\boldsymbol{A} + \boldsymbol{BF}$ の固有値を指定する。具体的には，実部が負の固有値 $p_1, p_2, \ldots, p_n \in \mathbb{C}$ を用意する。複素数とする場合には，必ず共役複素数のペアで指定する。そうしなければ，フィードバックゲイン $\boldsymbol{F}$ が複素数になり現実に実装できない。つぎに，$\boldsymbol{A} + \boldsymbol{BF}$ の固有値が指定した固有値になるような $\boldsymbol{F}$ を求める。手計算で行う場合は以下のようにする。

(1) 与えられた指定極 $p_1, p_2, \ldots, p_n \in \mathbb{C}$ に対して

$$
(s - p_1)(s - p_2) \cdots (s - p_n) = s^n + \delta_{n-1} s^{n-1} + \cdots + \delta_1 s + \delta_0
$$

† 本書では，1 入力システムを対象としているが，多入力システムの場合にも，可制御であれば任意の極配置が可能である。

を計算し，係数 $\delta_{n-1},\ldots,\delta_1,\delta_0$ を求める。

(2)　行列 $\boldsymbol{A}+\boldsymbol{BF}$ の特性多項式

$$\phi_{\boldsymbol{A}+\boldsymbol{BF}}(s) = |s\boldsymbol{I}-(\boldsymbol{A}+\boldsymbol{BF})| = s^n + \alpha_{n-1}s^{n-1} + \cdots + \alpha_1 s + \alpha_0$$

を計算し，係数 $\alpha_{n-1},\ldots,\alpha_1,\alpha_0$ を求める。

(3)　手順 (1) と手順 (2) で求めた係数を比較し

$$\alpha_0 = \delta_0, \quad \alpha_1 = \delta_1, \ldots, \quad \alpha_{n-1} = \delta_{n-1}$$

を満足するような状態フィードバックゲイン $\boldsymbol{F} = [f_1 \ f_2 \ \cdots \ f_n]$ を計算する。

例 8.2　可制御正準形で表された3次のシステム $\mathcal{P}$ に状態フィードバック制御を施す。閉ループ極を $\{-1,-1,-1\}$ とするような状態フィードバックゲイン $\boldsymbol{F}$ を求めよう。

まず，目標とする特性多項式は

$$(s+1)^3 = s^3 + 3s^2 + 3s + 1$$

である。一方，$\boldsymbol{A}+\boldsymbol{BF}$ の特性多項式は

$$\phi_{\boldsymbol{A}+\boldsymbol{BF}}(s) = s^3 + (a_2 - f_3)s^2 + (a_1 - f_2)s + (a_0 - f_1)$$

である。これより，$\boldsymbol{F} = [a_0 - 1 \ a_1 - 3 \ a_2 - 3]$ を得る。

例題 8.1　線形システム

$$\dot{\boldsymbol{x}}(t) = \begin{bmatrix} 0 & 1 \\ 0 & -1 \end{bmatrix} \boldsymbol{x}(t) + \begin{bmatrix} 0 \\ 1 \end{bmatrix} u(t) \tag{8.8}$$

に対して，状態フィードバック制御則 $u(t) = \boldsymbol{Fx}(t)$ を施す。閉ループ極が $\{-3 \pm 3j\}$ となる $\boldsymbol{F} \in \mathbb{R}^{1\times 2}$ を求めよ。

【解答】 まず，$(s+3-3j)(s+3+3j)=s^2+6s+18$ である。つぎに，$\boldsymbol{A}+\boldsymbol{BF}$ の特性多項式は

$$\phi_{\boldsymbol{A}+\boldsymbol{BF}}(s)=|s\boldsymbol{I}-(\boldsymbol{A}+\boldsymbol{BF})|=s^2+(1-f_2)s-f_1$$

である。したがって，$\boldsymbol{F}=[-18\ \ -5]$ となる。なお，この制御則を用いたときの閉ループ系の時間応答は図 **8.3** となる。ただし，初期値は $\boldsymbol{x}(0)=[-0.3\ 0.4]^\top$ である。

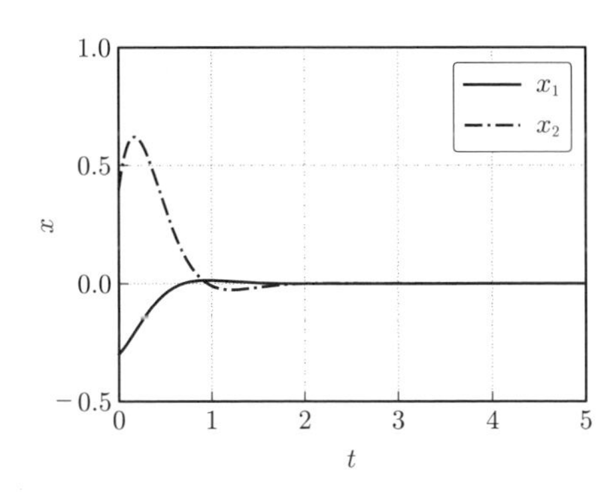

図 **8.3** 閉ループ極が $\{-3\pm3j\}$ のときの時間応答

◇

例 8.3 線形システム

$$\dot{\boldsymbol{x}}(t)=\begin{bmatrix}-1 & 0\\ 1 & 1\end{bmatrix}\boldsymbol{x}(t)+\begin{bmatrix}0\\ 1\end{bmatrix}u(t) \tag{8.9}$$

を考える。このシステムの可制御性行列は

$$\boldsymbol{V}_{\rm c}=\begin{bmatrix}\boldsymbol{B} & \boldsymbol{AB}\end{bmatrix}=\begin{bmatrix}0 & 0\\ 1 & 1\end{bmatrix} \tag{8.10}$$

である。$\mathrm{rank}\,\boldsymbol{V}_{\rm c}=1$ であるので，システムは不可制御である。つまり，任意の位置に極配置をすることができない。このことを確認してみよう。

状態フィードバック制御則 $u(t)=\boldsymbol{Fx}(t)$ で安定化するとき，閉ループ系の特性方程式は

$$\boldsymbol{A}+\boldsymbol{B}\boldsymbol{F}=\begin{bmatrix}-1 & 0\\ 1+f_1 & 1+f_2\end{bmatrix} \tag{8.11}$$

より，$(s+1)(s-1-f_2)=0$ となる。つまり，-1 がフィードバック制御で変更できない不可制御極である。これより，任意の極配置ができないことがわかる。

一方，不可制御極は安定である。そのため，フィードバックゲイン $\boldsymbol{F}$ を $\boldsymbol{F}=[0 \quad -2]$ などに定めることにより，閉ループ極を $\{-1, -1\}$ に配置することができ，システムを安定化することができる。この例のように，不可制御極が安定な場合には，適当な状態フィードバック制御で安定化することができる。このようなシステムを可安定である（定義 4.2）という。

8.3　Ackermann の極配置アルゴリズム

極配置を計算機で行う際に利用される **Ackermann アルゴリズム** (Ackermann algorithm) を説明する。まず，与えられた指定極から特性多項式

$$\phi(s)=(s-p_1)(s-p_2)\cdots(s-p_n)=s^n+\delta_{n-1}s^{n-1}+\cdots+\delta_1 s+\delta_0 \tag{8.12}$$

を計算する。そして，式 (8.13) のようにフィードバックゲインを計算する。

$$\boldsymbol{F}=-[0 \ \cdots \ 0 \ 1]\boldsymbol{V}_c^{-1}\phi(\boldsymbol{A}) \tag{8.13}$$

ただし

$$\boldsymbol{V}_c=[\boldsymbol{B} \ \boldsymbol{A}\boldsymbol{B} \ \cdots \ \boldsymbol{A}^{n-1}\boldsymbol{B}] \tag{8.14}$$

$$\phi(\boldsymbol{A})=\boldsymbol{A}^n+\delta_{n-1}\boldsymbol{A}^{n-1}+\cdots+\delta_1\boldsymbol{A}+\delta_0\boldsymbol{I} \tag{8.15}$$

である。

これを利用することで，可制御正準形を求めなくてもフィードバックゲインを計算することができる。また，行列演算のみで計算できるため，計算機に実装しやすい方法となっている。

例 8.4　例 8.1 の制御系に対して，閉ループ極を $\{-a \pm ja\}$ とするフィードバックゲイン $\boldsymbol{F} = [k_{\mathrm{P}}\ k_{\mathrm{D}}]$ を Ackermann の方法で決定する。

まず，可制御性行列とその逆行列は

$$\boldsymbol{V}_c = \begin{bmatrix} 0 & -b \\ b & -ab \end{bmatrix}, \quad \boldsymbol{V}_c^{-1} = \frac{1}{b^2}\begin{bmatrix} -ab & b \\ -b & 0 \end{bmatrix} \tag{8.16}$$

である。つぎに，特性多項式は

$$\phi(s) = (s + a + ja)(s + a - ja) = s^2 + 2as + 2a^2 \tag{8.17}$$

であるので

$$\begin{aligned}\phi(\boldsymbol{A}) &= \begin{bmatrix} 0 & -1 \\ 0 & -a \end{bmatrix}^2 + 2a\begin{bmatrix} 0 & -1 \\ 0 & -a \end{bmatrix} + 2a^2\begin{bmatrix} 1 & 0 \\ 0 & 1 \end{bmatrix} \\ &= \begin{bmatrix} 2a^2 & -a \\ 0 & a^2 \end{bmatrix}\end{aligned} \tag{8.18}$$

を得る。したがって，フィードバックゲインは

$$\boldsymbol{F} = -[0 \quad 1]\boldsymbol{V}_c^{-1}\phi(\boldsymbol{A}) = \begin{bmatrix} \dfrac{2a^2}{b} & -\dfrac{a}{b} \end{bmatrix} \tag{8.19}$$

となる。

章　末　問　題

【1】　制御対象

$$\dot{\boldsymbol{x}}(t) = \boldsymbol{A}\boldsymbol{x}(t) + \boldsymbol{B}u(t), \qquad \boldsymbol{A} = \begin{bmatrix} -3 & 1 \\ 2 & -2 \end{bmatrix}, \quad \boldsymbol{B} = \begin{bmatrix} 2 \\ 0 \end{bmatrix}$$

に対して，閉ループ極を $\{-4 \pm 4j\}$ にするような状態フィードバックゲイン

$\boldsymbol{F} \in \mathbb{R}^{1\times 2}$ を求めよ。

【2】 制御対象

$$\dot{\boldsymbol{x}}(t) = \boldsymbol{A}\boldsymbol{x}(t) + \boldsymbol{B}u(t), \qquad \boldsymbol{A} = \begin{bmatrix} 2 & 1 & 0 \\ 0 & 1 & 0 \\ 1 & 0 & 1 \end{bmatrix}, \quad \boldsymbol{B} = \begin{bmatrix} 0 \\ 1 \\ 0 \end{bmatrix}$$

に対して，閉ループ極を $\{-3, -3, -3\}$ にするような状態フィードバックゲイン $\boldsymbol{F} \in \mathbb{R}^{1\times 3}$ を求めよ。

【3】 制御対象

$$\dot{\boldsymbol{x}}(t) = \boldsymbol{A}\boldsymbol{x}(t) + \boldsymbol{B}u(t), \qquad \boldsymbol{A} = \begin{bmatrix} 1 & 0 \\ 2 & 1 \end{bmatrix}, \quad \boldsymbol{B} = \begin{bmatrix} -1 \\ 1 \end{bmatrix}$$

に対して，閉ループ極を $\{-2 \pm j\}$ にするような状態フィードバックゲイン $\boldsymbol{F} \in \mathbb{R}^{1\times 2}$ を求めよ。

【4】 入力 u から出力 y までの伝達関数が

$$\mathcal{P}(s) = \frac{10(s+4)}{s(s+1)(s+2)}$$

で与えられる制御対象を考える。以下の問に答えよ。

(1) 制御対象 $\mathcal{P}$ は，図 **8.4** のように表すことができる。状態変数を $\boldsymbol{x} := [\ x_1\ x_2\ x_3\ ]^\top \in \mathbb{R}^3$ と選んだときの $\mathcal{P}$ の状態方程式を求めよ。

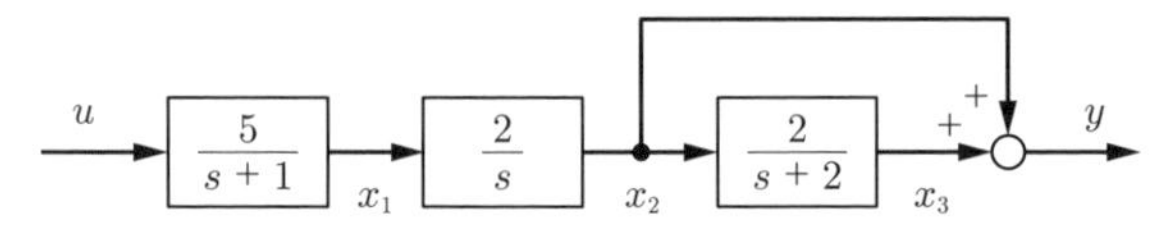

図 **8.4**　制御対象

(2) (1) のとき，制御入力を $u = f_1x_1 + f_2x_2 + f_3x_3$ とする。閉ループ極が $\{-1, -2, -3\}$ となるような $(f_1,\ f_2,\ f_3)$ を求めよ。

【5】 線形システム

$$\dot{\boldsymbol{x}}(t) = \boldsymbol{A}\boldsymbol{x}(t) + \boldsymbol{B}u(t), \qquad \boldsymbol{A} = \begin{bmatrix} 0 & 1 & 0 \\ 0 & 0 & 1 \\ a & b & c \end{bmatrix}, \quad \boldsymbol{B} = \begin{bmatrix} 0 \\ 0 \\ 1 \end{bmatrix}$$

を $u(t) = \boldsymbol{F}\boldsymbol{x}(t)$ で安定化する。閉ループ極が $\{-1, -3 \pm j\}$ となるような $\boldsymbol{F} \in \mathbb{R}^{1\times 3}$ を $a,\ b,\ c$ を用いて表せ。

【6】 つぎの状態方程式で表される線形システム Σ を考える。

$$\Sigma : \begin{cases} \dot{\boldsymbol{x}}(t) = \boldsymbol{A}\boldsymbol{x}(t) + \boldsymbol{B}_1 u(t) + \boldsymbol{B}_2 d(t) \\ y(t) = \boldsymbol{C}\boldsymbol{x}(t) \end{cases}$$

$$\boldsymbol{A} = \begin{bmatrix} 0 & 1 \\ a & -1 \end{bmatrix},\quad \boldsymbol{B}_1 = \begin{bmatrix} 0 \\ 1 \end{bmatrix},\quad \boldsymbol{B}_2 = \begin{bmatrix} -1 \\ 2 \end{bmatrix},\quad \boldsymbol{C} = \begin{bmatrix} 2 & 1 \end{bmatrix}$$

ただし，$a \in \mathbb{R}$ は定数である。以下の問に答えよ。

(1) $a = 2, d(t) \equiv 0$ とする。システム Σ の制御入力を $u(t) = \boldsymbol{F}\boldsymbol{x}(t)$ と与えるとき，閉ループ極が $\{-3 \pm 2j\}$ となる $\boldsymbol{F} \in \mathbb{R}^{1\times 2}$ を求めよ。

(2) $t \geq 0$ において，外乱 $d(t)$ の影響が出力 $y(t)$ に表れないようにする $\boldsymbol{F}$ を一つ求めよ。

【7】 可安定なシステム

$$\dot{\boldsymbol{x}}(t) = \begin{bmatrix} 0 & -2 \\ 1 & -3 \end{bmatrix} \boldsymbol{x}(t) + \begin{bmatrix} 2 \\ 1 \end{bmatrix} u(t)$$

の不可制御極を求めよ。

control system design

9 最適制御

極配置法では，システムの動特性が望ましいものになるように，閉ループ極を指定する。しかし

- 極の実部を負側に大きくすると応答が速くなるが，状態フィードバックゲイン $\boldsymbol{F}$ が大きくなり，入力が過大になる
- 状態変数の一部に振れ幅が大きいものが現れることがある

といった問題点がある。そのため，適切に極を選択することは経験によるところが大きい。これを解決するために，システムの動特性や入力エネルギーに関する設計仕様の達成度を評価関数の値で定量的に表し，その値を最小化するような制御入力を設計する問題を考える。これは，**最適制御問題** (optimal control problem) と呼ばれる。最適制御問題は一種の変分問題であるが，その代表的な解法に，Bellman の動的計画法と Pontryagin の最大原理がある。本章では，線形システムの最適制御問題を定式化し，その解を動的計画法で求める方法を紹介する。そして，最適制御入力が状態フィードバック制御則の形で与えられることや，それを用いた制御系がロバスト性を有することを説明する。

9.1 線形システムの最適制御問題

線形システム

$$\dot{\boldsymbol{x}}(t) = \boldsymbol{A}\boldsymbol{x}(t) + \boldsymbol{B}u(t) \tag{9.1}$$

を考える。ただし，$\boldsymbol{x}(t) \in \mathbb{R}^n$ は状態，$u(t) \in \mathbb{R}$ は入力である。このシステム

に対して，正定対称行列 $\boldsymbol{Q}_f$，$\boldsymbol{Q} \succ \boldsymbol{O}$ と定数 $R > 0$ を用いて，二次形式の評価関数

$$J = \boldsymbol{x}(T)^\top \boldsymbol{Q}_f \boldsymbol{x}(T) + \int_0^T \left\{ \boldsymbol{x}(t)^\top \boldsymbol{Q} \boldsymbol{x}(t) + Ru(t)^2 \right\} \mathrm{d}t \tag{9.2}$$

を定める。$T > 0$ は制御する時間区間の終端時刻である。この評価関数の第 1 項は，終端時刻 T での状態 $\boldsymbol{x}(T)$ の目標状態 $\boldsymbol{x}_f = \boldsymbol{0}$ からの誤差を表している。そして，被積分関数の第 1 項は制御区間全体における状態の目標状態 $\boldsymbol{x}_f = \boldsymbol{0}$ からの誤差であり，状態の過渡応答を評価している。一方，被積分関数の第 2 項は，制御区間全体における制御入力の大きさ（エネルギー）を評価している。$\boldsymbol{Q}_f$，$\boldsymbol{Q}$ と R は各項の重要度であり，例えば，$\boldsymbol{Q}_f$ を相対的に大きく設定しておけば，終端時刻での状態の誤差を小さくするという要求が強くなり，また，R を大きくすれば，入力の大きさを小さく抑えるという要求が強くなる。

このとき，評価関数 J を最小化する入力 $u(t)$ $(0 \leq t \leq T)$ を求める**有限時間最適制御問題** (finite-time optimal control problem) を考える。例えば式 (9.1) の線形システムに対して，式 (9.2) の二次形式の評価関数が与えられているとする。このとき，評価関数 J の値を最小にする制御入力 $u(t) \in \mathbb{R}$，$t \in [0,\ T]$ を求める，といった問題である。

これを **LQ 最適制御問題** (linear quadratic optimal control problem) という。以下では，表記を簡単にするため，時間区間 $[t_1,\ t_2]$ における任意の入力 $u(t) \in \mathbb{R}$ $(t \in [t_1,\ t_2])$ の集合を $U(t_1, t_2)$ と表すものとする。

例 9.1　電圧 $u(t)$ を印加したときに $\theta(t)$ で回転する DC モータを考える。その運動方程式が $\ddot{\theta}(t) + a\dot{\theta}(t) = bu(t)$ で与えられるとする。また，初期値は $\theta(0) = 1$，$\dot{\theta}(0) = 0$ とする。時刻 $t = 1$ で $\theta(1) = 0$，$\dot{\theta}(1) = 0$ にできる限り近づけ，かつ入力電圧ができる限り小さくなるような電圧 $u(t)$ $(0 \leq t \leq 1)$ を求めたい。これを最適制御問題として定式化する。

まず，状態方程式で記述する。状態変数を $\boldsymbol{x} = [\theta \ \ \dot{\theta}]^\top$ とすると

$$\dot{\boldsymbol{x}}(t) = \begin{bmatrix} 0 & 1 \\ 0 & -a \end{bmatrix} \boldsymbol{x}(t) + \begin{bmatrix} 0 \\ b \end{bmatrix} u(t), \quad \boldsymbol{x}(0) = \begin{bmatrix} 1 \\ 0 \end{bmatrix} \tag{9.3}$$

となる。このシステムに対して，式 (9.4) の評価関数を考える。

$$J = \boldsymbol{x}(1)^\top \boldsymbol{x}(1) + \int_0^1 u(t)^2 \mathrm{d}t \tag{9.4}$$

この J を最小化する入力 $u(t)$ を求める問題が最適制御問題である。なお，これは，式 (9.2) において，$\boldsymbol{Q}_f = \boldsymbol{I}$, $\boldsymbol{Q} = \boldsymbol{O}$, $R = 1$, $T = 1$ としたものである。また，過渡応答も評価するには，例えば，$\boldsymbol{Q} = \boldsymbol{I}$ と選び

$$J = \boldsymbol{x}(1)^\top \boldsymbol{x}(1) + \int_0^1 \left\{ \boldsymbol{x}(t)^\top \boldsymbol{x}(t) + u(t)^2 \right\} \mathrm{d}t \tag{9.5}$$

とすればよい。

9.2 動 的 計 画 法

最適制御問題の代表的な解法に，**動的計画法** (dynamic programming method) と**最大原理** (maximum principle) がある。ここでは，動的計画法に基づく解法を説明する。これは，最適制御問題を **Hamilton-Jacobi-Bellman 方程式** (Hamilton-Jacobi-Bellman equation) と呼ばれる偏微分方程式を解く問題に帰着させるものである。

まず，式 (9.2) の評価関数 J に対して

$$J^*(\boldsymbol{x}(t), t) = \min_{u(\tau) \in U(t,T)} \left\{ \boldsymbol{x}(T)^\top \boldsymbol{Q}_f \boldsymbol{x}(T) + \int_t^T \boldsymbol{x}(\tau)^\top \boldsymbol{Q} \boldsymbol{x}(\tau) + R u(\tau)^2 \mathrm{d}\tau \right\} \tag{9.6}$$

を定義する。これは，時刻 t において状態 $\boldsymbol{x}(t)$ にあるとき，時間区間 $[t, T]$ で最

適制御を行った場合の評価関数の最小値を表している。**最適性の原理** (principle of optimality) によると，上記の J^* は

$$
\begin{aligned}
&J^*(\boldsymbol{x}(t),t)\\
&= \min_{u(\tau)\in U(t,t+\delta t)} \left[\int_t^{t+\delta t} \boldsymbol{x}(\tau)^\top \boldsymbol{Q}\boldsymbol{x}(\tau) + Ru(\tau)^2 \mathrm{d}\tau \right.\\
&\quad + \min_{u(\tau)\in U(t+\delta t,T)} \left\{ \boldsymbol{x}(T)^\top \boldsymbol{Q}_f \boldsymbol{x}(T) \right.\\
&\qquad\qquad \left.\left. + \int_{t+\delta t}^{T} \boldsymbol{x}(\tau)^\top \boldsymbol{Q}\boldsymbol{x}(\tau) + Ru(\tau)^2 \mathrm{d}\tau \right\}\right]\\
&= \min_{u(\tau)\in U(t,t+\delta t)} \left\{ (\boldsymbol{x}(t)^\top \boldsymbol{Q}\boldsymbol{x}(t) + Ru(t)^2)\delta t + J^*(\boldsymbol{x}(t+\delta t), t+\delta t) \right\}
\end{aligned}
\tag{9.7}
$$

と書くことができる。最適性の原理とは，**図 9.1** に示すように，「区間 $[t, t+\delta t]$ においてどのような制御が行われようとも，それ以降の区間 $[t+\delta t, T]$ における制御入力は残りの区間においても最適でならなければならない」というものである。つまり，時刻 $t+\delta t$ 以降は最適軌道を通るものとして，$J^*(\boldsymbol{x}(t+\delta t), t+\delta t)$ を終端コストのように扱って区間 $[t, t+\delta t]$ の最適化問題を考えてもよいということである。

$J^*(\boldsymbol{x}(t), t)$ を $(\boldsymbol{x}(t), t)$ のまわりで Taylor 展開し，2 次以上の項を無視すると

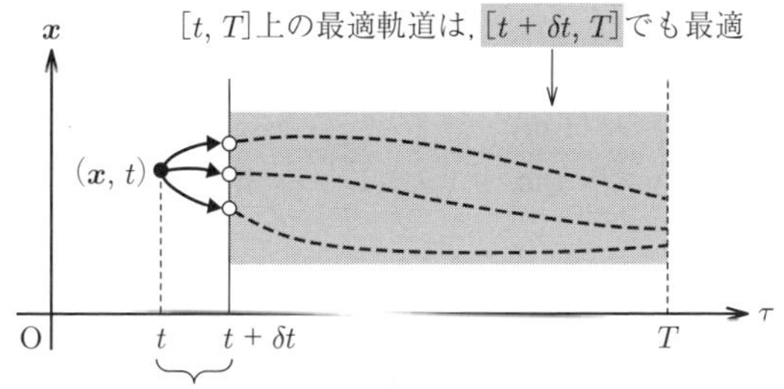

図 9.1 区間 $[t, t+\delta t]$ の最適化問題

$$J^*(\boldsymbol{x}(t),t) = \min_{u(\tau)\in U(t,t+\delta t)} \left\{ (\boldsymbol{x}(t)^\top \boldsymbol{Q}\boldsymbol{x}(t) + Ru(t)^2)\delta t + J^*(\boldsymbol{x}(t),t) + \frac{\partial J^*(\boldsymbol{x}(t),t)}{\partial t}\delta t + \left(\frac{\partial J^*(\boldsymbol{x}(t),t)}{\partial \boldsymbol{x}}\right)^\top \delta \boldsymbol{x} \right\} \tag{9.8}$$

となる。両辺の $J^*(\boldsymbol{x}(t),t)$ を消去し，δt で割る。さらに，$\delta t \to 0$ の極限をとると，$\delta \boldsymbol{x}/\delta t = \dot{\boldsymbol{x}}$ となるので，$\dot{\boldsymbol{x}} = \boldsymbol{A}\boldsymbol{x} + \boldsymbol{B}u$ を代入すれば

$$-\frac{\partial J^*(\boldsymbol{x}(t),t)}{\partial t} = \min_{u(t)\in\mathbb{R}} \left\{ \boldsymbol{x}(t)^\top \boldsymbol{Q}\boldsymbol{x}(t) + Ru(t)^2 + \left(\frac{\partial J^*(\boldsymbol{x}(t),t)}{\partial \boldsymbol{x}}\right)^\top (\boldsymbol{A}\boldsymbol{x}(t)+\boldsymbol{B}u(t)) \right\} \tag{9.9}$$

$$J^*(\boldsymbol{x}(T),T) = \boldsymbol{x}(T)^\top \boldsymbol{Q}_f \boldsymbol{x}(T) \tag{9.10}$$

が得られる。これは，Hamilton-Jacobi-Bellman 方程式と呼ばれる†。

式 (9.9) の右辺の中括弧内は u に関して 2 次であるので，$R > 0$ であれば，u は一意に存在し

$$\frac{\partial}{\partial u}\left\{ Ru(t)^2 + \left(\frac{\partial J^*(\boldsymbol{x}(t),t)}{\partial \boldsymbol{x}}\right)^\top \boldsymbol{B}u(t) \right\} = 0 \tag{9.11}$$

を解いて

$$u(t) = -\frac{1}{2}R^{-1}\left(\frac{\partial J^*(\boldsymbol{x}(t),t)}{\partial \boldsymbol{x}}\right)^\top \boldsymbol{B} = -\frac{1}{2}R^{-1}\boldsymbol{B}^\top \left(\frac{\partial J^*(\boldsymbol{x}(t),t)}{\partial \boldsymbol{x}}\right) \tag{9.12}$$

と求まる。これを，式 (9.9) の Hamilton-Jacobi-Bellman 方程式に代入すると

† なお，δt は無限小なので，$u(\tau) \in U(t, t+\delta t)$ による最小化を時間 t における $u(t) \in \mathbb{R}$ による最小化としていることに注意する。

$$-\frac{\partial J^*(\boldsymbol{x}(t),t)}{\partial t} = \boldsymbol{x}(t)^\top \boldsymbol{Q}\boldsymbol{x}(t) + \left(\frac{\partial J^*(\boldsymbol{x}(t),t)}{\partial \boldsymbol{x}}\right)^\top \boldsymbol{A}\boldsymbol{x}(t) - \frac{1}{4}\left(\frac{\partial J^*(\boldsymbol{x}(t),t)}{\partial \boldsymbol{x}}\right)^\top \boldsymbol{B}R^{-1}\boldsymbol{B}^\top \left(\frac{\partial J^*(\boldsymbol{x}(t),t)}{\partial \boldsymbol{x}}\right) \tag{9.13}$$

となるので，これを解いて，$\partial J^*/\partial \boldsymbol{x}$ を求める。

いま，J^* が $\boldsymbol{x}$ に関する二次形式となっているので，対称行列 $\boldsymbol{P}(t) = \boldsymbol{P}(t)^\top$ を用いて $J^*(\boldsymbol{x}(t),t) = \boldsymbol{x}(t)^\top \boldsymbol{P}(t)\boldsymbol{x}(t)$ であると仮定する。このとき

$$\frac{\partial J^*(\boldsymbol{x}(t),t)}{\partial t} = \boldsymbol{x}(t)^\top \dot{\boldsymbol{P}}(t)\boldsymbol{x}(t), \quad \frac{\partial J^*(\boldsymbol{x}(t),t)}{\partial \boldsymbol{x}} = 2\boldsymbol{P}(t)\boldsymbol{x}(t) \tag{9.14}$$

である。そして，$\boldsymbol{P}(t)$ が対称行列であるので，$2\boldsymbol{x}(t)^\top \boldsymbol{P}(t)\boldsymbol{A}\boldsymbol{x}(t) = \boldsymbol{x}(t)^\top(\boldsymbol{A}^\top \boldsymbol{P}(t) + \boldsymbol{P}(t)\boldsymbol{A})\boldsymbol{x}(t)$ となる。このことに注意すると

$$-\boldsymbol{x}(t)^\top \dot{\boldsymbol{P}}(t)\boldsymbol{x}(t) = \boldsymbol{x}(t)^\top \boldsymbol{Q}\boldsymbol{x}(t) + \boldsymbol{x}(t)^\top \left(\boldsymbol{A}^\top \boldsymbol{P}(t) + \boldsymbol{P}(t)\boldsymbol{A}\right)\boldsymbol{x}(t) - \boldsymbol{x}(t)^\top \boldsymbol{P}(t)\boldsymbol{B}R^{-1}\boldsymbol{B}^\top \boldsymbol{P}(t)\boldsymbol{x}(t) \tag{9.15}$$

$$\boldsymbol{x}(T)^\top \boldsymbol{P}(T)\boldsymbol{x}(T) = \boldsymbol{x}(T)^\top \boldsymbol{Q}_f \boldsymbol{x}(T) \tag{9.16}$$

が得られる。これらと，式 (9.12), (9.14) より，定理 9.1 の結果が得られる。

定理 9.1 式 (9.1) のシステムに対して，式 (9.2) の評価関数 J が与えられているとする。このとき，評価関数 J の値を最小にする制御入力 $u(t) \in \mathbb{R}$, $t \in [0,\ T]$ は

$$u(t) = \boldsymbol{F}(t)\boldsymbol{x}(t), \quad \boldsymbol{F}(t) = -R^{-1}\boldsymbol{B}^\top \boldsymbol{P}(t) \tag{9.17}$$

で与えられる。ただし，$\boldsymbol{P}(t)$ は

$$-\dot{\boldsymbol{P}}(t) = \boldsymbol{Q} + \boldsymbol{A}^\top \boldsymbol{P}(t) + \boldsymbol{P}(t)\boldsymbol{A} - \boldsymbol{P}(t)\boldsymbol{B}R^{-1}\boldsymbol{B}^\top \boldsymbol{P}(t), \quad \boldsymbol{P}(T) = \boldsymbol{Q}_f \tag{9.18}$$

に従う。

式 (9.18) は **Riccati 微分方程式** (Riccati differential equation) と呼ばれる非線形の常微分方程式である。これは，区間 $[0, T]$ 上で唯一解 $\boldsymbol{P}(t)$ が存在することが保証されている。また，式 (9.17) のように，最適制御問題の解は，状態フィードバック制御の形で与えられる。

例 9.2　線形システム $\dot{x}(t) = -2x(t) + u(t)$ を考える。評価関数を

$$J = \frac{1}{2}\int_0^T \left\{x(t)^2 + u(t)^2\right\} \mathrm{d}t$$

とする。ただし，$x(T)$ は自由であり，$u(t)$ に制約はないとする。このとき，J の値を最小にする制御入力 $u(t)$ $(0 \le t \le T)$ を求める。

区間 $[0, T]$ の部分区間 $[t, T]$ において $x(t)$ を初期状態とする評価関数

$$J^*(x(t), t) = \min_{u(\tau)\in U(t,T)} \left[\frac{1}{2}\int_t^T \left\{x(\tau)^2 + u(\tau)^2\right\} \mathrm{d}\tau\right] \tag{9.19}$$

を考える。ただし，$J^*(x(T), T) = 0$ である。これより，Hamilton-Jacobi-Bellman 方程式は

$$-\frac{\partial J^*}{\partial t} = \min_{u(t)\in\mathbb{R}} \left[\frac{1}{2}\left\{x(t)^2 + u(t)^2\right\} + \left\{-2x(t) + u(t)\right\}\frac{\partial J^*}{\partial x}\right] \tag{9.20}$$

となる。このとき，右辺を最小化する入力 u は，$u(t) = -\partial J^*/\partial x$ であるので，これを式 (9.20) に代入すると

$$-\frac{\partial J^*}{\partial t} = \frac{1}{2}x(t)^2 - 2x(t)\frac{\partial J^*}{\partial x} - \frac{1}{2}\left(\frac{\partial J^*}{\partial x}\right)^2 \tag{9.21}$$

を得る。この偏微分方程式の解が $J^*(x(t), t) = p(t)x^2(t)$ であると仮定すると，常微分方程式

$$\dot{p}(t) = 2p(t)^2 + 4p(t) - \frac{1}{2} \tag{9.22}$$

が得られる。また，$x(T)$ は任意であるので，$p(T) = 0$ となる。この微分方程式の解は

$$p(t) = -\frac{1}{2}\frac{e^{2\sqrt{5}(t-T)} - 1}{(2-\sqrt{5})e^{2\sqrt{5}(t-T)} + 2 + \sqrt{5}} \tag{9.23}$$

であるので（本章の章末問題【2】を参照），制御入力は，式 (9.24) で与えられる。

$$u(t) = -2p(t)x(t) = \frac{e^{2\sqrt{5}(t-T)} - 1}{(2-\sqrt{5})e^{2\sqrt{5}(t-T)} + 2 + \sqrt{5}}x(t) \tag{9.24}$$

9.3　最適レギュレータ

9.2 節では，有限時間最適制御問題の解が，状態フィードバック制御の形で得られることを説明した。ただし，そのフィードバックゲイン $\boldsymbol{F}(t)$ が時間 t に依存していた。ここでは，$T \to \infty$ とした**無限時間最適制御問題** (infinite-time optimal control problem) を考える。つまり

$$J = \int_0^\infty \left\{\boldsymbol{x}(t)^\top \boldsymbol{Q}\boldsymbol{x}(t) + Ru(t)^2\right\} \mathrm{d}t \tag{9.25}$$

を最小化する制御入力を求める。この問題は，**最適レギュレータ問題** (optimal regulator problem) とも呼ばれる。

式 (9.25) の評価関数は無限時間先までの評価となっているため，積分が存在しなければならない。システム $(\boldsymbol{A}, \boldsymbol{B})$ が可制御であれば，システムを安定化する制御則 $u(t) = \boldsymbol{F}\boldsymbol{x}(t)$ を設計することができる。そして，この制御則に対しては，$\boldsymbol{x}(t) \to \boldsymbol{0}$ $(t \to \infty)$ とできるため，J の値が存在する。さらに，システムは時不変であるので，Riccati 微分方程式の解は $T \to \infty$ で，定数行列 $\boldsymbol{P} \succ \boldsymbol{O}$ に収束し，$\boldsymbol{A}^\top \boldsymbol{P} + \boldsymbol{P}\boldsymbol{A} - \boldsymbol{P}\boldsymbol{B}R^{-1}\boldsymbol{B}^\top \boldsymbol{P} + \boldsymbol{Q} = \boldsymbol{O}$ を満たす。これより，定理 9.2 を得る。

定理 9.2　線形システム $\dot{\boldsymbol{x}}(t) = \boldsymbol{A}\boldsymbol{x}(t) + \boldsymbol{B}u(t)$ は可制御であるとする。そして，$\boldsymbol{Q} = \boldsymbol{Q}^\top \succ \boldsymbol{O}$, $R > 0$ を用いて評価関数

$$J = \int_0^\infty \left\{ \boldsymbol{x}(t)^\top \boldsymbol{Q}\boldsymbol{x}(t) + Ru(t)^2 \right\} \mathrm{d}t \tag{9.26}$$

を定める。このとき，J を最小化する制御入力 $u(t)$ は，状態フィードバック制御則 $u(t) = \boldsymbol{F}_{\mathrm{opt}}\boldsymbol{x}(t)$ の形で得られ，$\boldsymbol{F}_{\mathrm{opt}}$ の値は

$$\boldsymbol{F}_{\mathrm{opt}} = -R^{-1}\boldsymbol{B}^\top \boldsymbol{P} \tag{9.27}$$

となる。ただし，$\boldsymbol{P} = \boldsymbol{P}^\top \succ \boldsymbol{O}$ は，**Riccati 方程式** (Riccati equation)

$$\boldsymbol{A}^\top \boldsymbol{P} + \boldsymbol{P}\boldsymbol{A} - \boldsymbol{P}\boldsymbol{B}R^{-1}\boldsymbol{B}^\top \boldsymbol{P} + \boldsymbol{Q} = \boldsymbol{O} \tag{9.28}$$

を満たす唯一の正定対称解である。また，J の最小値は，$\boldsymbol{x}(0)^\top \boldsymbol{P}\boldsymbol{x}(0)$ である。

このような評価関数の最適化によって得られる状態フィードバック制御のことを**最適レギュレータ** (optimal regulator) という。システム $(\boldsymbol{A}, \boldsymbol{B})$ が可制御であれば，Riccati 方程式の正定解 $\boldsymbol{P} \succ \boldsymbol{O}$ が唯一存在し，そして，閉ループ系 $\boldsymbol{A} - \boldsymbol{B}R^{-1}\boldsymbol{B}^\top \boldsymbol{P}$ を安定化する（本章の章末問題【**3**】を参照）†。なお，この閉ループ系を安定化する解のことを安定化解という。

また，評価関数の重み行列 $\boldsymbol{Q}$ が半正定値行列 $\boldsymbol{Q} \succeq \boldsymbol{O}$ となる場合には，$(\boldsymbol{A}, \boldsymbol{Q}_0)$ が可観測かつ $\boldsymbol{Q} = \boldsymbol{Q}_0^\top \boldsymbol{Q}_0 \succeq \boldsymbol{O}$ であれば，上記の結果が成り立つ。例えば，$y = \boldsymbol{C}\boldsymbol{x}$ のときに

$$J = \int_0^\infty \left\{ Q_y y(t)^2 + Ru(t)^2 \right\} \mathrm{d}t$$

を最小化する制御入力を求める問題を考えると，$\boldsymbol{Q} = \boldsymbol{C}^\top Q_y \boldsymbol{C}$ となる。この場合，$\boldsymbol{Q}_0 = Q_y^{1/2}\boldsymbol{C}$ であるので，$(\boldsymbol{A}, Q_y^{1/2}\boldsymbol{C})$ が可観測であれば，最適レギュレータを求めることができる。

† システムが可安定の場合は，半正定解 $\boldsymbol{P} \succeq \boldsymbol{O}$ が唯一存在し，そして，システムが可観測であれば，閉ループ系を安定化する。

例 9.3　システム

$$\dot{\boldsymbol{x}}(t) = \begin{bmatrix} 0 & 1 \\ 0 & -1 \end{bmatrix} \boldsymbol{x}(t) + \begin{bmatrix} 0 \\ 1 \end{bmatrix} u(t) \tag{9.29}$$

に対して，最適レギュレータを設計する。重み行列を

$$\text{(a)}\ \boldsymbol{Q} = \begin{bmatrix} 1 & 0 \\ 0 & 1 \end{bmatrix}, \quad R = 1 \qquad \text{(b)}\ \boldsymbol{Q} = \begin{bmatrix} 100 & 0 \\ 0 & 1 \end{bmatrix}, \quad R = 1$$

として得られるフィードバックゲインは，それぞれ，(a) $\boldsymbol{F} = [-1\ \ -1]$, (b) $\boldsymbol{F} = [-10,\ \ -3.69]$ である。ここでは，(a) だけ計算する。

$$\boldsymbol{P} = \begin{bmatrix} p_1 & p_2 \\ p_2 & p_3 \end{bmatrix} \tag{9.30}$$

とおくと，Riccati 方程式は

$$\begin{bmatrix} 0 & 0 \\ 1 & -1 \end{bmatrix} \begin{bmatrix} p_1 & p_2 \\ p_2 & p_3 \end{bmatrix} + \begin{bmatrix} p_1 & p_2 \\ p_2 & p_3 \end{bmatrix} \begin{bmatrix} 0 & 1 \\ 0 & -1 \end{bmatrix} - \begin{bmatrix} p_1 & p_2 \\ p_2 & p_3 \end{bmatrix} \begin{bmatrix} 0 \\ 1 \end{bmatrix} \begin{bmatrix} 0 & 1 \end{bmatrix} \begin{bmatrix} p_1 & p_2 \\ p_2 & p_3 \end{bmatrix} + \begin{bmatrix} 1 & 0 \\ 0 & 1 \end{bmatrix} = \boldsymbol{O} \tag{9.31}$$

となる。これを各成分ごとに書き下すと

$$-p_2^2 + 1 = 0 \tag{9.32}$$

$$p_1 - p_2 - p_2 p_3 = 0 \tag{9.33}$$

$$2(p_2 - p_3) - p_3^2 + 1 = 0 \tag{9.34}$$

となる。一方，最適フィードバックゲインは

$$\boldsymbol{F} = -R^{-1}\boldsymbol{B}^{\top}\boldsymbol{P} = \begin{bmatrix} -p_2 & -p_3 \end{bmatrix} \tag{9.35}$$

である。$\boldsymbol{A}+\boldsymbol{BF}$ の特性多項式は $|s\boldsymbol{I}-(\boldsymbol{A}+\boldsymbol{BF})| = s^2+(1+p_3)s+p_2$ なので，$\boldsymbol{P}$ が安定化解であるためには，$1+p_3>0$ かつ $p_2>0$ であればよい。これを踏まえて，式 (9.32) より，$p_2=1$ を得る。つぎに，式 (9.34) より，$(p_3-1)(p_3+3)=0$ となるので，$p_3=1$ を得る。最後に，式 (9.33) より，$p_1=2$ となる。つまり，Riccati 方程式の解は

$$\boldsymbol{P} = \begin{bmatrix} 2 & 1 \\ 1 & 1 \end{bmatrix} \tag{9.36}$$

である。以上より，$\boldsymbol{F} = [-1 \quad -1]$ となる。

閉ループ系の時間応答の一例が，**図 9.2** である。図 9.2(b) のように $\boldsymbol{Q}$ の重みを相対的に大きくすることで応答が速くなっていることがわかる。

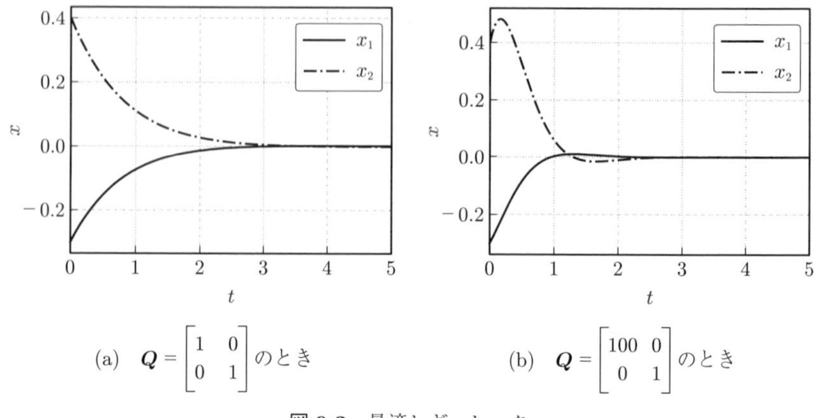

(a)　$\boldsymbol{Q} = \begin{bmatrix} 1 & 0 \\ 0 & 1 \end{bmatrix}$ のとき　　(b)　$\boldsymbol{Q} = \begin{bmatrix} 100 & 0 \\ 0 & 1 \end{bmatrix}$ のとき

図 9.2　最適レギュレータ

例 9.4　折り返し法 (turn over method) による最適レギュレータの設計方法を説明する。これは，閉ループ極の配置領域を指定するものである。まず，設計パラメータを $\nu>0$ とする。このとき，システムの $\boldsymbol{A}$ 行列に対して，$\boldsymbol{A}+\nu\boldsymbol{I}$ を考える。行列 $\boldsymbol{A}$ の固有値を λ_i とすると，$\boldsymbol{A}+\nu\boldsymbol{I}$ の固有値は $\lambda_i+\nu$ となり，実軸の正方向に ν だけ平行移動する。これを利用して

$$(\boldsymbol{A}+\nu\boldsymbol{I})^\top\boldsymbol{P}+\boldsymbol{P}(\boldsymbol{A}+\nu\boldsymbol{I})-\boldsymbol{P}\boldsymbol{B}R^{-1}\boldsymbol{B}^\top\boldsymbol{P}=\boldsymbol{O} \tag{9.37}$$

の安定化解 $\boldsymbol{P}$ を求める。そして，フィードバックゲインを $\boldsymbol{F}=-R^{-1}\boldsymbol{B}^\top\boldsymbol{P}$ と定める。このフィードバックゲインを用いたときの閉ループ系の極は，$(-\nu,0)$ を通る直線（折り返し線）の左側に配置される。具体的には，折り返し線の左側にある $\boldsymbol{A}$ の固有値はそのままで，右側にある固有値が折り返し線を対称軸として左側に折り返される（本章の章末問題【**9**】を参照）。なお，これは，上記の Riccati 方程式の解 $\boldsymbol{P}$ を用いて $\boldsymbol{Q}=2\nu\boldsymbol{P}$ としたときの最適制御問題の解となっている。図 **9.3** は折り返し法により最適レギュレータを設計したときの閉ループ極を表している。システムの極が $\{0,-1\}$ であるとき，$\nu=2$ と折り返し線を設定することで，閉ループ極を $\{-4,-3\}$ に配置している。

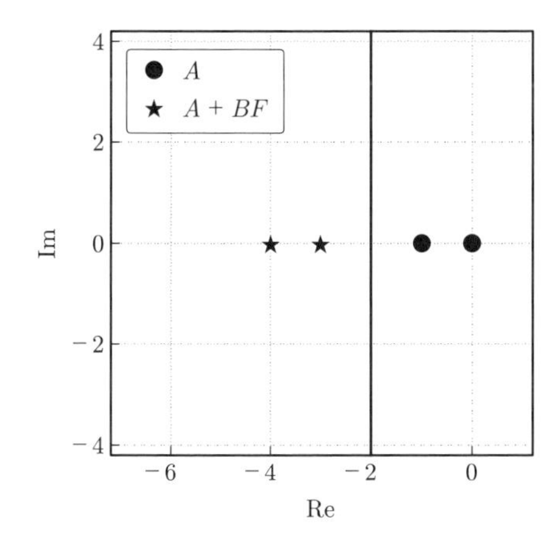

図 **9.3**　折り返し法による設計

折り返し法では，ν と R が設計パラメータとなる。この方法を用いることで，最適レギュレータの利点を失うことなく，閉ループ極を好ましい応答が得られる領域（実部がある特定の値以下となる領域）に配置することができる。

9.4 Riccati 方程式の数値解法

ここでは，Riccati 方程式の数値解法を解説する。例 9.3 のように，低次のシステムであれば，手計算で Riccati 方程式を解くことは可能である。しかし，高次のシステムの場合は，それが難しくなる。そのため，Riccati 方程式の数値解法が用いられる。数値解法には，Riccati 微分方程式の定常解を求める方法や Kleinman の逐次近似解法などがあるが，ここでは，よく用いられる**有本・Potter 法** (Arimoto-Potter method) を説明する。

式 (9.28) の Riccati 方程式の解 $\boldsymbol{P}$ は, 式 (9.38) の **Hamilton 行列** (Hamilton matrix) から求めることができる。

$$\boldsymbol{H} := \begin{bmatrix} \boldsymbol{A} & -\boldsymbol{B}R^{-1}\boldsymbol{B}^\top \\ -\boldsymbol{Q} & -\boldsymbol{A}^\top \end{bmatrix} \in \mathbb{R}^{2n\times 2n} \tag{9.38}$$

Hamilton 行列 $\boldsymbol{H}$ の $2n$ 個の固有値のうち, n 個は安定な固有値 $-\alpha_i + j\beta_i$ ($\alpha_i > 0$) であり, n 個は不安定な固有値 $\alpha_i + j\beta_i$ ($\alpha_i > 0$) である (本章の章末問題【 **7** 】を参照)。安定な固有値に対応する固有ベクトルを $\boldsymbol{v}_i = \begin{bmatrix} \boldsymbol{v}_{i,1}^\top & \boldsymbol{v}_{i,2}^\top \end{bmatrix}^\top \in \mathbb{C}^{2n}$ とする。そして

$$\begin{bmatrix} \boldsymbol{V}_1 \\ \boldsymbol{V}_2 \end{bmatrix} := \begin{bmatrix} \boldsymbol{v}_{1,1} & \boldsymbol{v}_{2,1} & \cdots & \boldsymbol{v}_{n,1} \\ \boldsymbol{v}_{1,2} & \boldsymbol{v}_{2,2} & \cdots & \boldsymbol{v}_{n,2} \end{bmatrix} \tag{9.39}$$

と定義すると，Riccati 方程式の解（安定化解）は

$$\boldsymbol{P} = \boldsymbol{V}_2 \boldsymbol{V}_1^{-1} \tag{9.40}$$

となる。

以下では，この $\boldsymbol{P}$ が Riccati 方程式の解であることを確認する。まず，$\boldsymbol{H}$ の安定固有値を対角要素とする対角行列を $\Lambda \in \mathbb{C}^{n\times n}$ とすると

$$\boldsymbol{H} \begin{bmatrix} \boldsymbol{V}_1 \\ \boldsymbol{V}_2 \end{bmatrix} = \begin{bmatrix} \boldsymbol{V}_1 \\ \boldsymbol{V}_2 \end{bmatrix} \Lambda \tag{9.41}$$

が成り立つ。$\boldsymbol{V}_2 = \boldsymbol{P}\boldsymbol{V}_1$ を代入すると

$$\boldsymbol{H}\begin{bmatrix}\boldsymbol{I}\\\boldsymbol{P}\end{bmatrix}\boldsymbol{V}_1 = \begin{bmatrix}\boldsymbol{I}\\\boldsymbol{P}\end{bmatrix}\boldsymbol{V}_1\Lambda \tag{9.42}$$

となり，さらに

$$\begin{bmatrix}\boldsymbol{I} & \boldsymbol{O}\\\boldsymbol{P} & -\boldsymbol{I}\end{bmatrix}\boldsymbol{H}\begin{bmatrix}\boldsymbol{I}\\\boldsymbol{P}\end{bmatrix}\boldsymbol{V}_1 = \begin{bmatrix}\boldsymbol{I}\\\boldsymbol{O}\end{bmatrix}\boldsymbol{V}_1\Lambda \tag{9.43}$$

となる。これは

コーヒーブレイク

9.2 節では，最適制御問題の解法として，動的計画法を紹介したが，もう一つの解法として最大原理がある。この解法では，最適制御問題を，等式拘束条件である状態方程式のもとで評価関数 J を最小化する変分問題と考える。具体的には，Hamilton 関数を

$$H(\boldsymbol{x}, u, \boldsymbol{\lambda}, t) = \frac{1}{2}\left(\boldsymbol{x}(t)^\top \boldsymbol{Q}\boldsymbol{x}(t) + Ru(t)^2\right) + \boldsymbol{\lambda}(t)^\top(\boldsymbol{A}\boldsymbol{x}(t) + \boldsymbol{B}u(t))$$

とすると

$$\begin{aligned}
&\dot{\boldsymbol{x}}(t) = \boldsymbol{A}\boldsymbol{x}(t) + \boldsymbol{B}u(t)\\
&\dot{\boldsymbol{\lambda}}(t) = -\left(\frac{\partial H}{\partial \boldsymbol{x}}\right)^\top = -\boldsymbol{Q}\boldsymbol{x}(t) - \boldsymbol{A}^\top\boldsymbol{\lambda}(t), \quad \lim_{t\to\infty}\boldsymbol{\lambda}(t) = \boldsymbol{0}\\
&\frac{\partial H}{\partial u} = Ru(t) + \boldsymbol{\lambda}(t)^\top\boldsymbol{B} = 0
\end{aligned}$$

となる。これを解くことで，最適制御則が得られる（詳細は，文献38) を参照）。これは，Euler-Lagrange 方程式と呼ばれるものであり，解析力学における正準方程式に対応している（状態 $\boldsymbol{x}$ が力学変数，$\boldsymbol{\lambda}$ が運動量）。

なお，三つ目の式から，$u(t) = -R^{-1}\boldsymbol{B}^\top\boldsymbol{\lambda}(t)$ が得られ，これを用いると

$$\begin{bmatrix}\dot{\boldsymbol{x}}(t)\\\dot{\boldsymbol{\lambda}}(t)\end{bmatrix} = \begin{bmatrix}\boldsymbol{A} & -\boldsymbol{B}R^{-1}\boldsymbol{B}^\top\\-\boldsymbol{Q} & -\boldsymbol{A}^\top\end{bmatrix}\begin{bmatrix}\boldsymbol{x}(t)\\\boldsymbol{\lambda}(t)\end{bmatrix}$$

と書くことができる。これより，式 (9.38) の Hamilton 行列 $\boldsymbol{H}$ が得られる。

$$\begin{bmatrix} \boldsymbol{A} - \boldsymbol{B}R^{-1}\boldsymbol{B}^\top \boldsymbol{P} \\ \boldsymbol{P}\boldsymbol{A} + \boldsymbol{Q} - \boldsymbol{P}\boldsymbol{B}R^{-1}\boldsymbol{B}^\top \boldsymbol{P} + \boldsymbol{A}^\top \boldsymbol{P} \end{bmatrix} \boldsymbol{V}_1 = \begin{bmatrix} \boldsymbol{I} \\ \boldsymbol{O} \end{bmatrix} \boldsymbol{V}_1 \Lambda$$

と計算できる。二行目より，$\boldsymbol{P}$ が Riccati 方程式の解であることがわかる。さらに，一行目より，$\boldsymbol{H}$ の安定固有値が $\boldsymbol{A}+\boldsymbol{B}\boldsymbol{F}_{\rm opt}$ の固有値であることを確認できる。つまり，Hamilton 行列の安定固有値を計算し，極配置法でフィードバックゲイン $\boldsymbol{F}$ を設計すれば，それは最適レギュレータであるということである。

最後に，Hamilton 行列の性質を定理 9.3 にまとめておく。

定理 9.3　(Hamilton 行列の性質)　$(\boldsymbol{A}, \boldsymbol{B})$ が可制御，$\boldsymbol{Q} \succ \boldsymbol{O}$, $R > 0$ であるとき，式 (9.38) の Hamilton 行列 $\boldsymbol{H}$ は以下の性質をもつ。

(1)　$\boldsymbol{H}$ の $2n$ 個の固有値のうち, n 個は安定な固有値 $-\alpha_i + j\beta_i$ $(\alpha_i > 0)$ であり，n 個は不安定な固有値 $\alpha_i + j\beta_i$ $(\alpha_i > 0)$ である。

(2)　$\boldsymbol{H}$ の安定固有値は，$\boldsymbol{A} + \boldsymbol{B}\boldsymbol{F}_{\rm opt}$ の固有値に等しい。

9.5　最適レギュレータのロバスト性

最適レギュレータは，制御対象のパラメータ変動に対してロバストな制御器となっている。このことを確認するために，最適レギュレータの周波数特性を調べてみよう。式 (9.28) の Riccati 方程式に $-s\boldsymbol{P} + s\boldsymbol{P}$ を加え，整理すると

$$\boldsymbol{P}(s\boldsymbol{I} - \boldsymbol{A}) + (-s\boldsymbol{I} - \boldsymbol{A}^\top)\boldsymbol{P} + \boldsymbol{F}_{\rm opt}^\top R \boldsymbol{F}_{\rm opt} = \boldsymbol{Q} \tag{9.44}$$

となる。さらに，制御則を $u = -(-\boldsymbol{F})\boldsymbol{x} + v$ とした図 **9.4** を考えると，最適

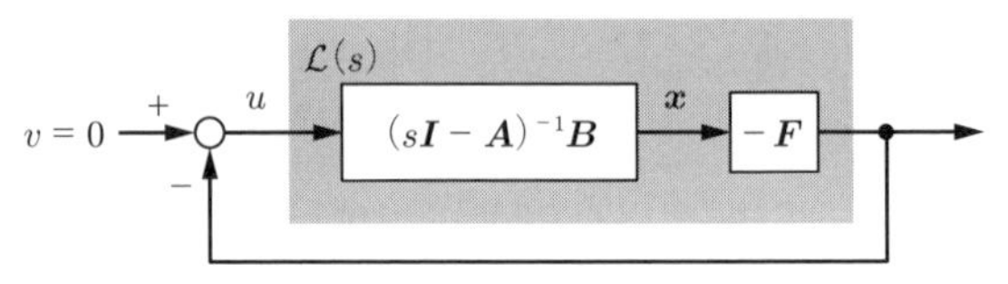

図 **9.4**　状態フィードバック制御系のブロック線図

レギュレータの一巡伝達関数 $\mathcal{L}(s)$ は

$$\mathcal{L}(s) = -\boldsymbol{F}_{\mathrm{opt}}(s\boldsymbol{I} - \boldsymbol{A})^{-1}\boldsymbol{B} \tag{9.45}$$

となる。

式 (9.44) の両辺に，左から $\boldsymbol{B}^\top(-s\boldsymbol{I} - \boldsymbol{A}^\top)^{-1}$ を，右から $(s\boldsymbol{I} - \boldsymbol{A})^{-1}\boldsymbol{B}$ をかけて，式 (9.45) を代入する。そして両辺に R を加えて整理すると

$$(1 + \mathcal{L}(-s))R(1 + \mathcal{L}(s)) = R + \boldsymbol{B}^\top(s\boldsymbol{I} - \boldsymbol{A}^\top)^{-1}\boldsymbol{Q}(s\boldsymbol{I} - \boldsymbol{A})^{-1}\boldsymbol{B} \tag{9.46}$$

が得られる。これは，**Kalman 方程式** (Kalman equation) と呼ばれる。ここで，右辺の第 2 項が非負であることに注意し，$\mathcal{L}(j\omega) = \alpha(\omega) + j\beta(\omega)$ とすれば

$$(1 + \alpha(\omega))^2 + \beta(\omega)^2 = |1 + \mathcal{L}(j\omega)|^2 \geq 1 \tag{9.47}$$

という関係が得られる。これは，複素平面上において，中心が $(-1,\ j0)$ で半径が 1 の円の外側に $\mathcal{L}(j\omega)$ が存在することを意味している。つまり，開ループ系 $\mathcal{L}(s)$ のベクトル軌跡が $(-1,\ j0)$ を中心とする単位円に入らないということである。これは，**円条件** (circle condition) と呼ばれる。

定理 9.4 (円条件) 1 入力の最適レギュレータ制御系の一巡伝達関数 $\mathcal{L}(s)$ のベクトル軌跡は，$(-1,\ j0)$ を中心とする単位円内に入らない。

これより，$\mathcal{L}(j\omega)$ の位相余裕が $60°$ 以上であることが保証される。つまり，システムのパラメータ変動に対してロバストであるといえる。

例 9.5 例 9.3 において

$$\boldsymbol{Q} = \begin{bmatrix} 100 & 0 \\ 0 & 1 \end{bmatrix}, \quad R = 1$$

としてフィードバックゲインを設計したとき，開ループ系 $\mathcal{L}(s)$ のベクトル

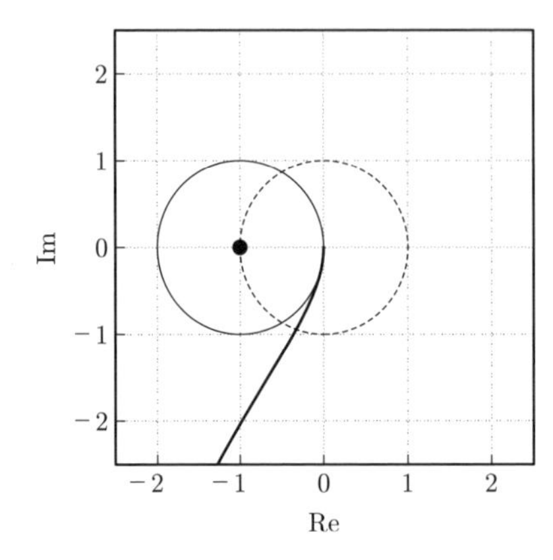

図 **9.5**　開ループ系のベクトル軌跡

軌跡は，**図 9.5** となる。$\mathcal{L}(s)$ のベクトル軌跡が，$(-1,\ j0)$ を中心とする単位円内に入っていないことを確認できる。

章　末　問　題

【**1**】 線形システム $\dot{x}(t) = -2x(t) + u(t)$ に対して，評価関数

$$J = \frac{1}{2}\int_0^\infty \left\{x(t)^2 + u(t)^2\right\} \mathrm{d}t$$

を最小にする制御入力 $u(t)$ を求めよ。

【**2**】 式 (9.22) の解が，$p(T) = 0$ のとき，式 (9.23) となることを確かめよ。

【**3**】 最適レギュレータ $u(t) = \boldsymbol{F}_{\mathrm{opt}}\boldsymbol{x}(t)$，$\boldsymbol{F}_{\mathrm{opt}} = -R^{-1}\boldsymbol{B}^\top\boldsymbol{P}$ が閉ループ系を安定化することと，評価関数 J を最小化することを確かめよ。

【**4**】 線形システム

$$\dot{\boldsymbol{x}}(t) = \begin{bmatrix} 0 & 1 \\ 1 & 1 \end{bmatrix}\boldsymbol{x}(t) + \begin{bmatrix} 0 \\ 1 \end{bmatrix}u(t)$$

を考える。以下の問に答えよ。

(1) 二次形式評価関数

$$J = \int_0^\infty \left\{\boldsymbol{x}(t)^\top \begin{bmatrix} 3 & 0 \\ 0 & 2 \end{bmatrix}\boldsymbol{x}(t) + u(t)^2\right\} \mathrm{d}t$$

を最小化するフィードバックゲイン $\boldsymbol{F} \in \mathbb{R}^{1\times 2}$ を求めよ。

(2) (1) で求めた $\boldsymbol{F}$ を用いて，一巡伝達関数 $\mathcal{L}(s)$ を求めよ。そして，任意の角周波数 $\omega > 0$ に対して $|1+\mathcal{L}(j\omega)| \geq 1$ であることを示せ。

【5】 線形システム

$$\dot{\boldsymbol{x}}(t) = \begin{bmatrix} 0 & 1 \\ -1 & -a \end{bmatrix} \boldsymbol{x}(t) + \begin{bmatrix} 0 \\ 1 \end{bmatrix} u(t)$$

を考える。ただし，$a \in \mathbb{R}$ は定数である。以下の問に答えよ。

(1) 評価関数

$$J = \int_0^\infty \left\{ \boldsymbol{x}(t)^\top \begin{bmatrix} 0 & 0 \\ 0 & q \end{bmatrix} \boldsymbol{x}(t) + u(t)^2 \right\} \mathrm{d}t$$

を最小化するフィードバックゲイン $\boldsymbol{F} \in \mathbb{R}^{1\times n}$ を求めよ。

(2) (1) で得られた最適フィードバックゲインを適用したときの閉ループ極を求め，その $q \to 0$ の極限を開ループ極と比較せよ。

【6】 線形システム $\dot{\boldsymbol{x}}(t) = \boldsymbol{A}\boldsymbol{x}(t) + \boldsymbol{B}u(t)$ に対して

$$J = \int_0^\infty e^{2at} \left\{ \boldsymbol{x}^\top(t)\boldsymbol{Q}\boldsymbol{x}(t) + Ru(t)^2 \right\} \mathrm{d}t$$

を最小化する最適制御問題を考える。最適な制御入力が $u(t) = -R^{-1}\boldsymbol{B}^\top \boldsymbol{M}\boldsymbol{x}(t)$ で与えられることを示せ。ただし，$\boldsymbol{M}$ は，Riccati 方程式

$$(\boldsymbol{A} + a\boldsymbol{I})^\top \boldsymbol{M} + \boldsymbol{M}(a\boldsymbol{I} + \boldsymbol{A}) - \boldsymbol{M}\boldsymbol{B}R^{-1}\boldsymbol{B}^\top \boldsymbol{M} + \boldsymbol{Q} = \boldsymbol{O}$$

の半正定対称解である。

【7】 Hamilton 行列 $\boldsymbol{H}$ が固有値 λ をもつとき，$-\lambda$ も固有値となることを示せ。

【8】 システム

$$\begin{cases} \dot{\boldsymbol{x}}(t) = \begin{bmatrix} 0 & 1 \\ 0 & 0 \end{bmatrix} \boldsymbol{x}(t) + \begin{bmatrix} 0 \\ 1 \end{bmatrix} u(t) \\ \boldsymbol{z}(t) = \begin{bmatrix} 1 & 0 \\ 0 & 3 \end{bmatrix} \boldsymbol{x}(t) \end{cases}$$

を考える。評価関数

$$J = \int_0^\infty \left\{ \boldsymbol{z}(t)^\top \boldsymbol{z}(t) + u(t)^2 \right\} \mathrm{d}t$$

を最小化するフィードバックゲイン $\boldsymbol{F} \in \mathbb{R}^{1\times 2}$ を求めよ。また，そのときの閉ループ極を求めよ。

【9】 折り返し法における極の移動について考える。システム $(\boldsymbol{A}, \boldsymbol{B})$ は可制御であるとし，また，$\boldsymbol{A}$ の固有値を $\lambda_i > 0$ とする。以下の問に答えよ。

(1) $\boldsymbol{Q} = \boldsymbol{O}, R = 1$ とした Riccati 方程式 $\boldsymbol{A}^\top \boldsymbol{P} + \boldsymbol{P}\boldsymbol{A} - \boldsymbol{P}\boldsymbol{B}\boldsymbol{B}^\top \boldsymbol{P} = \boldsymbol{O}$ の安定化解 $\boldsymbol{P}$ を用いて最適レギュレータを構成したときの閉ループ系 $\boldsymbol{A} - \boldsymbol{B}\boldsymbol{B}^\top \boldsymbol{P}$ の極を求めよ。

(2) Riccati 方程式 $(\boldsymbol{A}+\nu\boldsymbol{I})^\top \boldsymbol{P} + \boldsymbol{P}(\boldsymbol{A}+\nu\boldsymbol{I}) - \boldsymbol{P}\boldsymbol{B}\boldsymbol{B}^\top \boldsymbol{P} = \boldsymbol{O}$ の安定化解 $\boldsymbol{P}$ を用いて最適レギュレータを構成したときの閉ループ系 $(\boldsymbol{A}+\nu\boldsymbol{I}) - \boldsymbol{B}\boldsymbol{B}^\top \boldsymbol{P}$ の極を求めよ。ただし，$\nu > 0$ は，$\boldsymbol{A} + \nu\boldsymbol{I}$ が虚軸上に固有値をもたないように選定されているとする。

(3) (2) の $\boldsymbol{P}$ を用いたときの閉ループ系 $\boldsymbol{A} - \boldsymbol{B}\boldsymbol{B}^\top \boldsymbol{P}$ の極を求めよ。

(4) システム

$$\dot{\boldsymbol{x}}(t) = \begin{bmatrix} 1 & 1 \\ 0 & -5 \end{bmatrix} \boldsymbol{x}(t) + \begin{bmatrix} 0 \\ 1 \end{bmatrix} u(t)$$

に対し，折り返し法で最適レギュレータを構成せよ。そして，閉ループ系の極を求めよ。ただし，$\nu = 3,\ R = 1$ とする。

control system design

10 サーボ系

レギュレータ問題では，制御対象の状態（出力）を一定の値に保つ制御を考えていた。これに対して，制御対象の出力 y を時間的に変化する目標値 r に追従させる問題も実用上重要である。例えば，エアコンの温度制御をはじめとして，工作機械やロボットなどの制御問題等である。この問題は，**サーボ問題** (servo problem) と呼ばれ，さらに，出力を定常偏差なく追従させる制御系を**サーボ系** (servo system) という。本章では，まず，状態フィードバック制御にフィードフォワード項を付加することで目標値追従制御を行う方法を紹介する。しかし，この方法では，外乱がある場合に，目標値に追従させることができない。実際，サーボ系には，内部安定性に加えて，外乱があっても偏差なく目標値に追従する出力レギュレーションが要求される。そこで，これを達成するサーボ系を設計するための基礎となる内部モデル原理について説明する。その後，積分器を用いたサーボ系および，その最適設計法を説明する。

10.1 フィードフォワードによる目標値追従制御

図 10.1 に示すシステムを考える。ただし，制御対象は

$$\begin{cases} \dot{\boldsymbol{x}}(t) = \boldsymbol{A}\boldsymbol{x}(t) + \boldsymbol{B}u(t) \\ y(t) = \boldsymbol{C}\boldsymbol{x}(t) \end{cases} \tag{10.1}$$

で与えられ，$\boldsymbol{x}(t) \in \mathbb{R}^n$ は状態，$u(t) \in \mathbb{R}$ は入力，$y(t) \in \mathbb{R}$ は出力である。また，式 (10.1) は可制御かつ可観測であるとする。

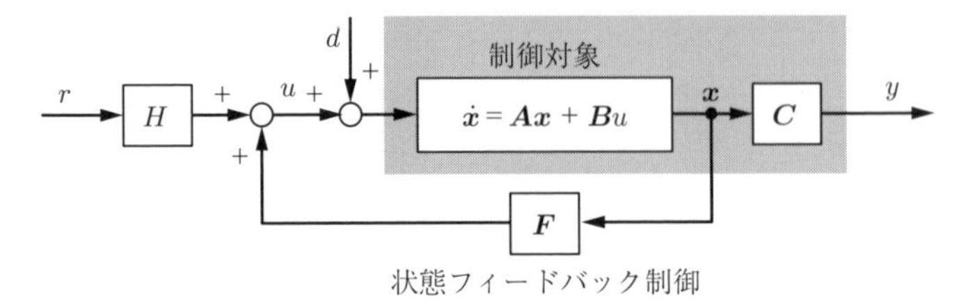

図 10.1　フィードフォワード型のサーボ系

ここでの目標は，制御対象の出力 y を定値の目標値 r に追従させることである。そのために，図 10.1 に示すような制御則

$$u(t) = \boldsymbol{F}\boldsymbol{x}(t) + Hr(t) \tag{10.2}$$

を考える。これは状態フィードバック制御にフィードフォワード項を付加したものである。このとき，つぎの結果が得られる。

定理 10.1　式 (10.1) のシステムに対して

$$|\boldsymbol{M}(0)| = \begin{vmatrix} \boldsymbol{A} & \boldsymbol{B} \\ \boldsymbol{C} & 0 \end{vmatrix} \neq 0 \tag{10.3}$$

が成り立つとする。そして，$\boldsymbol{A} + \boldsymbol{B}\boldsymbol{F}$ が安定となるように状態フィードバックゲイン $\boldsymbol{F}$ を設計し，さらにフィードフォワード項のゲイン H を

$$H = \begin{bmatrix} -\boldsymbol{F} & 1 \end{bmatrix} \begin{bmatrix} \boldsymbol{A} & \boldsymbol{B} \\ \boldsymbol{C} & 0 \end{bmatrix}^{-1} \begin{bmatrix} \boldsymbol{O} \\ 1 \end{bmatrix} \tag{10.4}$$

と決める。このとき，外乱がなければ ($d(t) \equiv 0$ であれば)，制御対象の出力 y は定値の目標値 r に定常偏差なく追従する。

証明　$r(t) \equiv r_0$，$d(t) \equiv 0$ のときに，$y(\infty) = r_0$ とする制御則が式 (10.2) と式 (10.4) で与えられることを示す。まず，$\boldsymbol{x}$ と $\boldsymbol{u}$ の定常値をそれぞれ $\boldsymbol{x}_\infty$, $\boldsymbol{u}_\infty$ とする。すると，式 (10.1) より

$$\begin{bmatrix} \boldsymbol{O} \\ 1 \end{bmatrix} r_0 = \begin{bmatrix} \boldsymbol{A} & \boldsymbol{B} \\ \boldsymbol{C} & 0 \end{bmatrix} \begin{bmatrix} \boldsymbol{x}_\infty \\ u_\infty \end{bmatrix} \tag{10.5}$$

が得られる。したがって，$y(\infty) = r_0$ となるときの定常値が，式 (10.3) のもとで

$$\begin{bmatrix} \boldsymbol{x}_\infty \\ u_\infty \end{bmatrix} = \begin{bmatrix} \boldsymbol{A} & \boldsymbol{B} \\ \boldsymbol{C} & 0 \end{bmatrix}^{-1} \begin{bmatrix} \boldsymbol{O} \\ 1 \end{bmatrix} r_0 \tag{10.6}$$

となることがわかる。ここで，$\tilde{\boldsymbol{x}}(t) = \boldsymbol{x}(t) - \boldsymbol{x}_\infty$, $\tilde{u}(t) = u(t) - u_\infty$, $e(t) = r_0 - y(t)$ とすると

$$\begin{cases} \dot{\tilde{\boldsymbol{x}}}(t) = \boldsymbol{A}\tilde{\boldsymbol{x}}(t) + \boldsymbol{B}\tilde{u}(t) \\ e(t) = -\boldsymbol{C}\tilde{\boldsymbol{x}}(t) \end{cases} \tag{10.7}$$

となる。したがって，$\tilde{u}(t) = \boldsymbol{F}\tilde{\boldsymbol{x}}(t)$ として，$\boldsymbol{A} + \boldsymbol{BF}$ が安定になるように $\boldsymbol{F}$ を選べば，$e(t) \to 0$ $(t \to \infty)$，すなわち，$y(\infty) = r_0$ となる。このとき

$$u(t) = \boldsymbol{F}\boldsymbol{x}(t) + \begin{bmatrix} -\boldsymbol{F} & 1 \end{bmatrix} \begin{bmatrix} \boldsymbol{x}_\infty \\ u_\infty \end{bmatrix} \tag{10.8}$$

であるので，式 (10.6) を代入して

$$u(t) = \boldsymbol{F}\boldsymbol{x}(t) + \begin{bmatrix} -\boldsymbol{F} & 1 \end{bmatrix} \begin{bmatrix} \boldsymbol{A} & \boldsymbol{B} \\ \boldsymbol{C} & 0 \end{bmatrix}^{1} \begin{bmatrix} \boldsymbol{O} \\ 1 \end{bmatrix} r_0 \tag{10.9}$$

を得る。　□

式 (10.3) は，制御対象が原点に零点をもたないことを意味している。実際

$$\boldsymbol{M}(s) = \begin{bmatrix} -(s\boldsymbol{I} - \boldsymbol{A}) & \boldsymbol{B} \\ \boldsymbol{C} & 0 \end{bmatrix}$$

としたとき，$|\boldsymbol{M}(s)| = 0$ となる s が零点である。そのため，行列 $\boldsymbol{M}(0)$ が正則であることと，$s = 0$ に零点をもたないことは等価である。それから，$\boldsymbol{A} + \boldsymbol{BF}$ が安定となるように $\boldsymbol{F}$ を設計することで，閉ループ系の内部安定性が保証される。しかし，未知外乱がある場合やパラメータ変動がある場合には，出力レギュレーションを達成することができない。

例 10.1

$$\Sigma_{\mathcal{P}} : \begin{cases} \dot{\boldsymbol{x}}(t) = \begin{bmatrix} 0 & 1 \\ 0 & -1 \end{bmatrix} \boldsymbol{x}(t) + \begin{bmatrix} 0 \\ 1 \end{bmatrix} u(t) \\ y(t) = \begin{bmatrix} 1 & 0 \end{bmatrix} \boldsymbol{x}(t) \end{cases}$$

に対して，式 (10.2) の制御則を用いてサーボ系を構成する。ただし，フィードバックゲイン $\boldsymbol{F}$ は，閉ループ極が $\{-3\pm3j\}$ となるように $\boldsymbol{F}=[-18\ -5]$ とする。また，H は，式 (10.4) より求め，$H=18$ とする。このとき，初期状態を $\boldsymbol{x}(0)=[-0.3\ 0.4]^\top$，目標値を $r(t)\equiv1$，外乱を

$$d(t)=\begin{cases}0 & (0\leq t<3)\\ 3 & (t\geq3)\end{cases}$$

としてシミュレーションを行った。その結果を図 **10.2** に示す。これより，外乱がなければ，目標値に追従することがわかる。一方，外乱がある場合は定常偏差が生じる。

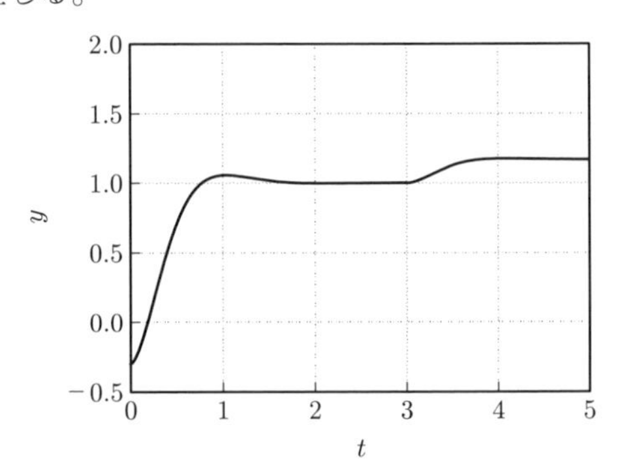

図 **10.2**　フィードフォワードによる追従制御

10.2　内部モデル原理

サーボ系を構築するために，定常偏差なく目標値に追従するための条件を知っておくとよい。そこでここでは，図 **10.3** のフィードバック制御系を対象とし

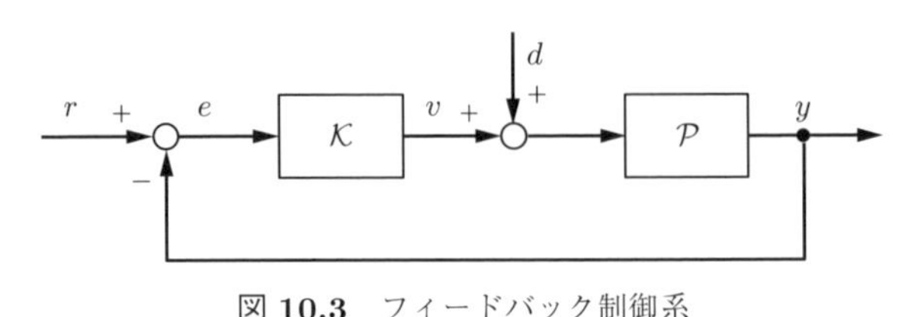

図 **10.3**　フィードバック制御系

て，**内部モデル原理** (internal model principle) を説明する。

図 10.3 は，図 10.1 において，状態フィードバック制御を施した部分を制御対象 $\mathcal{P}$ と考え，フィードフォワード項 Hr のかわりに，偏差 $e := r - y$ から v を決定する動的フィードバック制御則 $v(s) = \mathcal{K}(s)e(s)$ を施したものである†。そして，制御対象 $\mathcal{P}$ の状態空間表現は

$$\Sigma_{\mathcal{P}} : \begin{cases} \dot{\boldsymbol{x}}(t) = (\boldsymbol{A} + \boldsymbol{B}\boldsymbol{F})\boldsymbol{x}(t) + \boldsymbol{B}(v(t) + d(t)) \\ y(t) = \boldsymbol{C}\boldsymbol{x}(t) \end{cases} \tag{10.10}$$

であり，伝達関数表現は

$$y(s) = \mathcal{P}(s)(v(s) + d(s)), \quad \mathcal{P}(s) = \boldsymbol{C}(s\boldsymbol{I} - (\boldsymbol{A} + \boldsymbol{B}\boldsymbol{F}))^{-1}\boldsymbol{B} \tag{10.11}$$

となる。

さて，図 10.3 において，目標値 r と外乱 d から偏差 e までの伝達特性は

$$e(s) = \frac{1}{1 + \mathcal{P}(s)\mathcal{K}(s)}r(s) - \frac{\mathcal{P}(s)}{1 + \mathcal{P}(s)\mathcal{K}(s)}d(s) \tag{10.12}$$

となる。制御系が安定で定常偏差 e_∞ が存在すれば，最終値の定理より

$$e_\infty = \lim_{s \to 0} \frac{s}{1 + \mathcal{P}(s)\mathcal{K}(s)}r(s) - \lim_{s \to 0} \frac{\mathcal{P}(s)s}{1 + \mathcal{P}(s)\mathcal{K}(s)}d(s) \tag{10.13}$$

となる。もし，目標値が一定値 $(r(s) = r_0/s)$ であり，外乱がない状態 $(d(s) = 0)$ であれば，定常偏差は

$$e_\infty = \lim_{s \to 0} \frac{1}{1 + \mathcal{P}(s)\mathcal{K}(s)}r_0 \tag{10.14}$$

となる。これより，$e_\infty = 0$ となるためには，$\mathcal{P}(s)\mathcal{K}(s)$ が $s = 0$ に極をもてばよいことがわかる。つまり，$\mathcal{P}(s)\mathcal{K}(s)$ が目標値の信号（この場合，ステップ信号）と同一因子 $1/s$ をもつ必要があることを意味している。

つぎのステップとして，目標値がランプ信号の場合を考えてみよう。すなわち，$r(s) = r_0/s^2$ の場合である。このとき

$$e_\infty = \lim_{s \to 0} \frac{1}{s + s\mathcal{P}(s)\mathcal{K}(s)}r_0 \tag{10.15}$$

† この場合，式 (10.1) の制御入力は，$u(s) = \boldsymbol{F}\boldsymbol{x}(s) + \mathcal{K}(s)e(s)$ となっている。

であるので，$\mathcal{P}(s)\mathcal{K}(s)$ が $s=0$ に極を二つもてば，$e_\infty=0$ となる。つまり，$\mathcal{P}(s)\mathcal{K}(s)$ がランプ信号と同一因子 $1/s^2$ をもつ必要があることを意味している。同様に，正弦波信号 $\sin\omega t$ の場合には，$\mathcal{P}(s)\mathcal{K}(s)$ が正弦波信号と同一因子 $\omega/(s^2+\omega^2)$ をもてばよいことがわかる。

それでは，外乱がある状態ではどうだろうか。一定値の目標値に加えて，一定値の外乱 $d(s)=d_0/s$ が加わる場合では

$$e_\infty=\lim_{s\to 0}\frac{1}{1+\mathcal{P}(s)\mathcal{K}(s)}r_0-\lim_{s\to 0}\frac{\mathcal{P}(s)}{1+\mathcal{P}(s)\mathcal{K}(s)}d_0 \tag{10.16}$$

となる。これより，$\mathcal{P}(s)\mathcal{K}(s)$ が $s=0$ に極をもっていれば $e_\infty=0$ となるが，制御対象が積分器をもっており，$\lim_{s\to 0}\mathcal{P}(s)=\infty$ となる場合には，$e_\infty=0$ とならない。実際，式 (10.16) の第 2 項は，制御対象が積分器をもっている場合

$$\lim_{s\to 0}\frac{\mathcal{P}(s)}{1+\mathcal{P}(s)\mathcal{K}(s)}d_0=\lim_{s\to 0}\frac{1}{\dfrac{1}{\mathcal{P}(s)}+\mathcal{K}(s)}d_0\neq 0$$

となる。一方で，制御器側に積分器があり，$\lim_{s\to 0}\mathcal{K}(s)=\infty$ であれば，$e_\infty=0$ となる。このことから，つぎの結果が得られる。

定理 10.2 (内部モデル原理)　目標値および外乱に対する定常偏差を 0 にするためには，制御器に外部信号のモデルと同一因子をもつ必要がある。

特に，ステップ信号の場合には，つぎのことがいえる。

定理 10.3　以下の条件をすべて満足するとき，ステップ状の目標値および外乱に対する定常偏差を 0 にすることができる。

- フィードバック制御系が内部安定である。
- 制御器が積分器を少なくとも一つもつ。
- 制御対象が $s=0$ に零点をもたない（制御対象と制御器の間に不安定な極零相殺がない）。

10.3 積分型サーボ系

内部モデル原理によると，ステップ状の目標値や外乱に対して，定常偏差を 0 にするには，制御器が積分器を 1 個もてばよい。そこでここでは，**図 10.4** に示す **積分型サーボ系** (integral servo system) を考える。

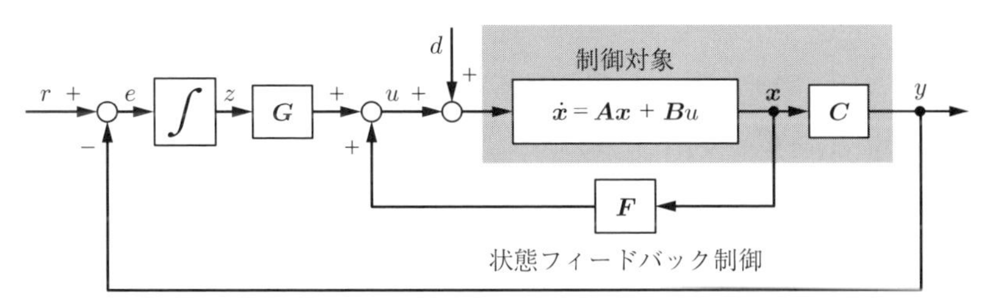

図 **10.4** 積分型サーボ系

積分型サーボ系の制御則は式 (10.17) のとおりである。

$$\begin{cases} \dot{z}(t) = e(t), \quad e(t) = r(t) - y(t) \\ u(t) = \boldsymbol{F}\boldsymbol{x}(t) + Gz(t) \end{cases} \tag{10.17}$$

第 1 式は追従誤差の積分演算となっており，制御器に積分器が 1 個含まれることになる。これは，PID 制御における I-PD 制御に対応している。このとき，システム全体は

$$\begin{bmatrix} \dot{\boldsymbol{x}}(t) \\ \dot{z}(t) \end{bmatrix} = \begin{bmatrix} \boldsymbol{A} & 0 \\ -\boldsymbol{C} & 0 \end{bmatrix} \begin{bmatrix} \boldsymbol{x}(t) \\ z(t) \end{bmatrix} + \begin{bmatrix} \boldsymbol{B} \\ 0 \end{bmatrix} (u(t) + d(t)) + \begin{bmatrix} \boldsymbol{O} \\ r(t) \end{bmatrix}$$

$$=: \bar{\boldsymbol{A}} \begin{bmatrix} \boldsymbol{x}(t) \\ z(t) \end{bmatrix} + \bar{\boldsymbol{B}}(u(t) + d(t)) + \begin{bmatrix} \boldsymbol{O} \\ r(t) \end{bmatrix} \tag{10.18}$$

$$u(t) = \begin{bmatrix} \boldsymbol{F} & G \end{bmatrix} \begin{bmatrix} \boldsymbol{x}(t) \\ z(t) \end{bmatrix} =: \bar{\boldsymbol{F}} \begin{bmatrix} \boldsymbol{x}(t) \\ z(t) \end{bmatrix} \tag{10.19}$$

と書くことができる。これを**拡大系** (extended system) という。まず，内部安

定性について考える。$r(t) \equiv 0$, $d(t) \equiv 0$ のときに，拡大系を安定化するフィードバックゲイン $\bar{\boldsymbol{F}} := [\boldsymbol{F}\ G]$ が存在すればよく，これは，拡大系 $(\bar{\boldsymbol{A}}, \bar{\boldsymbol{B}})$ の可制御性をチェックすればよい。可制御性行列 $\bar{\boldsymbol{V}}_{\mathrm{c}}$ は

$$
\begin{aligned}
\bar{\boldsymbol{V}}_c &= \begin{bmatrix} \bar{\boldsymbol{B}} & \bar{\boldsymbol{A}}\bar{\boldsymbol{B}} & \cdots & \bar{\boldsymbol{A}}^n\bar{\boldsymbol{B}} \end{bmatrix} \\
&= \begin{bmatrix} \boldsymbol{B} & \boldsymbol{AB} & \boldsymbol{A}^2\boldsymbol{B} & \cdots & \boldsymbol{A}^n\boldsymbol{B} \\ 0 & -\boldsymbol{CB} & -\boldsymbol{CAB} & \cdots & -\boldsymbol{CA}^{n-1}\boldsymbol{B} \end{bmatrix} \\
&= \begin{bmatrix} \boldsymbol{A} & \boldsymbol{B} \\ -\boldsymbol{C} & 0 \end{bmatrix} \begin{bmatrix} \boldsymbol{O} & \boldsymbol{B} & \boldsymbol{AB} & \cdots & \boldsymbol{A}^{n-1}\boldsymbol{B} \\ 1 & 0 & 0 & \cdots & 0 \end{bmatrix} \\
&= \begin{bmatrix} \boldsymbol{I} & \boldsymbol{O} \\ \boldsymbol{O} & -1 \end{bmatrix} \begin{bmatrix} \boldsymbol{A} & \boldsymbol{B} \\ \boldsymbol{C} & 0 \end{bmatrix} \begin{bmatrix} \boldsymbol{O} & \boldsymbol{V}_c \\ 1 & \boldsymbol{O} \end{bmatrix}
\end{aligned} \tag{10.20}
$$

となる。したがって，$(\boldsymbol{A}, \boldsymbol{B})$ が可制御（$\boldsymbol{V}_{\mathrm{c}}$ が正則）であり，原点に零点をもたないならば，$\bar{\boldsymbol{V}}_c$ は正則になる。その場合，システムが内部安定となるフィードバックゲインが存在し，さらに任意の極を指定することができる。

システムが内部安定であるとすると，定値の目標値 $r(t) \equiv r_0$ と定値の外乱 $d(t) \equiv d_0$ に対し，$\boldsymbol{x}$, u, z は十分時間がたてば一定値に収束する。その定常値を $\boldsymbol{x}_\infty$, u_∞, z_∞ とすると

$$
\begin{bmatrix} \boldsymbol{O} \\ 0 \end{bmatrix} = \begin{bmatrix} \boldsymbol{A} & 0 \\ -\boldsymbol{C} & 0 \end{bmatrix} \begin{bmatrix} \boldsymbol{x}_\infty \\ z_\infty \end{bmatrix} + \begin{bmatrix} \boldsymbol{B} \\ 0 \end{bmatrix} (u_\infty + d_0) + \begin{bmatrix} \boldsymbol{O} \\ r_0 \end{bmatrix} \tag{10.21}
$$

となる。これより

$$
\begin{aligned}
&\begin{bmatrix} \boldsymbol{A} & \boldsymbol{B} \\ \boldsymbol{C} & 0 \end{bmatrix} \begin{bmatrix} \boldsymbol{x}_\infty \\ u_\infty \end{bmatrix} = \begin{bmatrix} -\boldsymbol{B}d_0 \\ r_0 \end{bmatrix} \\
&\qquad \Rightarrow \begin{bmatrix} \boldsymbol{x}_\infty \\ u_\infty \end{bmatrix} = \begin{bmatrix} \boldsymbol{A} & \boldsymbol{B} \\ \boldsymbol{C} & 0 \end{bmatrix}^{-1} \begin{bmatrix} -\boldsymbol{B}d_0 \\ r_0 \end{bmatrix}
\end{aligned} \tag{10.22}
$$

である。一方，$u_\infty = \boldsymbol{F}\boldsymbol{x}_\infty + Gz_\infty$ より，$z_\infty = G^{-1}(u_\infty - \boldsymbol{F}x_\infty)$ である。つ

まり，制御対象が原点に零点をもたず，$G \neq 0$ であれば，定常値が求まる。

ここで，定常値からの誤差を

$$\tilde{\boldsymbol{x}}_e(t) = \begin{bmatrix} \tilde{\boldsymbol{x}}(t) \\ \tilde{z}(t) \end{bmatrix} = \begin{bmatrix} \boldsymbol{x}(t) \\ z(t) \end{bmatrix} - \begin{bmatrix} \boldsymbol{x}_\infty \\ z_\infty \end{bmatrix}, \quad \tilde{u}(t) = u(t) - u_\infty \tag{10.23}$$

とすると，式 (10.18), (10.19), (10.21) より

$$\begin{cases} \dot{\tilde{\boldsymbol{x}}}_e(t) = \bar{\boldsymbol{A}}\tilde{\boldsymbol{x}}_e(t) + \bar{\boldsymbol{B}}\tilde{u}(t), \qquad \bar{\boldsymbol{A}} = \begin{bmatrix} \boldsymbol{A} & 0 \\ -\boldsymbol{C} & 0 \end{bmatrix}, \quad \bar{\boldsymbol{B}} = \begin{bmatrix} \boldsymbol{B} \\ 0 \end{bmatrix} \\ \tilde{u}(t) = \bar{\boldsymbol{F}}\tilde{\boldsymbol{x}}_e(t), \qquad \bar{\boldsymbol{F}} = \begin{bmatrix} \boldsymbol{F} & G \end{bmatrix} \end{cases} \tag{10.24}$$

が得られる。これは，**拡大偏差系** (extended error system) と呼ばれる。したがって，拡大偏差系が安定，すなわち，$\bar{\boldsymbol{A}} + \bar{\boldsymbol{B}}\bar{\boldsymbol{F}}$ が安定となるように $\bar{\boldsymbol{F}}$ を設計すれば，$\tilde{\boldsymbol{x}}_e(t) \to \boldsymbol{0}$ $(t \to \infty)$ となる。つまり，$\boldsymbol{x}$ と z が定常値に収束する。このとき，式 (10.18) に $u(t) = \boldsymbol{F}\boldsymbol{x}(t) + Gz(t)$ を代入し，定常状態を考えると

コーヒーブレイク

目標値と外乱が，ステップ信号やランプ信号を含んだ形で

$$r(t) = r_0 + r_1 t + r_2 t^2 + \cdots + r_l t^l$$

$$d(t) = d_0 + d_1 t + d_2 t^2 + \cdots + d_l t^l$$

と表される場合，サーボ系はどのように構成すればよいだろうか。この場合は，積分器を 1 個含む積分型サーボ系では定常偏差を 0 にすることはできない。内部モデル原理によると，制御器が l 個の積分器を含まなければならないため

$$\begin{cases} \dot{z}_1(t) = r(t) - y(t) \\ \dot{z}_i(t) = z_{i-1}(t) \qquad (i = 2, 3, \ldots, l) \\ u(t) = \boldsymbol{F}\boldsymbol{x}(t) + G_1 z_1(t) + \cdots + G_l z_l(t) \end{cases}$$

を用いる。このサーボ系は，l 型のサーボ系と呼ばれる。

$$\begin{bmatrix} \boldsymbol{O} \\ 0 \end{bmatrix} = \begin{bmatrix} \boldsymbol{A}+\boldsymbol{BF} & \boldsymbol{B}G \\ -\boldsymbol{C} & 0 \end{bmatrix} \begin{bmatrix} \boldsymbol{x}_\infty \\ z_\infty \end{bmatrix} + \begin{bmatrix} \boldsymbol{B}d_0 \\ r_0 \end{bmatrix} \tag{10.25}$$

が成り立つ。この第2行より，$y(\infty) = r$ となることがわかる。

例 10.2　例 10.1 と同じ制御対象に対して，積分型サーボ系を構成する。ただし，閉ループ極は，$\{-3 \pm 3j, -5\}$ とし，$\boldsymbol{F} = [-48,\ -10]$，$G = 90$ とする。目標値を $r(t) \equiv 1$ とし，$d(t) = 3\ (t \geq 3)$ としてシミュレーションを行った結果を，**図 10.5** に示す。これより，外乱があっても，目標値に追従することを確認できる。

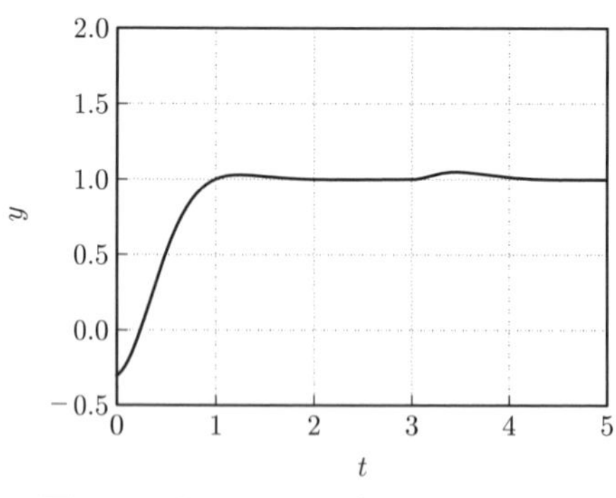

図 10.5　積分型サーボ系による追従制御

10.4　最適サーボ系

10.1 節で説明したフィードフォワード項を用いれば，定常値からの状態と入力の偏差をすみやかに0にすることができるため，よい制御といえる。この点に注目して，最適制御問題を解けばよさそうである。しかし，10.2 節で説明したように，外乱がある場合には，積分器を付与する必要がある。そこで，ここでは，積分器を含めた拡大系に対して，最適制御問題を解き，**最適サーボ系** (optimal servo system) を構築する方法を説明する。

状態と入力の定常値は，式 (10.6) によって決まっているが，積分器の状態 z の定常値 z_∞ は定まっていない。これは，制御則に依存するため，自由度がある。ここでは，z_∞ が適切な値になるように，ある評価関数の値を最小化する問題を考えて決める。

式 (10.24) の拡大偏差系に対する制御入力 $\tilde{u}$ を求めるために，評価関数

$$J = \int_0^\infty \left\{ \begin{bmatrix} \tilde{\boldsymbol{x}}(t)^\top & \tilde{z}(t) \end{bmatrix} \begin{bmatrix} \boldsymbol{Q}_1 & \boldsymbol{O} \\ \boldsymbol{O} & Q_2 \end{bmatrix} \begin{bmatrix} \tilde{\boldsymbol{x}}(t) \\ \tilde{z}(t) \end{bmatrix} + R\tilde{u}(t)^2 \right\} \mathrm{d}t \tag{10.26}$$

を考える。すると，定理 9.3 より，評価関数 J を最小化する $\tilde{u}$ は

$$\begin{aligned} \tilde{u}(t) &= -R^{-1} \begin{bmatrix} \boldsymbol{B}^\top & 0 \end{bmatrix} \begin{bmatrix} \boldsymbol{P}_{11} & \boldsymbol{P}_{12} \\ \boldsymbol{P}_{12}^\top & P_{22} \end{bmatrix} \begin{bmatrix} \tilde{\boldsymbol{x}}(t) \\ \tilde{z}(t) \end{bmatrix} \\ &= \begin{bmatrix} -R^{-1}\boldsymbol{B}^\top \boldsymbol{P}_{11} & -R^{-1}\boldsymbol{B}^\top \boldsymbol{P}_{12} \end{bmatrix} \begin{bmatrix} \tilde{\boldsymbol{x}}(t) \\ \tilde{z}(t) \end{bmatrix} \\ &=: \begin{bmatrix} \boldsymbol{F} & G \end{bmatrix} \begin{bmatrix} \tilde{\boldsymbol{x}}(t) \\ \tilde{z}(t) \end{bmatrix} \end{aligned} \tag{10.27}$$

となる。ただし

$$\begin{bmatrix} \boldsymbol{P}_{11} & \boldsymbol{P}_{12} \\ \boldsymbol{P}_{12}^\top & P_{22} \end{bmatrix}$$

は，Riccati 方程式

$$\begin{aligned} &\begin{bmatrix} \boldsymbol{A}^\top & -\boldsymbol{C}^\top \\ \boldsymbol{O} & 0 \end{bmatrix} \begin{bmatrix} \boldsymbol{P}_{11} & \boldsymbol{P}_{12} \\ \boldsymbol{P}_{12}^\top & P_{22} \end{bmatrix} + \begin{bmatrix} \boldsymbol{P}_{11} & \boldsymbol{P}_{12} \\ \boldsymbol{P}_{12}^\top & P_{22} \end{bmatrix} \begin{bmatrix} \boldsymbol{A} & \boldsymbol{O} \\ -\boldsymbol{C} & 0 \end{bmatrix} \\ &- \begin{bmatrix} \boldsymbol{P}_{11} & \boldsymbol{P}_{12} \\ \boldsymbol{P}_{12}^\top & P_{22} \end{bmatrix} \begin{bmatrix} \boldsymbol{B} \\ 0 \end{bmatrix} R^{-1} \begin{bmatrix} \boldsymbol{B}^\top & 0 \end{bmatrix} \begin{bmatrix} \boldsymbol{P}_{11} & \boldsymbol{P}_{12} \\ \boldsymbol{P}_{12}^\top & P_{22} \end{bmatrix} \\ &+ \begin{bmatrix} \boldsymbol{Q}_1 & \boldsymbol{O} \\ \boldsymbol{O} & Q_2 \end{bmatrix} = 0 \end{aligned} \tag{10.28}$$

の解である。さらに，評価関数の最小値は

$$\begin{aligned} \min_{\tilde{u}} J &= \begin{bmatrix} \tilde{\boldsymbol{x}}(0)^\top & \tilde{z}(0) \end{bmatrix} \begin{bmatrix} \boldsymbol{P}_{11} & \boldsymbol{P}_{12} \\ \boldsymbol{P}_{12}^\top & P_{22} \end{bmatrix} \begin{bmatrix} \tilde{\boldsymbol{x}}(0) \\ \tilde{z}(0) \end{bmatrix} \\ &= \tilde{\boldsymbol{x}}(0)^\top \boldsymbol{P}_{11} \tilde{\boldsymbol{x}}(0) + 2\tilde{z}(0)\boldsymbol{P}_{12}^\top \tilde{\boldsymbol{x}}(0) + P_{22}\tilde{z}(0)^2 \end{aligned} \tag{10.29}$$

である。したがって，最適制御則は，$\tilde{\boldsymbol{x}}(t) = \boldsymbol{x}(t) - \boldsymbol{x}_\infty$, $\tilde{u}(t) = u(t) - u_\infty$, $\tilde{z}(t) = z(t) - z_\infty$ より

$$u(t) = \begin{bmatrix} \boldsymbol{F} & G \end{bmatrix} \begin{bmatrix} \boldsymbol{x}(t) \\ z(t) \end{bmatrix} + \begin{bmatrix} -\boldsymbol{F} & 1 \end{bmatrix} \begin{bmatrix} \boldsymbol{x}_\infty \\ u_\infty \end{bmatrix} - Gz_\infty \tag{10.30}$$

となる。$r(t) \equiv r_0$, $d(t) \equiv d_0$ のとき，状態と入力の定常値 $\boldsymbol{x}_\infty$, u_∞ は，式 (10.6) のように決まるが，積分器の状態 z の定常値 z_∞ は定まっていない。そこで，評価関数の最小値に注目して，z_∞ を決める。実際，式 (10.29) に示す評価関数の最小値は，$\tilde{z}(0)$ についてさらに最小化することが可能で，$\tilde{z}(0) = -P_{22}^{-1}\boldsymbol{P}_{12}^\top\tilde{\boldsymbol{x}}(0)$, つまり

$$z_\infty = z(0) + P_{22}^{-1}\boldsymbol{P}_{12}^\top\tilde{\boldsymbol{x}}(0) = z(0) + P_{22}^{-1}\boldsymbol{P}_{12}^\top(\boldsymbol{x}(0) - \boldsymbol{x}_\infty) \tag{10.31}$$

のとき最小値をとることがわかる†。これを踏まえると

$$\begin{aligned} u(t) = &\begin{bmatrix} \boldsymbol{F} & G \end{bmatrix} \begin{bmatrix} \boldsymbol{x}(t) \\ z(t) \end{bmatrix} + \begin{bmatrix} -\boldsymbol{F} + GP_{22}^{-1}\boldsymbol{P}_{12}^\top & 1 \end{bmatrix} \begin{bmatrix} \boldsymbol{x}_\infty \\ u_\infty \end{bmatrix} \\ &- GP_{22}^{-1}\boldsymbol{P}_{12}^\top\boldsymbol{x}(0) - Gz(0) \end{aligned} \tag{10.32}$$

となる。まとめると，最適サーボ系の制御則は

$$u(t) = \boldsymbol{F}\boldsymbol{x}(t) + Gz(t) + Hr(t) + \xi_0, \quad z(t) = \int_0^t r(\tau) - y(\tau)\mathrm{d}\tau \tag{10.33}$$

$$\boldsymbol{F} = -R^{-1}\boldsymbol{B}^\top\boldsymbol{P}_{11}, \quad G = -R^{-1}\boldsymbol{B}^\top\boldsymbol{P}_{12} \tag{10.34}$$

$$H = \begin{bmatrix} -\boldsymbol{F} + GP_{22}^{-1}\boldsymbol{P}_{12}^\top & 1 \end{bmatrix} \begin{bmatrix} \boldsymbol{A} & \boldsymbol{B} \\ \boldsymbol{C} & 0 \end{bmatrix}^{-1} \begin{bmatrix} \boldsymbol{O} \\ 1 \end{bmatrix} \tag{10.35}$$

$$\xi_0 = -GP_{22}^{-1}\boldsymbol{P}_{12}^\top\boldsymbol{x}(0) - Gz(0) \tag{10.36}$$

となる。これをブロック線図で表したものが**図 10.6** である。

---

† $\tilde{z}(0) = 0$ や $\tilde{z}(0) = -2P_{22}^{-1}\boldsymbol{P}_{12}^\top\tilde{\boldsymbol{x}}(0)$ とすることで，$J = \tilde{\boldsymbol{x}}(0)^\top\boldsymbol{P}_{11}\tilde{\boldsymbol{x}}(0)$ となるが，このようにとることで，さらに J の値を小さくできる。

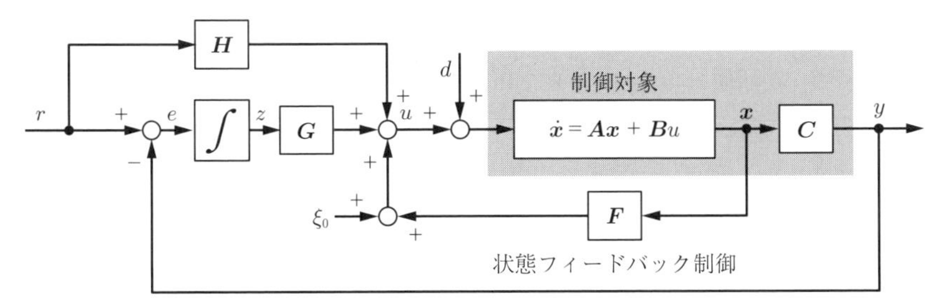

図 **10.6**　最適サーボ系

例 10.3　例 10.1 と同じ制御対象に対して，最適サーボ系を構成する。

$$
\boldsymbol{Q} = \begin{bmatrix} 100 & 0 & 0 \\ 0 & 10 & 0 \\ 0 & 0 & 1\,000 \end{bmatrix}, \quad R = 1
$$

として, $\boldsymbol{F}$ と G を設計した。また, 制御対象の初期値を $\boldsymbol{x}(0) = [-0.3\ 0.4]$ とし, 積分器の初期値は 0 とした。目標値を $r(t) \equiv 1$, 外乱を $d(t) = 3\ (t \geq 3)$ としてシミュレーションを行った結果を図 **10.7**(a) に示す。グラフには，フィードフォワード項 Hr がない場合（破線）と初期値 ξ_0 の項がない場合（一点鎖線）を示している。これより，最適サーボ系を構成することで，すみやかに目標値に追従することがわかる。

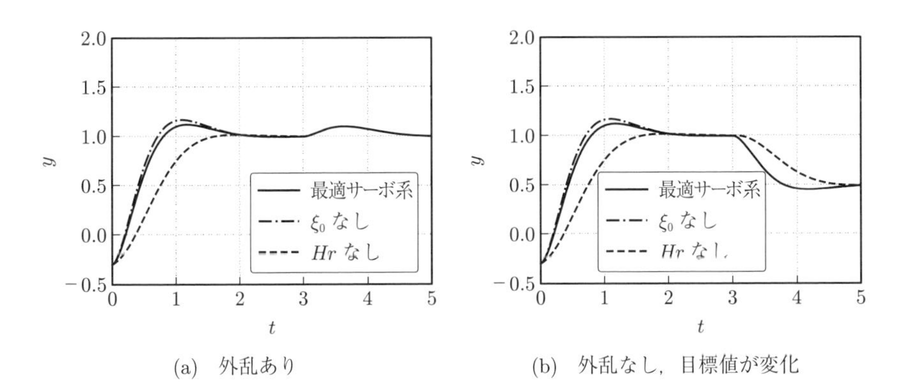

(a)　外乱あり　　　(b)　外乱なし，目標値が変化

図 **10.7**　最適サーボ系による追従制御

目標値の変化がシステムが定常状態に落ち着いている状況のみで起こるとすれば，初期値の項 ξ_0 は必要ない。実際，定常状態では，$u_\infty = \boldsymbol{F}\boldsymbol{x}_\infty + Gz_\infty + Hr$ が成り立っている。そのため，$GP_{22}^{-1}\boldsymbol{P}_{12}^\top\boldsymbol{x}_\infty + Gz_\infty = 0$ が成り立っている。したがって，目標値が変化したとき，その時刻を 0 とすれば，$\xi_0 = GP_{22}^{-1}\boldsymbol{P}_{12}^\top\boldsymbol{x}(0) + Gz(0) = 0$ となる。このことを確認するために，$d(t) \equiv 0$ とし，目標値を

$$r(t) = \begin{cases} 1 & (0 \leq t < 3) \\ 0.5 & (t \geq 3) \end{cases}$$

としてシミュレーションを行った。その結果が図 10.7(b) である。これより，上記のことを確認できる。

上記の例では，定常状態 $(t \geq 3)$ において一定値の外乱が加わる状況を考えていた。この場合においては最適性は保存されている（$\boldsymbol{x}(0) - \boldsymbol{x}_\infty$ は外乱 d に対して独立であるからである）。そのような状況以外では，外乱を計測し，フィードフォワード項を付与することで，最適サーボ系を構築できる。

章　末　問　題

【1】 図 10.3 において

$$\mathcal{P}(s) = \frac{\omega_\mathrm{n}}{s^2 + 2\zeta\omega_\mathrm{n}s + \omega_\mathrm{n}^2}, \quad \mathcal{K}(s) = \frac{k}{s+\alpha}$$

とする。また，目標値 r は単位ステップ関数とし，$d(t) \equiv 0$ とする。このとき，以下の問に答えよ。

(1) 閉ループ系が内部安定となるような $k \in \mathbb{R}$ の範囲を求めよ。

(2) 定常偏差 $e(\infty)$ を求めよ。

【2】 図 10.3 において

$$\mathcal{P}(s) = \frac{1}{s+1}, \quad \mathcal{K}(s) = \frac{ks}{(s+\beta)^2 + \omega^2}$$

とする。$r(t) = \sin\omega t$, $d(t) \equiv 0$ とし，$k > 2\sqrt{\omega^2+1}$ であるとする。十分時間が経過したとき，十分小さな $\beta > 0$ に対して，$|e(t)| < \beta$ となることを確認せよ。

【3】 線形システム

$$\Sigma : \begin{cases} \dot{\boldsymbol{x}}(t) = \begin{bmatrix} 0 & 1 \\ 0 & -1 \end{bmatrix} \boldsymbol{x}(t) + \begin{bmatrix} 0 \\ 1 \end{bmatrix} u(t) \\ y(t) = \begin{bmatrix} 1 & 1 \end{bmatrix} \boldsymbol{x}(t) \end{cases}$$

を制御器

$$\Sigma_K : \begin{cases} \dot{z}(t) = y(t) \\ u(t) = k_1 z(t) + k_2 y(t) \end{cases}$$

で安定化する。閉ループ系の極が $\{-1, -1 \pm j\}$ となるような k_1, k_2 を求めよ。ただし，$z(t) \in \mathbb{R}$ は制御器 Σ_K の状態，$k_1 \in \mathbb{R}, k_2 \in \mathbb{R}$ は定数である。

【4】 つぎの状態方程式で表される線形システム Σ を考える。

$$\Sigma : \begin{cases} \dot{\boldsymbol{x}}(t) = \begin{bmatrix} 0 & 1 \\ 2 & -1 \end{bmatrix} \boldsymbol{x}(t) + \begin{bmatrix} 0 \\ 1 \end{bmatrix} u(t) \\ y(t) = \begin{bmatrix} 2 & 1 \end{bmatrix} \boldsymbol{x}(t) \end{cases}$$

ただし，t $(t \geq 0)$ は時間，$\boldsymbol{x}(t) \in \mathbb{R}^2$ は状態，$u(t) \in \mathbb{R}$ は制御入力，$y(t) \in \mathbb{R}$ は出力である。定数の $r \in \mathbb{R}$ と $G \in \mathbb{R}$ を用いて，システム Σ の制御入力を $u(t) = [-3 \ \ -1]x(t) + Gr$ と与える。このとき，定常状態での出力が $y(t) = r$ となる G を求めよ。

【5】 線形システム

$$\Sigma : \begin{cases} \dot{\boldsymbol{x}}(t) = \begin{bmatrix} 0 & 1 \\ -1 & -2 \end{bmatrix} \boldsymbol{x}(t) + \begin{bmatrix} 1 \\ 2 \end{bmatrix} u(t) \\ y(t) = \begin{bmatrix} 1 & 0 \end{bmatrix} \boldsymbol{x}(t) \end{cases}$$

を考える。以下の問に答えよ。

(1) システムの零点を求めよ。

(2) 積分型サーボ系を構成せよ。ただし，閉ループ極は，$\{-1, -1, -1\}$ とする。

【6】 線形システム $\dot{x}(t) = x(t) + u(t)$，$y(t) = x(t)$ に対して，評価関数

$$J = \int_0^\infty \left\{ q^2 (r(t) - y(t))^2 + \dot{u}(t)^2 \right\} \mathrm{d}t$$

を最小化する積分型サーボ系を設計せよ。ただし，$q > 0$ であり，$r(t)$ はステップ状の目標値である。また，目標値 $r(t)$ から偏差 $e(t) = r(t) - y(t)$ までの伝達関数を求めよ。

control system design

11 状　態　推　定

状態フィードバック制御では，制御対象の出力ではなく「状態」をフィードバックするため，制御対象の状態のすべての要素が観測可能であることを前提としている。しかし現実には，センサなどを使っても，すべての状態が直接観測できない場合もある。そのような場合，状態を推定するというアプローチが有用である。例えば，モータ制御において，センサで角度しか計測できない場合は，角速度を推定することになる。簡単な方法としては，角度データを差分近似して角速度を復元することであるが，ノイズが大きい場合には，推定誤差が大きくなる可能性が高い。そこで，既知の入力 u と出力 y，および制御対象のモデルを用いて内部状態 $\boldsymbol{x}$ を推定する。この推定機構を**状態推定器** (state estimator) または，**オブザーバ** (observer) という。本章では，状態のすべての要素を推定する同一次元オブザーバを説明した後，状態の一部を推定する最小次元オブザーバや線形関数オブザーバについて述べる。また，オブザーバを利用したフィードバック制御系の設計法やオブザーバの最適設計問題についても説明する。

11.1　同一次元オブザーバ

制御対象

$$
\begin{cases} \dot{\boldsymbol{x}}(t) = \boldsymbol{A}\boldsymbol{x}(t) + \boldsymbol{B}u(t), \quad \boldsymbol{x}(0) = \boldsymbol{x}_0 \\ y(t) = \boldsymbol{C}\boldsymbol{x}(t) \end{cases} \tag{11.1}
$$

の状態 $\boldsymbol{x}(t) \in \mathbb{R}^n$ を推定することを考える[†]。もし，制御対象の動きを正確にシミュレーションできるモデルを知っていれば，それを利用して状態を推定できそうである。例えば，図 **11.1** のように

$$\dot{\hat{\boldsymbol{x}}}(t) = \boldsymbol{A}\hat{\boldsymbol{x}}(t) + \boldsymbol{B}u(t), \quad \hat{\boldsymbol{x}}(0) = \boldsymbol{0} \tag{11.2}$$

とする。$\hat{\boldsymbol{x}}$ が $\boldsymbol{x}$ の推定値である。制御対象の初期状態 $\boldsymbol{x}_0$ が未知である場合に状態推定ができるかを考える。**推定誤差** (estimation error) を $\boldsymbol{e} = \boldsymbol{x} - \hat{\boldsymbol{x}}$ とすると，**推定誤差ダイナミクス** (estimation error dynamics) は

$$\dot{\boldsymbol{e}}(t) = \dot{\boldsymbol{x}}(t) - \dot{\hat{\boldsymbol{x}}}(t) = \boldsymbol{A}\boldsymbol{x}(t) - \boldsymbol{A}\hat{\boldsymbol{x}}(t) = \boldsymbol{A}\boldsymbol{e}(t) \tag{11.3}$$

と表され，誤差の振る舞いは

$$\boldsymbol{e}(t) = e^{\boldsymbol{A}t}\boldsymbol{e}(0) = e^{\boldsymbol{A}t}\boldsymbol{x}_0 \tag{11.4}$$

となる。したがって，$\boldsymbol{A}$ が安定であれば，$\boldsymbol{e}(t) \to \boldsymbol{0}$ $(t \to \infty)$ となり，$\hat{\boldsymbol{x}}$ は $\boldsymbol{x}$ に漸近的に近づく。しかしながら，その収束の速さは制御対象の応答の速さと同じであり，さらに，制御対象が不安定である場合には，推定誤差 $\boldsymbol{e}$ は発散する。つまり，制御対象のモデルと入力から状態を推定することには限界がある。

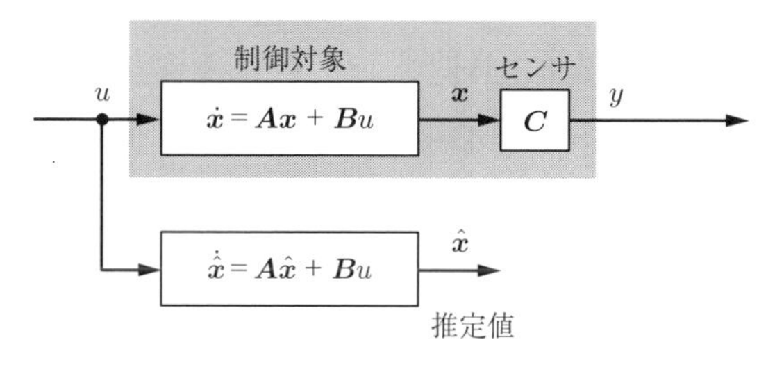

図 **11.1**　フィードフォワード型のオブザーバ

そこで，観測値 y を利用する。図 **11.2** のように，観測値 y と観測値の推定値 $\hat{y} = \boldsymbol{C}\hat{\boldsymbol{x}}$ との差 $y - \hat{y}$ をフィードバックする。よく用いられるオブザーバが，式 (11.5) の**同一次元オブザーバ** (full-order observer) である。

† 直達項 $Du(t)$ がある場合は，$y(t) - Du(t)$ を仮想的な出力と考えればよい。

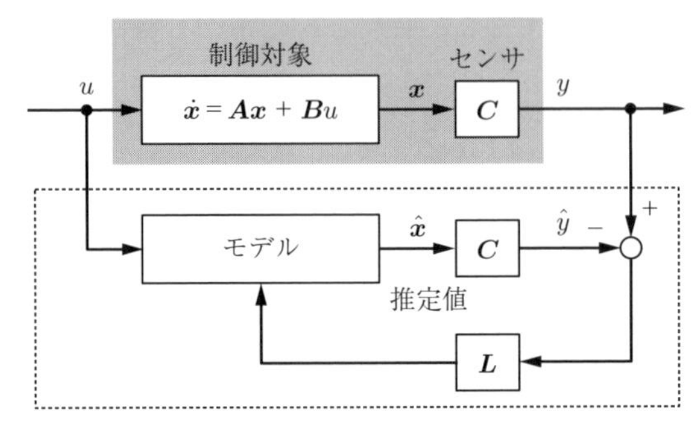

図 **11.2**　フィードバック型のオブザーバ

$$\dot{\hat{\boldsymbol{x}}}(t) = \boldsymbol{A}\hat{\boldsymbol{x}}(t) + \boldsymbol{B}u(t) - \boldsymbol{L}(y(t) - \boldsymbol{C}\hat{\boldsymbol{x}}(t)) \tag{11.5}$$

右辺の第 1 項，第 2 項は制御対象のモデルであり，第 3 項が実際に観測される制御対象の出力 y とオブザーバで推定して計算される $\hat{y} = \boldsymbol{C}\hat{\boldsymbol{x}}$ の差をフィードバックするものである。つまり，既知のモデル情報で推定するが，出力の実データと推定値に誤差があれば，それを利用して推定値を補正するという構造になっている。$\boldsymbol{L} \in \mathbb{R}^{n\times 1}$ が設計パラメータで，これを**オブザーバゲイン** (observer gain) という。

推定誤差を $\boldsymbol{e}(t) = \boldsymbol{x}(t) - \hat{\boldsymbol{x}}(t)$ とすると，推定誤差ダイナミクスは

$$\begin{aligned}\dot{\boldsymbol{e}}(t) &= \boldsymbol{A}\boldsymbol{x}(t) + \boldsymbol{B}u(t) - \boldsymbol{A}\hat{\boldsymbol{x}}(t) - \boldsymbol{B}u(t) + \boldsymbol{L}(y(t) - \boldsymbol{C}\hat{\boldsymbol{x}}(t)) \\ &= \boldsymbol{A}\boldsymbol{x}(t) + \boldsymbol{L}y(t) - (\boldsymbol{A} + \boldsymbol{L}\boldsymbol{C})\hat{\boldsymbol{x}}(t) \\ &= (\boldsymbol{A} + \boldsymbol{L}\boldsymbol{C})\boldsymbol{e}(t)\end{aligned} \tag{11.6}$$

となる。ただし，$y = \boldsymbol{C}\boldsymbol{x}$ を用いた。これより，$\boldsymbol{A} + \boldsymbol{L}\boldsymbol{C}$ が安定であれば，$\boldsymbol{e}(t) \to \boldsymbol{0}$ $(t \to \infty)$ つまり，$\hat{\boldsymbol{x}}(t) \to \boldsymbol{x}(t)$ $(t \to \infty)$ となり，推定値 $\hat{\boldsymbol{x}}$ が制御対象の状態 $\boldsymbol{x}$ に漸近的に近づく。この $\boldsymbol{A} + \boldsymbol{L}\boldsymbol{C}$ が安定となるような $\boldsymbol{L}$ を決めることは固有値の極配置問題となる。これは，状態フィードバックゲイン $\boldsymbol{F}$ の設計と同じである。この場合は，システムが可観測であれば，任意の位置に極を配置できるので，極を指定して，$\boldsymbol{A} + \boldsymbol{L}\boldsymbol{C}$ の固有値を指定した極になるように $\boldsymbol{L}$ を決める。なお，ここでの指定極を**オブザーバ極** (observer pole) という。

以下に $\boldsymbol{L}$ の設計手順を示す。

(1) オブザーバ極を $p_1, p_2, \ldots, p_n \in \mathbb{C}$ とするとき

$$(s-p_1)(s-p_2)\cdots(s-p_n) = s^n + \delta_{n-1}s^{n-1} + \cdots + \delta_1 s + \delta_0$$

を計算し，係数 $\delta_{n-1}, \ldots, \delta_1, \delta_0$ を求める。

(2) 行列 $\boldsymbol{A}+\boldsymbol{LC}$ の特性多項式

$$\phi_{\boldsymbol{A}+\boldsymbol{LC}}(s) = |s\boldsymbol{I} - (\boldsymbol{A}+\boldsymbol{LC})| = s^n + \alpha_{n-1}s^{n-1} + \cdots + \alpha_1 s + \alpha_0$$

を計算し，$\alpha_{n-1}, \ldots, \alpha_1, \alpha_0$ を求める。

(3) 手順 (1) と手順 (2) の計算で求めた係数から

$$\alpha_0 - \delta_0,\ \alpha_1 - \delta_1, \ldots, \alpha_{n-1} - \delta_{n-1}$$

を満足するようなゲイン $\boldsymbol{L} = [l_1\ l_2\ \cdots\ l_n]^\top$ を計算する。

ところで，行列 $\boldsymbol{A}+\boldsymbol{LC}$ と $(\boldsymbol{A}+\boldsymbol{LC})^\top = \boldsymbol{A}^\top + \boldsymbol{C}^\top\boldsymbol{L}^\top$ の特性多項式（固有値）は等しい。そして，$\boldsymbol{A}^\top + \boldsymbol{C}^\top\boldsymbol{L}^\top$ は，状態フィードバック制御のときの $\boldsymbol{A}+\boldsymbol{BF}$ と同じ形である。これらの点に注目すると，8.3 節で説明した Ackermann の極配置アルゴリズムを利用することができる。

$$\begin{aligned}\phi(\boldsymbol{A}^\top) &= (\boldsymbol{A}^\top)^n + \delta_{n-1}(\boldsymbol{A}^\top)^{n-1} + \cdots + \delta_1(\boldsymbol{A}^\top) + \delta_0\boldsymbol{I} \\ &= (\boldsymbol{A}^n + \delta_{n-1}\boldsymbol{A}^{n-1} + \cdots + \delta_1\boldsymbol{A} + \delta_0\boldsymbol{I})^\top = \phi(\boldsymbol{A})^\top \end{aligned} \tag{11.7}$$

$$\begin{aligned}\boldsymbol{V}_c &= \begin{bmatrix} \boldsymbol{C}^\top & \boldsymbol{A}^\top\boldsymbol{C}^\top & \cdots & (\boldsymbol{A}^\top)^{n-1}\boldsymbol{C}^\top \end{bmatrix} \\ &= \begin{bmatrix} \boldsymbol{C} \\ \boldsymbol{CA} \\ \vdots \\ \boldsymbol{CA}^{n-1} \end{bmatrix}^\top = \boldsymbol{V}_o^\top \end{aligned} \tag{11.8}$$

であるので，$\phi(\boldsymbol{A}^\top)^\top = \phi(\boldsymbol{A})$，$(\boldsymbol{V}_c^{-1})^\top = \boldsymbol{V}_o^{-1}$ である。したがって，Ackermann

の極配置アルゴリズムは以下のようになる。

与えられた指定極に対して

$$\begin{aligned}\phi(s) &= (s-p_1)(s-p_2)\cdots(s-p_n)\\ &= s^n+\delta_{n-1}s^{n-1}+\cdots+\delta_1 s+\delta_0\end{aligned} \tag{11.9}$$

を計算する。そして

$$\boldsymbol{L} = -([0\ \cdots\ 0\ 1]\boldsymbol{V}_c^{-1}\phi(\boldsymbol{A}^\top))^\top = \phi(\boldsymbol{A})\boldsymbol{V}_o^{-1}[0\ \cdots\ 0\ 1]^\top \tag{11.10}$$

とする。

例 11.1　制御対象を

$$\left\{\begin{aligned}\dot{\boldsymbol{x}}(t) &= \begin{bmatrix} 0 & 1 \\ -2 & -3 \end{bmatrix}\boldsymbol{x}(t) + \begin{bmatrix} 0 \\ 1 \end{bmatrix}u(t)\\ y(t) &= \begin{bmatrix} 1 & 0 \end{bmatrix}\boldsymbol{x}(t)\end{aligned}\right. \tag{11.11}$$

とする。そして，オブザーバ極を $\{-8\pm 2j\}$ として，オブザーバゲインを設計する。$\boldsymbol{L}=[l_1\ l_2]^\top$ とすると

$$\boldsymbol{A}+\boldsymbol{L}\boldsymbol{C} = \begin{bmatrix} l_1 & 1 \\ -2+l_2 & -3 \end{bmatrix}$$

となり，特性多項式は，$\phi_{\boldsymbol{A}+\boldsymbol{LC}}(s) = s^2+(3-l_1)s+2-3l_1-l_2$ となる。一方，$(s+8-2j)(s+8+2j) = s^2+16s+68$ である。これより，$\boldsymbol{L}=[-13\ \ -27]^\top$ を得る。制御対象の初期値を $\boldsymbol{x}(0)=[-1\ \ 0.5]^\top$，オブザーバの初期値を $\hat{\boldsymbol{x}}(0)=[0\ 0]^\top$，入力を $u(t)\equiv 0$ とし，シミュレーションを行った結果を図 **11.3** に示す。時間の経過とともに，オブザーバによる推定値 $\hat{\boldsymbol{x}}$（実線）が状態 $\boldsymbol{x}$（一点鎖線）に追従していることを確認できる。

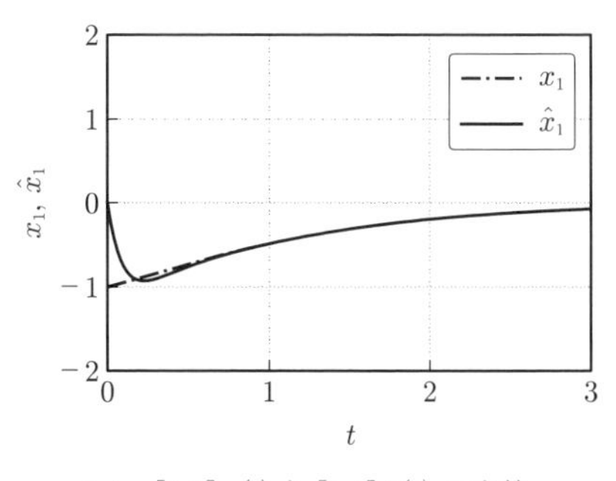

(a)　$[1\ 0]\boldsymbol{x}(t)$ と $[1\ 0]\hat{\boldsymbol{x}}(t)$ の応答

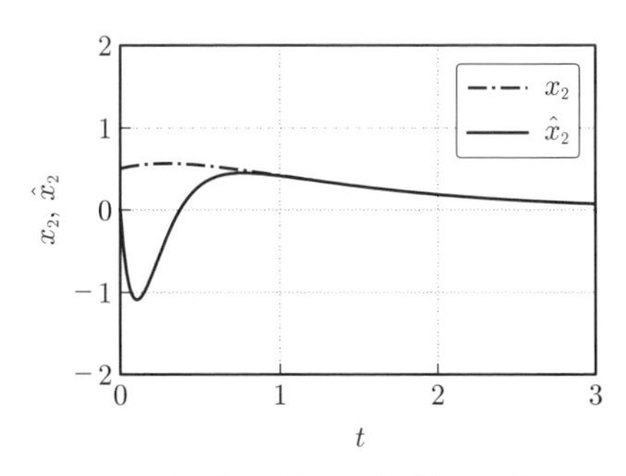

(b)　$[0\ 1]\boldsymbol{x}(t)$ と $[0\ 1]\hat{\boldsymbol{x}}(t)$ の応答

図 11.3　オブザーバによる状態推定

コーヒーブレイク

出力 y に定値（もしくはゆっくり振動する）外乱が加わると，オブザーバで正しく状態が推定できない。これを解決する一つのオブザーバとして，外乱を推定する**外乱オブザーバ** (disturbance observer) が知られている。ここでは，出力 y に外乱 d が加わる場合を考える。

$$\begin{cases} \dot{\boldsymbol{x}}(t) = \boldsymbol{A}\boldsymbol{x}(t) + \boldsymbol{B}u(t) \\ y(t) = \boldsymbol{C}\boldsymbol{x}(t) + d(t) \end{cases}$$

定値の外乱の場合，$\dot{d}(t) = 0$ となるので，これを用いて，状態を拡大する。

$$\begin{cases} \begin{bmatrix} \dot{\boldsymbol{x}}(t) \\ \dot{d}(t) \end{bmatrix} = \begin{bmatrix} \boldsymbol{A} & \boldsymbol{O} \\ \boldsymbol{O} & 0 \end{bmatrix} \begin{bmatrix} \boldsymbol{x}(t) \\ d(t) \end{bmatrix} + \begin{bmatrix} \boldsymbol{B} \\ 0 \end{bmatrix} u(t) \\ y(t) = [\ \boldsymbol{C}\ \ 1\ ] \begin{bmatrix} \boldsymbol{x}(t) \\ d(t) \end{bmatrix} \end{cases}$$

$$\boldsymbol{x}_{\mathrm{e}} = \begin{bmatrix} \boldsymbol{x}(t) \\ d(t) \end{bmatrix},\ \boldsymbol{A}_{\mathrm{e}} = \begin{bmatrix} \boldsymbol{A} & \boldsymbol{O} \\ \boldsymbol{O} & 0 \end{bmatrix},\ \boldsymbol{B}_{\mathrm{e}} = \begin{bmatrix} \boldsymbol{B} \\ 0 \end{bmatrix},\ \boldsymbol{C}_{\mathrm{e}} = [\ \boldsymbol{C}\ \ 1\ ]$$

この拡大系に対して，オブザーバを構築する。

$$\dot{\hat{\boldsymbol{x}}}_{\mathrm{e}}(t) = \boldsymbol{A}_{\mathrm{e}}\hat{\boldsymbol{x}}_{\mathrm{e}}(t) + \boldsymbol{B}_{\mathrm{e}}u(t) - \boldsymbol{L}_{\mathrm{e}}(y(t) - \boldsymbol{C}_{\mathrm{e}}\hat{\boldsymbol{x}}_{\mathrm{e}}(t))$$

このオブザーバにより，状態 $\boldsymbol{x}$ の推定と外乱 d の推定が可能になる。なお，オブザーバゲイン $\boldsymbol{L}_{\mathrm{e}}$ の設計は，通常のオブザーバと同じである。

11.2　閉ループ系の解析

オブザーバで状態を推定することによって，その推定値 $\hat{\boldsymbol{x}}$ を用いて，制御入力を $u(t) = \boldsymbol{F}\hat{\boldsymbol{x}}(t)$ と定めることができる。**図 11.4** のような制御系を**オブザーバ併合レギュレータ** (observer based regulator) と呼ぶ。以下では，この制御系の性質について考える。

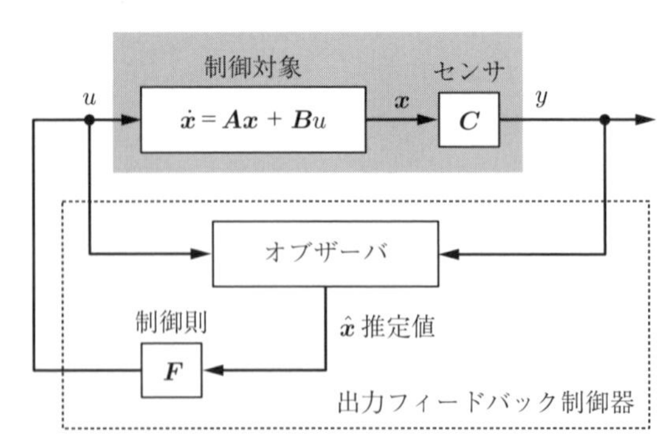

図 11.4　オブザーバ併合レギュレータ（出力フィードバック制御）

閉ループ系は，式 (11.1), (11.5) より

$$\begin{bmatrix} \dot{\boldsymbol{x}}(t) \\ \dot{\hat{\boldsymbol{x}}}(t) \end{bmatrix} = \begin{bmatrix} \boldsymbol{A} & \boldsymbol{BF} \\ -\boldsymbol{LC} & \boldsymbol{A}+\boldsymbol{LC}+\boldsymbol{BF} \end{bmatrix} \begin{bmatrix} \boldsymbol{x}(t) \\ \hat{\boldsymbol{x}}(t) \end{bmatrix} \tag{11.12}$$

となる。ここで

$$\begin{bmatrix} \boldsymbol{x} \\ \hat{\boldsymbol{x}} \end{bmatrix} = \begin{bmatrix} \boldsymbol{I} & \boldsymbol{O} \\ \boldsymbol{I} & -\boldsymbol{I} \end{bmatrix} \begin{bmatrix} \boldsymbol{x} \\ \boldsymbol{e} \end{bmatrix} \tag{11.13}$$

を用いて座標変換すると

$$\begin{bmatrix} \dot{\boldsymbol{x}}(t) \\ \dot{\boldsymbol{e}}(t) \end{bmatrix} = \begin{bmatrix} \boldsymbol{A}+\boldsymbol{BF} & \boldsymbol{BF} \\ \boldsymbol{O} & \boldsymbol{A}+\boldsymbol{LC} \end{bmatrix} \begin{bmatrix} \boldsymbol{x}(t) \\ \boldsymbol{e}(t) \end{bmatrix} \tag{11.14}$$

が得られる。ただし，$\boldsymbol{e} = \hat{\boldsymbol{x}} - \boldsymbol{x}$ であることに注意する。これより，閉ループ極は，$\boldsymbol{A}+\boldsymbol{BF}$ の固有値と $\boldsymbol{A}+\boldsymbol{LC}$ の固有値からなることがわかる。つまり，システムが可制御かつ可観測であれば，閉ループ系の極は任意に指定できる。さらに，制御則（レギュレータ）の設計とオブザーバの設計を独立に行えることもわかる。このような性質を**分離定理** (separation principle) という。なお，$\boldsymbol{A}+\boldsymbol{BF}$ の固有値と $\boldsymbol{A}+\boldsymbol{LC}$ の固有値は**図 11.5** に示すような位置関係になるように設定するのが望ましい。これは，初期状態における推定誤差をできる限り速く減衰させ，推定値 $\hat{\boldsymbol{x}}$ を用いて制御入力を決定したときの状態の応答を，真の状態を用いて制御入力を決定したときの理想応答に近づけるためである。

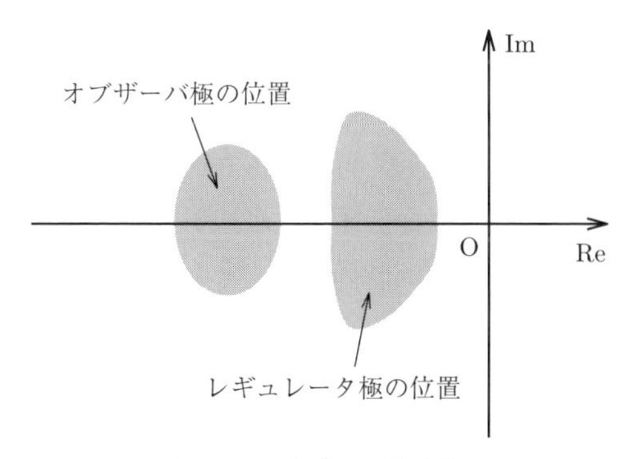

図 11.5　望ましい極配置

図 11.4 の破線で囲んだ部分は，制御対象の出力 y から制御入力 u を計算する制御器となっている。これは

$$\Sigma_{\mathcal{K}} : \begin{cases} \dot{\hat{\boldsymbol{x}}}(t) = (\boldsymbol{A}+\boldsymbol{BF}+\boldsymbol{LC})\hat{\boldsymbol{x}}(t) - \boldsymbol{L}y(t) \\ u(t) = \boldsymbol{F}\hat{\boldsymbol{x}}(t) \end{cases} \tag{11.15}$$

と書くことができる。また，これを Laplace 変換したものは，$\mathcal{K}(s) = -\boldsymbol{F}(s\boldsymbol{I} - (\boldsymbol{A}+\boldsymbol{BF}+\boldsymbol{LC}))^{-1}\boldsymbol{L}$ となる。なお，出力 y をフィードバックして，入力 u を決定するので，この制御則を**出力フィードバック制御** (output feedback control) ともいう。

このオブザーバを利用した出力フィードバック制御器は，オブザーバを用いない通常のレギュレータと性能は完全に同じではない。いま，外生信号 v を用いて，二つの制御則 $u(t) = \boldsymbol{F}\boldsymbol{x}(t) + v(t)$ と $u(t) = \boldsymbol{F}\hat{\boldsymbol{x}}(t) + v(t)$ を考える。このとき，v から y への伝達関数を求めると，通常の状態フィードバック制御則を用いたときは，$\mathcal{G}_{yv}(s) = \boldsymbol{C}(s\boldsymbol{I} - (\boldsymbol{A} + \boldsymbol{B}\boldsymbol{F}))^{-1}\boldsymbol{B}$ である。一方，オブザーバ併合の場合は

$$\begin{bmatrix} \dot{\boldsymbol{x}}(t) \\ \dot{\boldsymbol{e}}(t) \end{bmatrix} = \begin{bmatrix} \boldsymbol{A}+\boldsymbol{B}\boldsymbol{F} & \boldsymbol{B}\boldsymbol{F} \\ \boldsymbol{O} & \boldsymbol{A}+\boldsymbol{L}\boldsymbol{C} \end{bmatrix} \begin{bmatrix} \boldsymbol{x}(t) \\ \boldsymbol{e}(t) \end{bmatrix} + \begin{bmatrix} \boldsymbol{B} \\ \boldsymbol{O} \end{bmatrix} v(t) \tag{11.16}$$

$$y(t) = \begin{bmatrix} \boldsymbol{C} & \boldsymbol{O} \end{bmatrix} \begin{bmatrix} \boldsymbol{x}(t) \\ \boldsymbol{e}(t) \end{bmatrix} \tag{11.17}$$

であるので，$\hat{\mathcal{G}}_{yv}(s) = \boldsymbol{C}(s\boldsymbol{I} - (\boldsymbol{A} + \boldsymbol{B}\boldsymbol{F}))^{-1}\boldsymbol{B}$ となり，状態フィードバック制御の場合と一致する。これは，伝達関数が初期状態を 0 とした場合，すなわち初期推定誤差を 0 とした場合の特性を示しているからである。しかし，現実には，初期推定誤差の影響を受ける。開ループ系を求めると，通常の状態フィードバック制御では

$$\mathcal{L}(s) = -\boldsymbol{F}(s\boldsymbol{I} - \boldsymbol{A})^{-1}\boldsymbol{B}$$

となる。これに対して，オブザーバ併合の場合には，出力フィードバック制御器の伝達関数 $\mathcal{K}(s) = \boldsymbol{F}(s\boldsymbol{I} - (\boldsymbol{A} + \boldsymbol{B}\boldsymbol{F} + \boldsymbol{L}\boldsymbol{C}))^{-1}\boldsymbol{L}$ および，制御対象の伝達関数 $\mathcal{P}(s) = \boldsymbol{C}(s\boldsymbol{I} - \boldsymbol{A})^{-1}\boldsymbol{B}$ より，開ループ伝達関数は

$$\hat{\mathcal{L}}(s) = \boldsymbol{F}(s\boldsymbol{I} - (\boldsymbol{A} + \boldsymbol{B}\boldsymbol{F} + \boldsymbol{L}\boldsymbol{C}))^{-1}\boldsymbol{L}\boldsymbol{C}(s\boldsymbol{I} - \boldsymbol{A})^{-1}\boldsymbol{B}$$

となる。つまり，特別な状況以外†では，開ループ系は一致しない。これは，最適レギュレータを用いる場合，位相余裕はもともとの値とは異なり，悪化する可能性があることを示唆している。

† システムが最小位相系であれば，LQG/LTR 設計法[42] を用いることで，$\hat{\mathcal{L}}(s)$ を $\mathcal{L}(s)$ に一致させることができる。

例 11.2　例 11.1 で設計したオブザーバを利用して，オブザーバ併合系を構築する。ただし，レギュレータ極 $\{-3 \pm 3j\}$ として，状態フィードバックゲインを $\boldsymbol{F} = [-16 \ \ -3]$ と決定した。シミュレーション結果を**図 11.6** に示す。図には，一点鎖線で，$u(t) = \boldsymbol{F}\boldsymbol{x}(t)$ とした場合の結果も示している。これより，初期推定誤差の影響で完全に一致していないが，オブザーバ併合系でシステムを安定化できていることが確認できる。

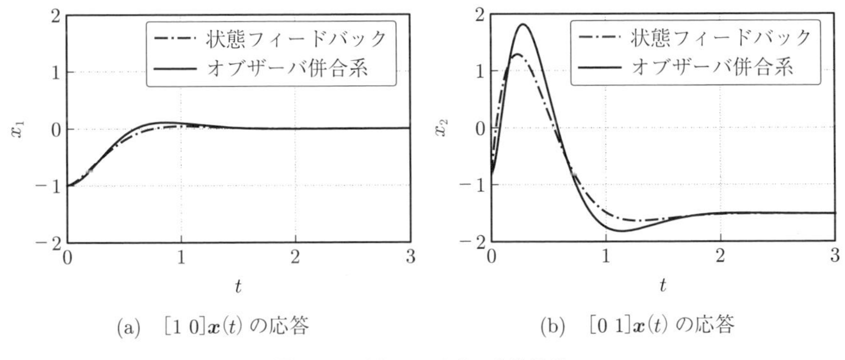

(a)　$[1 \ 0]\boldsymbol{x}(t)$ の応答　　(b)　$[0 \ 1]\boldsymbol{x}(t)$ の応答

図 11.6　閉ループ系の応答比較

11.3　最小次元オブザーバ

同一次元オブザーバでは，状態変数のすべての要素を推定していた。しかし，一部の要素はセンサで取得可能である。センサで取得した情報が利用できるのであれば，状態変数のすべての要素を推定せずに，センサで取得できない要素のみを推定すればよい。そうすれば，オブザーバの次元も削減できる。

センサで計測できる状態を $\boldsymbol{x}_1(t) = y(t)$，センサで観測できない状態を $\boldsymbol{x}_2(t)$ として，式 (11.18), (11.19) のような状態方程式が得られているとする†。

† 適当な座標変換によってこの形にできる。

$$\begin{bmatrix} \dot{\boldsymbol{x}}_1(t) \\ \dot{\boldsymbol{x}}_2(t) \end{bmatrix} = \begin{bmatrix} \boldsymbol{A}_{11} & \boldsymbol{A}_{12} \\ \boldsymbol{A}_{21} & \boldsymbol{A}_{22} \end{bmatrix} \begin{bmatrix} \boldsymbol{x}_1(t) \\ \boldsymbol{x}_2(t) \end{bmatrix} + \begin{bmatrix} \boldsymbol{B}_1 \\ \boldsymbol{B}_2 \end{bmatrix} u(t) \tag{11.18}$$

$$y(t) = \boldsymbol{x}_1(t) = \begin{bmatrix} \boldsymbol{I} & \boldsymbol{O} \end{bmatrix} \begin{bmatrix} \boldsymbol{x}_1(t) \\ \boldsymbol{x}_2(t) \end{bmatrix} \tag{11.19}$$

このとき，式 (11.20) のオブザーバを構築する。

$$\begin{aligned} \dot{\hat{\boldsymbol{x}}}_2(t) &= \boldsymbol{A}_{22}\hat{\boldsymbol{x}}_2(t) + \boldsymbol{A}_{21}\boldsymbol{x}_1(t) + \boldsymbol{B}_2 u(t) \\ &\quad - \boldsymbol{L}(\dot{y}(t) - \boldsymbol{A}_{11}y(t) - \boldsymbol{B}_1 u(t) - \boldsymbol{A}_{12}\hat{\boldsymbol{x}}_2(t)) \end{aligned} \tag{11.20}$$

推定誤差を $\boldsymbol{e}_2(t) = \boldsymbol{x}_2(t) - \hat{\boldsymbol{x}}_2(t)$ とすると，推定誤差ダイナミクスは

$$\dot{\boldsymbol{e}}_2(t) = (\boldsymbol{A}_{22} + \boldsymbol{L}\boldsymbol{A}_{12})\boldsymbol{e}_2(t) \tag{11.21}$$

となる。したがって，$\boldsymbol{A}_{22} + \boldsymbol{L}\boldsymbol{A}_{12}$ が安定となるように $\boldsymbol{L}$ を決定すればよい。$(\boldsymbol{A}, \boldsymbol{C})$ が可観測であれば，$(\boldsymbol{A}_{22}, \boldsymbol{A}_{12})$ も可観測であるので極配置可能である。

しかしながら，式 (11.20) は $\dot{y}$ を含んでいるため，観測値の微分情報が必要である。観測値にノイズが多く含まれている場合には，微分によってノイズが増幅されてしまうので，オブザーバが正しく動作しない可能性がある。この問題を解決するために，$\boldsymbol{z} = \hat{\boldsymbol{x}}_2 + \boldsymbol{L}y$ で座標変換を行う。すると

$$\begin{aligned} \dot{\boldsymbol{z}}(t) &= (\boldsymbol{A}_{22} + \boldsymbol{L}\boldsymbol{A}_{12})\boldsymbol{z}(t) + (\boldsymbol{A}_{21} - \boldsymbol{A}_{22}\boldsymbol{L} + \boldsymbol{L}(\boldsymbol{A}_{11} - \boldsymbol{A}_{12}\boldsymbol{L}))y(t) \\ &\quad + (\boldsymbol{B}_2 + \boldsymbol{L}\boldsymbol{B}_1)u(t) \end{aligned} \tag{11.22}$$

が得られるので，$\boldsymbol{x}_2$ の推定値は，この式と $\hat{\boldsymbol{x}}_2(t) = \boldsymbol{z}(t) - \boldsymbol{L}y(t)$ で計算できる。このオブザーバを**最小次元オブザーバ** (minimum order observer) という。

例 11.3　例 11.1 と同じシステムに対して，最小次元オブザーバを設計する。この場合，$\boldsymbol{A}_{11} = 0$，$\boldsymbol{A}_{12} = 1$，$\boldsymbol{A}_{21} = -2$，$\boldsymbol{A}_{22} = -3$，$\boldsymbol{B}_1 = 0$，$\boldsymbol{B}_2 = 1$ となる。オブザーバ極を -8 に選ぶと，オブザーバゲインは，$\boldsymbol{L} = (-8 - \boldsymbol{A}_{22})/\boldsymbol{A}_{12} = -5$ となる。これより，$\boldsymbol{A}_{22} + \boldsymbol{L}\boldsymbol{A}_{12} = -8$，

$\boldsymbol{A}_{21} - \boldsymbol{A}_{22}\boldsymbol{L} + \boldsymbol{L}(\boldsymbol{A}_{11} - \boldsymbol{A}_{12}\boldsymbol{L}) = -42$, $\boldsymbol{B}_2 + \boldsymbol{L}\boldsymbol{B}_1 = 1$ となる。シミュレーション結果を**図 11.7** に示す。ただし，制御入力は $u(t) \equiv 0$，オブザーバの初期値は $z(0) = 0$ とした。初期推定誤差が大きくなっているが，出力 y から状態 x_2 を推定できていることが確認できる。

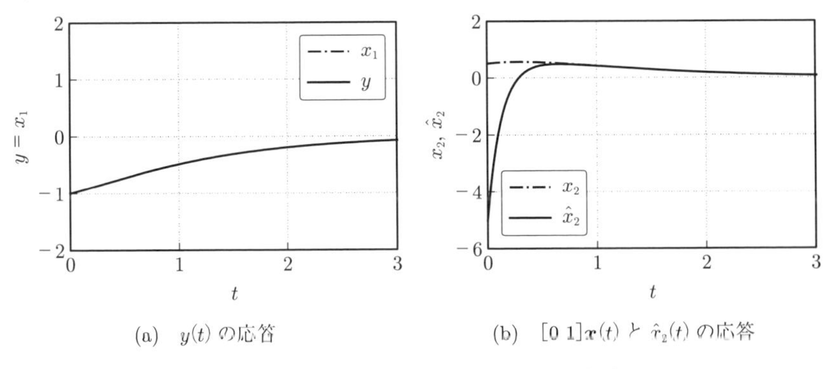

(a)　$y(t)$ の応答　　(b)　$[0\ 1]\boldsymbol{x}(t)$ と $\hat{x}_2(t)$ の応答

図 11.7　最小次元オブザーバによる状態推定

以上からわかるように，最小次元オブザーバを設計することにより，オブザーバの次元を削減することができる。その一方，オブザーバは直達項 $-\boldsymbol{L}y(t)$ をもつ。そのため，出力 y にノイズが乗る場合には，その影響を受けやすくなる。そのような場合には，ノイズの低減化を目的として，同一次元オブザーバを利用するほうがよい。

最小次元オブザーバを用いたオブザーバ併合系を説明しておく。フィードバック制御則を $u(t) = \boldsymbol{F}\boldsymbol{x}(t) = f_1\boldsymbol{x}_1(t) + f_2\boldsymbol{x}_2(t) = f_1 y(t) + f_2\boldsymbol{x}_2(t)$ とし，$\boldsymbol{x}_2(t)$ をオブザーバの推定値 $\hat{\boldsymbol{x}}_2(t)$ に置き換える。すると

$$u(t) = f_1 y(t) + f_2\hat{\boldsymbol{x}}_2(t) = f_2\boldsymbol{z}(t) + (f_1 - f_2\boldsymbol{L})y(t) \tag{11.23}$$

が得られるので，この式と，式 (11.22) より，出力フィードバック制御器は

$$\Sigma_K : \begin{cases} \dot{\boldsymbol{z}}(t) = \boldsymbol{A}_K\boldsymbol{z}(t) + \boldsymbol{B}_K y(t) \\ u(t) = \boldsymbol{C}_K\boldsymbol{z}(t) + \boldsymbol{D}_K y(t) \end{cases} \tag{11.24}$$

となる。ただし，$\boldsymbol{A}_K = \boldsymbol{A}_{22} + \boldsymbol{L}\boldsymbol{A}_{12} + (\boldsymbol{B}_2 + \boldsymbol{L}\boldsymbol{B}_1)f_2$, $\boldsymbol{B}_K = -\boldsymbol{A}_K\boldsymbol{L} + \boldsymbol{A}_{21} + \boldsymbol{L}\boldsymbol{A}_{11} + (\boldsymbol{B}_2 + \boldsymbol{L}\boldsymbol{B}_1)f_1$, $\boldsymbol{C}_K = f_2$, $\boldsymbol{D}_K = f_1 - f_2\boldsymbol{L}$ である。

11.4　線形関数オブザーバ

同一次元オブザーバは，状態変数 $\boldsymbol{x}$ を推定するものであった。そもそもこれは，状態フィードバック制御を実現するために利用されるものである。そのため，状態の推定値が正確にわからなくても，制御入力に対応する $\boldsymbol{F}\boldsymbol{x}$ が正確に推定されれば問題ない。そこで，式 (11.25) のシステムを考える。

$$\begin{cases} \dot{\boldsymbol{z}}(t) = \boldsymbol{E}\boldsymbol{z}(t) + \boldsymbol{G}u(t) + \boldsymbol{H}y(t) \\ \boldsymbol{v}(t) = \boldsymbol{V}\boldsymbol{z}(t) + \boldsymbol{W}y(t) \end{cases} \tag{11.25}$$

このシステムのことを**線形関数オブザーバ** (linear function observer)，または Luenberger オブザーバという。線形関数オブザーバの出力 $\boldsymbol{v}(t)$ が $\boldsymbol{F}\boldsymbol{x}(t) - \boldsymbol{v}(t) \to 0$ $(t \to \infty)$ を満足するようにパラメータを決定すればよい。これに関して，定理 11.1 が成り立つ。

定理 11.1　行列 $\boldsymbol{E}$ が安定であるとする。そして，ある行列 $\boldsymbol{U}$ が存在し

$$\boldsymbol{U}\boldsymbol{A} - \boldsymbol{E}\boldsymbol{U} = \boldsymbol{H}\boldsymbol{C} \tag{11.26}$$

$$\boldsymbol{V}\boldsymbol{U} + \boldsymbol{W}\boldsymbol{C} = \boldsymbol{F} \tag{11.27}$$

を満たすとする。このとき

$$\boldsymbol{G} = \boldsymbol{U}\boldsymbol{B} \tag{11.28}$$

と選べば，$\boldsymbol{v}(t) \to \boldsymbol{F}\boldsymbol{x}(t)$ $(t \to \infty)$ となる。

証明　線形関数オブザーバの $\boldsymbol{z}$ は，$\boldsymbol{U}\boldsymbol{x}$ の推定値となっている。まず

$$\frac{\mathrm{d}}{\mathrm{d}t}(\boldsymbol{U}\boldsymbol{x}(t) - \boldsymbol{z}(t)) = (\boldsymbol{U}\boldsymbol{A} - \boldsymbol{H}\boldsymbol{C})\boldsymbol{x}(t) + (\boldsymbol{U}\boldsymbol{B} - \boldsymbol{G})u(t) - \boldsymbol{E}\boldsymbol{z}(t) \tag{11.29}$$

であるので，定理 11.1 の条件を代入すれば

$$\frac{\mathrm{d}}{\mathrm{d}t}(\boldsymbol{U}\boldsymbol{x}(t) - \boldsymbol{z}(t)) = \boldsymbol{E}(\boldsymbol{U}\boldsymbol{x}(t) - \boldsymbol{z}(t)) \tag{11.30}$$

となる。これより

$$\boldsymbol{U}\boldsymbol{x}(t) - \boldsymbol{z}(t) = e^{\boldsymbol{E}t}(\boldsymbol{U}\boldsymbol{x}(0) - \boldsymbol{z}(0)) \tag{11.31}$$

を得る。したがって，$\boldsymbol{E}$ が安定であれば，$\boldsymbol{z}(t) \to \boldsymbol{U}\boldsymbol{x}(t)$ $(t \to \infty)$ となる。

つぎに，$\boldsymbol{v}(t)$ が $\boldsymbol{F}\boldsymbol{x}(t)$ の推定値になることを確認すればよく，これは

$$\begin{aligned}
\boldsymbol{F}\boldsymbol{x}(t) - \boldsymbol{v}(t) &= \boldsymbol{F}\boldsymbol{x}(t) - \boldsymbol{V}\boldsymbol{z}(t) - \boldsymbol{W}y(t) \\
&= (\boldsymbol{F} - \boldsymbol{W}\boldsymbol{C})\boldsymbol{x}(t) - \boldsymbol{V}\boldsymbol{z}(t) \\
&= \boldsymbol{V}(\boldsymbol{U}\boldsymbol{x}(t) - \boldsymbol{z}(t)) \qquad (11.32)
\end{aligned}$$

となることからわかる。 □

線形関数オブザーバは，同一次元オブザーバや最小次元オブザーバの一般形である。そして，定理 11.1 の式 (11.27) を $\boldsymbol{V}\boldsymbol{U} + \boldsymbol{W}\boldsymbol{C} = \boldsymbol{I}$ とすれば，定理 11.1 は一般的なオブザーバの構成条件となる。例えば，$\boldsymbol{E} = \boldsymbol{A} + \boldsymbol{L}\boldsymbol{C}$, $\boldsymbol{G} = \boldsymbol{B}$, $\boldsymbol{H} = -\boldsymbol{L}$, $\boldsymbol{V} = \boldsymbol{I}$, $\boldsymbol{W} = \boldsymbol{O}$ とすれば，同一次元オブザーバとなる。さらに，$\boldsymbol{E} = \boldsymbol{A}_{22} + \boldsymbol{L}\boldsymbol{A}_{12}$, $\boldsymbol{G} = \boldsymbol{B}_2 + \boldsymbol{L}\boldsymbol{B}_1$, $\boldsymbol{H} = \boldsymbol{A}_{21} - \boldsymbol{A}_{22}\boldsymbol{L} + \boldsymbol{L}(\boldsymbol{A}_{11} - \boldsymbol{A}_{12}\boldsymbol{L})$, $\boldsymbol{V} = \boldsymbol{I}$, $\boldsymbol{W} = \boldsymbol{L}$ とすれば，最小次元オブザーバとなる。

例 11.4 例 11.1 のシステムに対して，$-[16\ \ 3]\boldsymbol{x}(t)$ を推定し，その極が -5 になるような線形関数オブザーバを求める。まず，$\boldsymbol{E} = -5$ である。つぎに，$\boldsymbol{U} = [U_1\ U_2]$ とおくと，$5U_1 - 2U_2 = \boldsymbol{H}$, $U_1 + 2U_2 = 0$ が得られるので，$U_1 = 2$ ととり，$U_2 = -1$ とする。すると，$\boldsymbol{H} = 12$, $\boldsymbol{G} = -1$, $\boldsymbol{V} = 3$, $\boldsymbol{W} = -22$ が得られる。シミュレーション結果を図 **11.8** に示す。ただし，制御入力は $u(t) = 0$ とし，オブザーバの初期値は $z(0) = 0$ とした。また，グラフには，$\boldsymbol{F}\boldsymbol{x}(t) = -[16\ \ 3]\boldsymbol{x}(t)$ の応答を示している。これより，出力 y から，$-[16\ \ 3]\boldsymbol{x}(t)$ を推定できていることがわかる。

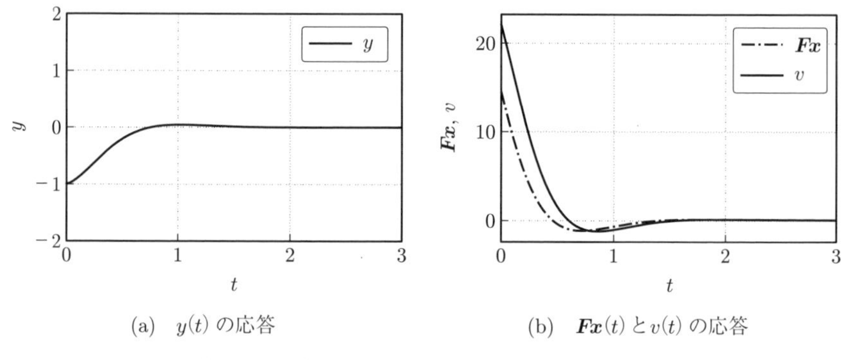

(a)　$y(t)$ の応答　　(b)　$\boldsymbol{Fx}(t)$ と $v(t)$ の応答

図 11.8　線形関数オブザーバによる $\boldsymbol{Fx}$ の推定

11.5　最適オブザーバ

オブザーバは制御対象の出力から内部状態を推定するものである。そのため，出力にノイズがのる場合には，正しく推定ができない可能性がある。そのような場合には，推定誤差の 2 乗平均値を最小にするように，オブザーバゲイン $\boldsymbol{L}$ を設計する。これは，**最適オブザーバ** (optimal observer) と呼ばれるが，その設計法は統計的な最適設計法となっており，これは**定常 Kalman フィルタ** (steady-state Kalman filter) の設計法と同じである。そこでここでは，Kalman フィルタの理論を説明する。

制御対象

$$\begin{cases} \dot{\boldsymbol{x}}(t) = \boldsymbol{Ax}(t) + \boldsymbol{B}u(t) + \boldsymbol{v}(t) \\ y(t) = \boldsymbol{Cx}(t) + w(t) \end{cases} \tag{11.33}$$

に対して，定常 Kalman フィルタ

$$\dot{\hat{\boldsymbol{x}}}(t) = \boldsymbol{E}\hat{\boldsymbol{x}}(t) + \boldsymbol{G}u(t) + \boldsymbol{H}y(t) \tag{11.34}$$

を設計する（これは，線形関数オブザーバで $\boldsymbol{V} = \boldsymbol{I}$, $\boldsymbol{W} = \boldsymbol{O}$ としたものであ

る)。ただし，$\boldsymbol{v}$ はシステムノイズ，w は観測ノイズと呼ばれる**白色雑音** (white noise) である。ここでは，それらの平均値と共分散行列が

$$\mathcal{E}[\boldsymbol{v}(t)] = \boldsymbol{0}, \quad \mathcal{E}[w(t)] = 0 \quad (\forall t) \tag{11.35}$$

$$\mathcal{E}[\boldsymbol{v}(t)\boldsymbol{v}(\tau)^\top] = \boldsymbol{Q}\delta(t-\tau), \quad \mathcal{E}[w(t)w(\tau)] = R\delta(t-\tau) \quad (\forall t, \tau) \tag{11.36}$$

であるとする†。ただし，$\boldsymbol{Q} \succ \boldsymbol{O}$, $R > 0$ であり，$(\boldsymbol{A}, \boldsymbol{Q}^{1/2})$ は可観測であるとする。また，$\boldsymbol{v}$ と w は無相関（$\mathcal{E}[\boldsymbol{v}(t)w(\tau)] = \boldsymbol{0}$）とする。

このとき，二乗平均誤差

$$J = \mathcal{E}\left[(\boldsymbol{x}(t) - \hat{\boldsymbol{x}}(t))^\top (\boldsymbol{x}(t) - \hat{\boldsymbol{x}}(t))\right] \tag{11.37}$$

を最小化する $\boldsymbol{E}$, $\boldsymbol{G}$, $\boldsymbol{H}$ を求める問題を考える。これに対して，十分時間が経過した後の最適性を考えると，つぎの結果が得られる。

定理 11.2 定常 Kalman フィルタは

$$\dot{\hat{\boldsymbol{x}}}(t) = \boldsymbol{E}_{\text{opt}}\hat{\boldsymbol{x}}(t) + \boldsymbol{G}_{\text{opt}}u(t) + \boldsymbol{H}_{\text{opt}}y(t)$$
$$\begin{cases} \boldsymbol{E}_{\text{opt}} = \boldsymbol{A} - \boldsymbol{P}\boldsymbol{C}^\top R^{-1}\boldsymbol{C} \\ \boldsymbol{G}_{\text{opt}} = \boldsymbol{B} \\ \boldsymbol{H}_{\text{opt}} = \boldsymbol{P}\boldsymbol{C}^\top R^{-1} \end{cases} \tag{11.38}$$

となる。ただし，$\boldsymbol{P}$ は，Riccati 方程式

$$\boldsymbol{A}\boldsymbol{P} + \boldsymbol{P}\boldsymbol{A}^\top + \boldsymbol{Q} - \boldsymbol{P}\boldsymbol{C}^\top R^{-1}\boldsymbol{C}\boldsymbol{P} = \boldsymbol{O} \tag{11.39}$$

の正定対称解である。また，定常状態での J の最小値は $\mathrm{trace}\,[\boldsymbol{P}]$ である。

証明 式 (11.38) は，$\dot{\hat{\boldsymbol{x}}}(t) = \boldsymbol{A}\hat{\boldsymbol{x}}(t) + \boldsymbol{B}u(t) + \boldsymbol{P}\boldsymbol{C}^\top R^{-1}(y(t) - \boldsymbol{C}\hat{\boldsymbol{x}}(t))$ と書くことができる。そこで，$\dot{\hat{\boldsymbol{x}}}(t) = \boldsymbol{A}\hat{\boldsymbol{x}}(t) + \boldsymbol{B}u(t) - \boldsymbol{L}(y(t) - \boldsymbol{C}\hat{\boldsymbol{x}}(t))$ とし，定常状態において J を最小化する $\boldsymbol{L}$ が $\boldsymbol{L} = -\boldsymbol{P}\boldsymbol{C}^\top R^{-1}$ であることを確認する。

推定誤差を $\boldsymbol{e}(t) = \hat{\boldsymbol{x}}(t) - \boldsymbol{x}(t)$ とすると

† $\mathcal{E}[\cdot]$ は期待値作用素であり，$\delta(t)$ は Dirac のデルタ関数である。

$$\dot{\boldsymbol{e}}(t) = (\boldsymbol{A} + \boldsymbol{L}\boldsymbol{C})\boldsymbol{e}(t) + \begin{bmatrix} \boldsymbol{I} & \boldsymbol{L} \end{bmatrix} \begin{bmatrix} \boldsymbol{v}(t) \\ w(t) \end{bmatrix}$$
$$=: (\boldsymbol{A} + \boldsymbol{L}\boldsymbol{C})\boldsymbol{e}(t) + \boldsymbol{d}(t) \tag{11.40}$$

である。このとき，$\mathcal{E}[\boldsymbol{d}(t)] = 0$ および

$$\mathcal{E}\left[\boldsymbol{d}(t)\boldsymbol{d}(\tau)^\top\right]$$
$$= [-\boldsymbol{I}\ \ \boldsymbol{L}] \begin{bmatrix} \mathcal{E}\left[\boldsymbol{v}(t)\boldsymbol{v}(\tau)^\top\right] & \mathcal{E}\left[\boldsymbol{v}(t)w(\tau)^\top\right] \\ \mathcal{E}\left[w(t)\boldsymbol{v}(\tau)^\top\right] & \mathcal{E}\left[w(t)w(\tau)^\top\right] \end{bmatrix} \begin{bmatrix} -\boldsymbol{I} \\ \boldsymbol{L}^\top \end{bmatrix}$$
$$= \left(\boldsymbol{Q} + \boldsymbol{L}R\boldsymbol{L}^\top\right)\delta(t-\tau) \tag{11.41}$$

を得る。つまり，$\boldsymbol{d}(t)$ は白色雑音である。また，$\boldsymbol{e}(0)$ と $\boldsymbol{v}(t)$, $w(t)$ に相関がないので，$\boldsymbol{e}(0)$ と $\boldsymbol{d}(t)$ にも相関がない。

さらに，$\boldsymbol{P}(t) = \mathcal{E}[\boldsymbol{e}(t)\boldsymbol{e}(t)^\top]$ とおく。そして，$\boldsymbol{A} + \boldsymbol{L}\boldsymbol{C}$ が安定であるとする。このとき

$$\lim_{t\to\infty} \boldsymbol{P}(t) = \int_0^\infty e^{(\boldsymbol{A}+\boldsymbol{L}\boldsymbol{C})\tau}(\boldsymbol{Q} + \boldsymbol{L}R\boldsymbol{L}^\top)e^{(\boldsymbol{A}+\boldsymbol{L}\boldsymbol{C})^\top\tau}\mathrm{d}\tau$$
$$=: \boldsymbol{P} \tag{11.42}$$

が得られ（本章の章末問題【７】を参照），$\boldsymbol{P}$ は Lyapunov 方程式

$$\boldsymbol{P}(\boldsymbol{A} + \boldsymbol{L}\boldsymbol{C})^\top + (\boldsymbol{A} + \boldsymbol{L}\boldsymbol{C})\boldsymbol{P} = -(\boldsymbol{Q} + \boldsymbol{L}R\boldsymbol{L}^\top) \tag{11.43}$$

を満たす†。これに $\boldsymbol{L} = -\boldsymbol{P}\boldsymbol{C}^\top R^{-1}$ を代入すると，式 (11.39) となる。

一方，J は

$$J = \mathcal{E}[\boldsymbol{e}(t)^\top\boldsymbol{e}(t)] = \mathrm{trace}\,\mathcal{E}[\boldsymbol{e}(t)\boldsymbol{e}(t)^\top] = \mathrm{trace}[\boldsymbol{P}(t)] \tag{11.44}$$

であるので，定常 Kalman フィルタの設計問題は，式 (11.43) のもとで，$\mathrm{trace}[\boldsymbol{P}]$ を最小化する問題となる。これは，$\boldsymbol{A}$ と $\boldsymbol{A}^\top$, $\boldsymbol{B}$ と $\boldsymbol{C}^\top$, $\boldsymbol{F}$ と $\boldsymbol{L}^\top$ を対応させると，最適レギュレータ問題と一致する（双対性）。したがって，最適な $\boldsymbol{L}$ とし

† $\dot{\boldsymbol{z}}(t) = (\boldsymbol{A} + \boldsymbol{L}\boldsymbol{C})^\top\boldsymbol{z}(t)$ について，$\int_0^\infty \boldsymbol{z}(t)^\top(\boldsymbol{Q} + \boldsymbol{L}R\boldsymbol{L}^\top)\boldsymbol{z}(t)\mathrm{d}t$ を計算する。まず，$\boldsymbol{z}(t) = e^{(\boldsymbol{A}+\boldsymbol{L}\boldsymbol{C})^\top t}\boldsymbol{z}(0)$ を代入すると，$\boldsymbol{z}(0)^\top \int_0^\infty e^{(\boldsymbol{A}+\boldsymbol{L}\boldsymbol{C})t}(\boldsymbol{Q} + \boldsymbol{L}R\boldsymbol{L}^\top)e^{(\boldsymbol{A}+\boldsymbol{L}\boldsymbol{C})^\top t}\mathrm{d}t\boldsymbol{z}(0)$ となる。一方，式 (11.43) を代入して計算すると，$\boldsymbol{z}(0)^\top\boldsymbol{P}\boldsymbol{z}(0)$ が得られる。これより，式 (11.42) の対称行列 $\boldsymbol{P}$ が式 (11.43) を満たすことがわかる。

て，$\boldsymbol{L} = -\boldsymbol{P}\boldsymbol{C}^\top R^{-1}$ が得られる。ただし，最適レギュレータ問題においては，$J = \boldsymbol{x}(0)^\top \boldsymbol{P}\boldsymbol{x}(0)$ を最小化しており，これは，$\mathcal{E}[\boldsymbol{x}(0)] = \boldsymbol{0}$，$\mathcal{E}[\boldsymbol{x}(0)\boldsymbol{x}(0)^\top] = \boldsymbol{I}$ のもとで $\mathcal{E}[J]$ を最小化することと等価である†。　□

定理 11.2 より，オブザーバ $\dot{\hat{\boldsymbol{x}}}(t) = \boldsymbol{A}\hat{\boldsymbol{x}}(t) + \boldsymbol{B}u(t) - \boldsymbol{L}(y(t) - \boldsymbol{C}\hat{\boldsymbol{x}}(t))$ のゲイン $\boldsymbol{L}$ の設計において，定常状態で J を最小化する $\boldsymbol{L}$ が，式 (11.39) の解 $\boldsymbol{P}$ を用いて，$\boldsymbol{L} = -\boldsymbol{P}\boldsymbol{C}^\top R^{-1}$ で与えられることがわかる。

例 11.5　システム

$$\begin{cases} \dot{\boldsymbol{x}}(t) = \begin{bmatrix} 0 & 1 \\ -2 & -3 \end{bmatrix} \boldsymbol{x}(t) + \begin{bmatrix} 0 \\ 1 \end{bmatrix} (u(t) + v(t)) \\ y(t) = \begin{bmatrix} 1 & 0 \end{bmatrix} \boldsymbol{x}(t) + w(t) \end{cases} \tag{11.45}$$

に対して，オブザーバ $\dot{\hat{\boldsymbol{x}}}(t) = \boldsymbol{A}\hat{\boldsymbol{x}}(t) + \boldsymbol{B}u(t) - \boldsymbol{L}(y(t) - \boldsymbol{C}\hat{\boldsymbol{x}}(t))$ を Kalman フィルタの理論に基づいて設計する。ただし，$v(t)$ はシステムノイズ，$w(t)$ は観測ノイズであり，それらの共分散を $q = 1$，$R = 1$ とする（$\boldsymbol{Q} = [0 \quad 1]^\top q[0 \quad 1]$）。このとき，最適なオブザーバゲインは，$\boldsymbol{L} = [-0.077\,683\,54 \quad -0.003\,017\,37]^\top$ となった。そして，$u(t) = 3\sin t + \cos 5t + 2$ としたときのシミュレーション結果を**図 11.9** に示す。図 11.9(a) が制御入力 u および，ノイズが加わった信号 $u+w$ であり，図 (b) が $u+w$ を入力して観測された出力 y である。そして，図 (c) と図 (d) が，u と y から推定した状態 $\hat{\boldsymbol{x}}$ である。なお，グラフには，u を入力したときの理想的な状態 $\boldsymbol{x}$ を破線でプロットしている。これより，白色雑音が加わる状況において，状態を推定できていることがわかる。

---

† $J = \boldsymbol{x}(0)^\top \boldsymbol{P}\boldsymbol{x}(0) = \mathrm{trace}[\boldsymbol{x}(0)\boldsymbol{x}(0)^\top \boldsymbol{P}]$ に注意すると

$$\mathcal{E}[J] = \mathcal{E}[\mathrm{trace}[\boldsymbol{x}(0)\boldsymbol{x}(0)^\top \boldsymbol{P}]] = \mathrm{trace}[\mathcal{E}[\boldsymbol{x}(0)\boldsymbol{x}(0)^\top]\boldsymbol{P}] = \mathrm{trace}[\boldsymbol{P}]$$

となることがわかる。

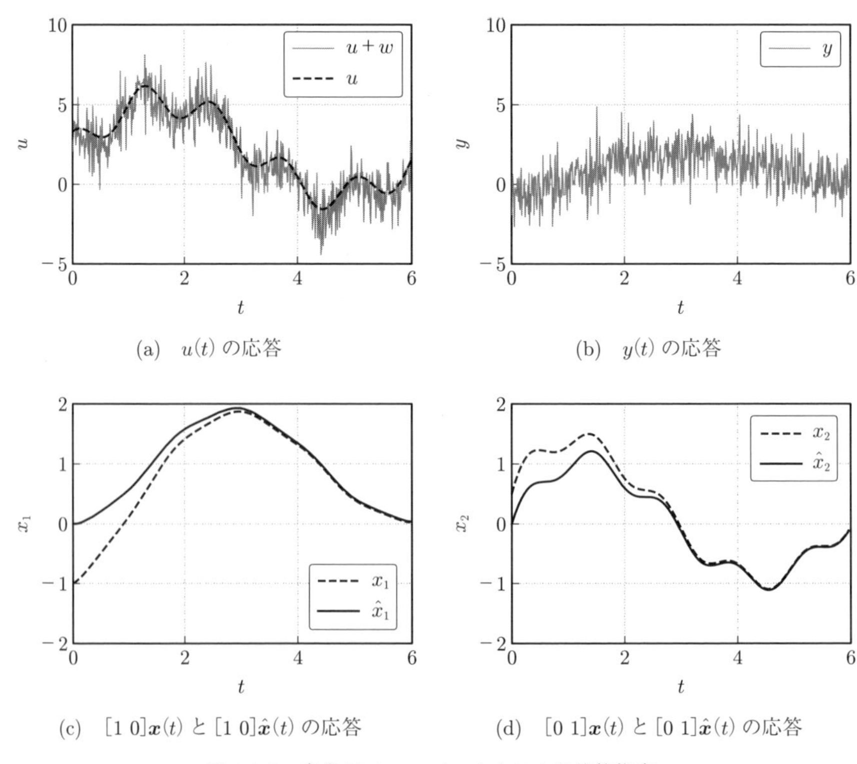

(a)　$u(t)$ の応答

(b)　$y(t)$ の応答

(c)　$[1\ 0]\boldsymbol{x}(t)$ と $[1\ 0]\hat{\boldsymbol{x}}(t)$ の応答

(d)　$[0\ 1]\boldsymbol{x}(t)$ と $[0\ 1]\hat{\boldsymbol{x}}(t)$ の応答

図 11.9　定常 Kalman フィルタによる状態推定

章　末　問　題

【1】 線形システム

$$\begin{cases} \dot{\boldsymbol{x}}(t) = \begin{bmatrix} 0 & 1 \\ -3 & -4 \end{bmatrix} \boldsymbol{x}(t) + \begin{bmatrix} 0 \\ 1 \end{bmatrix} u(t) \\ y(t) \ = [\ 1 \ \ 0\ ]\boldsymbol{x}(t) + d(t) \end{cases}$$

を考える。ただし，$d(t)$ は外乱である。以下の問に答えよ。

(1)　$d(t) \equiv 0$ としたとき，同一次元オブザーバを設計せよ。ただし，オブザーバ極は $\{-4, -4\}$ とする。

(2) $d(t) \equiv d_0 \neq 0$ のとき，推定誤差 $\boldsymbol{x}(\infty) - \hat{\boldsymbol{x}}(\infty)$ を求めよ。

(3) $\dot{d}(t) = 0$ のとき

$$\begin{cases} \dot{\boldsymbol{x}}_e(t) = \bar{\boldsymbol{A}}\boldsymbol{x}_e(t) + \bar{\boldsymbol{B}}u(t) \\ y(t) = \bar{\boldsymbol{C}}\boldsymbol{x}_e(t) \end{cases}, \quad \boldsymbol{x}_e(t) := \begin{bmatrix} \boldsymbol{x}(t) \\ d(t) \end{bmatrix}$$

と表すことができる。このとき，$(\bar{\boldsymbol{A}}, \bar{\boldsymbol{C}})$ の可観測性を調べよ。

【2】 線形システム

$$\begin{cases} \dot{\boldsymbol{x}}(t) = \begin{bmatrix} 0 & 1 \\ 0 & 0 \end{bmatrix} \boldsymbol{x}(t) + \begin{bmatrix} 1 \\ 1 \end{bmatrix} u(t) + \begin{bmatrix} 0 \\ 1 \end{bmatrix} d(t) \\ y(t) = [1 \ \ 0]\,\boldsymbol{x}(t) \end{cases}$$

を考える。ただし，$d(t)$ は定値外乱であるとする。このとき，状態 $\boldsymbol{x}(t)$ と外乱 $d(t)$ を同時に推定するオブザーバを設計せよ。ただし，オブザーバの極はすべて -3 とする。

【3】 線形システム

$$\begin{cases} \dot{\boldsymbol{x}}(t) = \begin{bmatrix} 0 & 1 \\ 0 & 0 \end{bmatrix} \boldsymbol{x}(t) + \begin{bmatrix} 0 \\ 1 \end{bmatrix} u(t) \\ y(t) = [1 \ \ 0]\,\boldsymbol{x}(t) \end{cases}$$

に対して，同一次元オブザーバを用いて出力フィードバック制御器を設計せよ。ただし，レギュレータ極は $\{-1 \pm j\}$ とし，オブザーバ極は $\{-3 \pm 3j\}$ とする。

【4】 【3】に対して，最小次元オブザーバを用いて出力フィードバック制御器を設計せよ。ただし，レギュレータ極は $\{-3 \pm 3j\}$ とし，オブザーバ極は -5 とする。

【5】 線形システム $\ddot{y}(t) + \dot{y}(t) + y(t) = u(t)$ に対して，入力 $u(t)$ と出力 $y(t)$ から $\ddot{y}(t)$ を推定するオブザーバを構成せよ。

【6】 線形システム

$$\begin{cases} \dot{\boldsymbol{x}}(t) = \begin{bmatrix} 0 & 1 \\ 1 & 0 \end{bmatrix} \boldsymbol{x}(t) + \begin{bmatrix} 1 \\ 0 \end{bmatrix} u(t) + \begin{bmatrix} 0 \\ 1 \end{bmatrix} v(t) \\ y(t) = \begin{bmatrix} 1 & 0 \end{bmatrix} \boldsymbol{x}(t) + w(t) \end{cases}$$

に対して，定常 Kalman フィルタを設計せよ。ただし，ノイズ v, w の共分散をそれぞれ，$q > 0$, $R > 0$ とする。

【7】 式 (11.42) を示せ。

control system design

12 ループ整形法

制御系設計では，フィードバック制御によって，閉ループ系の特性が望ましいものになるようにする。しかし，目標値から出力への伝達関数が

$$\mathcal{G}_{yr}(s) = \frac{\mathcal{P}(s)\mathcal{K}(s)}{1+\mathcal{P}(s)\mathcal{K}(s)}$$

と表されることからわかるように，閉ループ系は制御器や制御対象のパラメータに関して非線形である。そのため，制御器 $\mathcal{K}(s)$ のパラメータと設計仕様との関係や，制御対象 $\mathcal{P}(s)$ のモデルの不確かさが性能に与える感度を調べることは容易ではない。この問題を解決する方法として，開ループ系

$$\mathcal{L}(s) = \mathcal{P}(s)\mathcal{K}(s) \tag{12.1}$$

の特性に注目して制御系を設計する**ループ整形法** (loop shaping method) がある。これは，開ループ伝達関数（一巡伝達関数）に対して設計仕様を与えて，それを満足する制御器を求めるというものである。本章では，開ループ系に対する設計仕様について説明した後，PID 制御のゲインチューニングを題材としてループ整形を説明する。さらに，ループ整形における代表的手法である，位相遅れ・進み補償とその設計例を紹介する。

12.1 ループ整形の考え方

ループ整形法では，開ループ系の周波数特性に注目する。つまり，式 (12.1) の $\mathcal{L}(s)$ のゲインや位相が仕様を満たすように制御器 $\mathcal{K}(s)$ を設計する。$\mathcal{L}(s)$

は，$\mathcal{K}(s)$ と $\mathcal{P}(s)$ に関して線形なので，どのように $\mathcal{K}(s)$ を変更すれば設計仕様を満足するものになるかや，$\mathcal{P}(s)$ に不確かさがある場合にどの程度不確かさの影響が出てくるかなどを，比較的容易に調べることができる。さらに，ループ整形では，開ループ系 $\mathcal{L}(s)$ の周波数応答がわかれば設計が可能である。したがって，制御対象のモデルがわからなくても，実験によって $\mathcal{L}(s)$ の周波数応答を取得することで設計が可能になる。

開ループ系の仕様は，第5章，第6章で説明したように，$\mathcal{L}(s) = \mathcal{P}(s)\mathcal{K}(s)$ が安定で，$\mathcal{P}(s)$ と $\mathcal{K}(s)$ の間に不安定な極零相殺がない場合では，以下のように与えられる。

- 安定性：ゲイン交差角周波数 $\omega_{\rm gc}$ < 位相交差角周波数 $\omega_{\rm pc}$ を維持する。
- 速応性：ゲイン交差角周波数 $\omega_{\rm gc}$ をできるだけ大きくする。
- 減衰性：位相余裕 PM を大きくする。
- 定常偏差：低周波ゲインを大きくする（直流ゲインを $|\mathcal{L}(0)| = \infty$ にする）。

これに加えて，減衰性に関しては，ゲイン交差角周波数付近でのゲインの傾きにも注意したい。ゲインの傾きが急峻（きゅうしゅん）（-40 dB/dec 以下）であると，好ましくない位相遅れが起きてしまう可能性がある。**最小位相系** (minimum-phase system)† $\mathcal{P}(s)$ に対しては，ゲインから位相が一意に定まることが知られており[30]，ゲイン交差角周波数付近では

$$\angle\mathcal{P}(j\omega_{\rm gc}) \simeq \frac{\mathrm{d}\ln|\mathcal{P}(j\omega)|}{\mathrm{d}\ln(\omega/\omega_{\rm gc})} \times 90^\circ \tag{12.2}$$

となる。これより，ゲインの傾きが一定であり，-20 dB/dec 相当であれば位相が -90° となり，-40 dB/dec 相当であれば位相が -180° となることがわかる。このことから，ゲイン交差角周波数付近でのゲインの傾きが -20 dB/dec であることが望ましい。

定常特性については，10.2節で説明した内部モデル原理を利用する。定常偏差なく目標値に追従するためには，$\mathcal{P}(s)\mathcal{K}(s)$ に目標信号 $r(s)$ と同一因子をもつ必要がある。例えば，開ループ伝達関数 $\mathcal{L}(s)$ に積分器を1個含めば，ステッ

† 零点が安定であるとき，最小位相であるという。

プ状の目標値に対して定常偏差が 0 になり，積分器を 2 個含めば，ランプ信号で与えられる目標値に対して定常偏差が 0 となる。積分器のゲイン特性は，$-20\,\mathrm{dB/dec}$ の傾きがあるため，$\mathcal{L}(s)$ の直流ゲインは，∞ となり，低周波ゲインの傾きは積分器の個数によって変わる。また，$\mathcal{L}(s)$ のゲインを大きくすることは，モデルのパラメータ変動の観点からも重要である。目標値から出力までの伝達関数は

$$\mathcal{G}_{yr}(s) = \frac{\mathcal{L}(s)}{1+\mathcal{L}(s)} \tag{12.3}$$

となるが，制御対象のモデルパラメータが変動し，$\tilde{\mathcal{P}}(s)$ に変化すると，$\mathcal{G}_{yr}(s)$ も $\tilde{\mathcal{G}}_{yr}(s)$ に変化する。このモデルのパラメータ変動が閉ループ系に与える影響を考えるため，相対的な変動率を

$$\Delta_{\mathcal{P}}(s) = \frac{\mathcal{P}(s)-\tilde{\mathcal{P}}(s)}{\tilde{\mathcal{P}}(s)},\quad \Delta_{\mathcal{G}_{yr}}(s) = \frac{\mathcal{G}_{yr}(s)-\tilde{\mathcal{G}}_{yr}(s)}{\tilde{\mathcal{G}}_{yr}(s)} \tag{12.4}$$

コーヒーブレイク

目標値から偏差までの伝達関数は

$$\mathcal{S}(s) = \frac{1}{1+\mathcal{L}(s)}$$

となる。これは**感度関数** (sensitivity function) と呼ばれる。また，外乱から出力までの伝達関数は，感度関数 $\mathcal{S}(s)$ に $\mathcal{P}(s)$ をかけたものになっている。ループ整形において，$\mathcal{L}(s)$ の周波数特性を整形することは，感度関数 $\mathcal{S}(s)$ の特性を整形することに対応しており，これにより，目標値追従や外乱抑制の特性が改善できる。しかし，すべての周波数帯域で自由に整形をすることには限界がある。

開ループ伝達関数 $\mathcal{L}(s)$ が安定であるとし，その相対次数が 2 以上とする。このとき，Bode の感度積分公式

$$\int_0^\infty \log|\mathcal{S}(j\omega)|\mathrm{d}\omega = 0$$

が成り立つことが知られている。これは，ある周波数帯域で $|\mathcal{S}(j\omega)| < 1$ $(\log|\mathcal{S}(j\omega)| < 0)$ とした場合，別の周波数帯域で $|\mathcal{S}(j\omega)| > 1$ $(\log|\mathcal{S}(j\omega)| > 0)$ となることを意味している。この性質を**ウォーターベッド効果** (waterbed effect) と呼ぶ。

と定義する。すると

$$\Delta_{\mathcal{G}_{yr}}(s) = \frac{1}{1+\mathcal{L}(s)}\Delta_{\mathcal{P}}(s) \tag{12.5}$$

となる。これより，$\mathcal{L}(s)$ のゲインを大きくすることで，パラメータ変動に対する感度を低減化することができる。

最後に，$\mathcal{L}(s)$ の高周波域のゲインについても説明しておく。高周波域のゲインの傾きは，**ロールオフ特性** (roll-off characteristics) と呼ばれ，耐ノイズ性の観点から小さくすることが望ましい。一般に，$-40 \sim -60\,\mathrm{dB/dec}$ 以下にする。

以上をまとめると，**図 12.1** に示すように，開ループ系 $\mathcal{L}(s)$ の周波数整形を行えばよい。

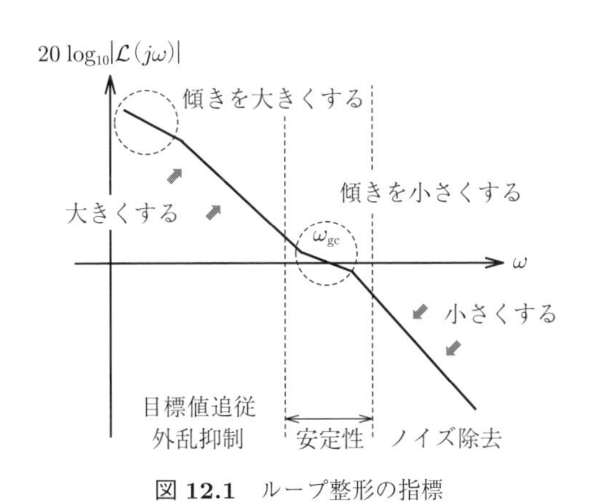

図 12.1 ループ整形の指標

12.2 PID 制 御

7.1 節で説明した PID 制御のゲインチューニングを開ループ系の特性を見ながら行う。ここでは，具体的に，PI 制御と PD 制御について説明する。

12.2.1 PI 制 御

PI 制御器

$$\mathcal{K}(s) = k_\mathrm{P} + \frac{k_\mathrm{I}}{s} = k_\mathrm{P}\left(1 + \frac{1}{T_\mathrm{I}s}\right) \tag{12.6}$$

の Bode 線図を**図 12.2** に示す。比例ゲイン k_P を大きくすると，ゲイン線図が上方向に並行移動する。これにより，ゲイン交差角周波数が大きくなり，速応性が改善する。また，$1/T_\mathrm{I}$ 以下の低周波域でゲインの傾きが $-20\,\mathrm{dB/dec}$ になっている。これは積分器を 1 個もっているためであり，10.2 節で説明した内部モデル原理によると，ステップ目標値に対して定常偏差が 0 になる。一方で，$1/T_\mathrm{I}$ より小さい周波数域において位相が 45° 以上遅れる。これより，位相余裕が小さくなり，減衰性が劣化する可能性がある。

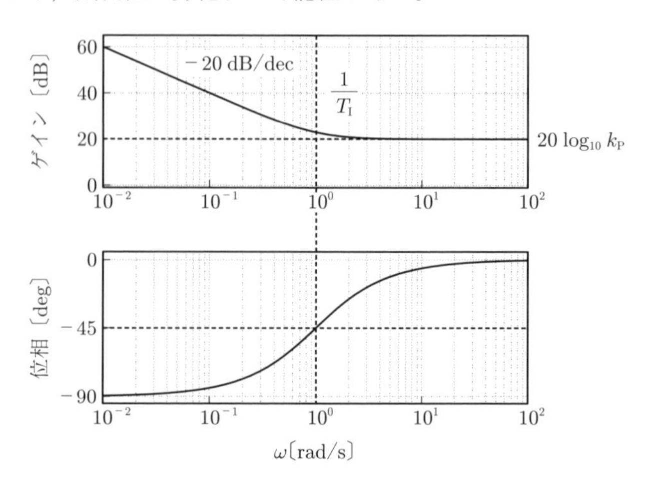

図 12.2　PI 制御器の Bode 線図

例 12.1　例 7.1 と同じ制御対象

$$\mathcal{P}(s) = \frac{8}{s^2 + 2s + 10} \tag{12.7}$$

に P 制御を施したときの開ループ系の Bode 線図を**図 12.3** に示す。ゲイン線図中の丸印はゲイン交差角周波数を表している。これより，比例ゲインを大きくすると，ゲイン交差角周波数が大きくなり，その一方，位相余裕が小さくなることがわかる。つまり，比例ゲインを大きくすると，応答

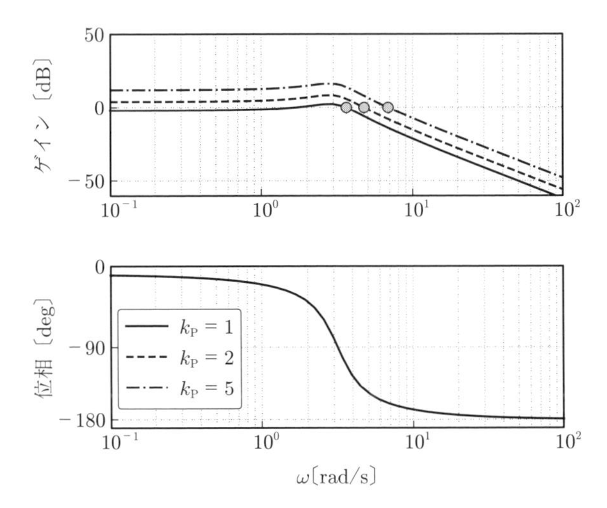

図 12.3 P 制御を施したときの開ループ系の Bode 線図

が速くなるかわりに，振動的になる。また，比例ゲインを大きくすると低周波ゲインが大きくなり，定常偏差が改善される。

つぎに，比例ゲイン k_P を固定し，積分ゲイン k_I を変化させたときの開ループ伝達関数の特性を確認する。**図 12.4** より，積分ゲインを大きくしていく

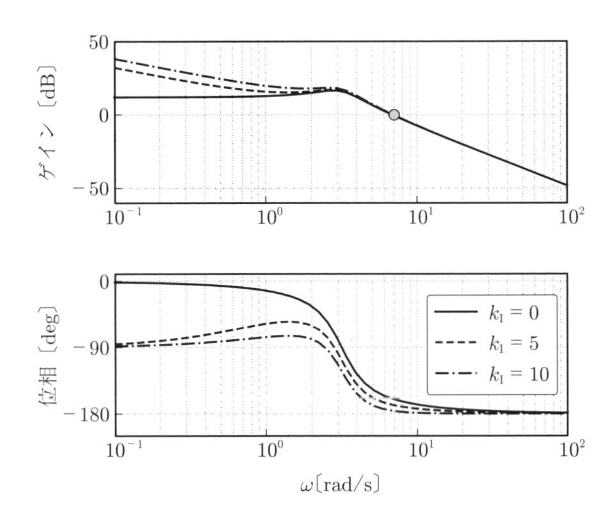

図 12.4 PI 制御を施したときの開ループ系の Bode 線図

と，低周波ゲインが大きくなることがわかる。さらに，直流ゲインは ∞ となるため，ステップ目標値に対する定常偏差は 0 になる。これに対して，積分ゲインを大きくすると，位相余裕は小さくなる。つまり，積分ゲインを大きくすると，定常偏差を小さくできる一方で，振動的な応答になる。以上のことは，**図 12.5** に示す閉ループ系 $\mathcal{G}_{yr}(s)$ のステップ応答からも確認できる。

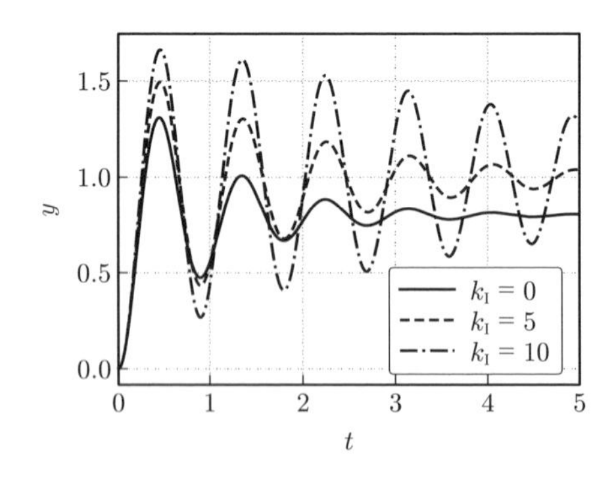

図 12.5　PI 制御を施したときの閉ループ系のステップ応答

12.2.2 PD 制御

PD 制御器

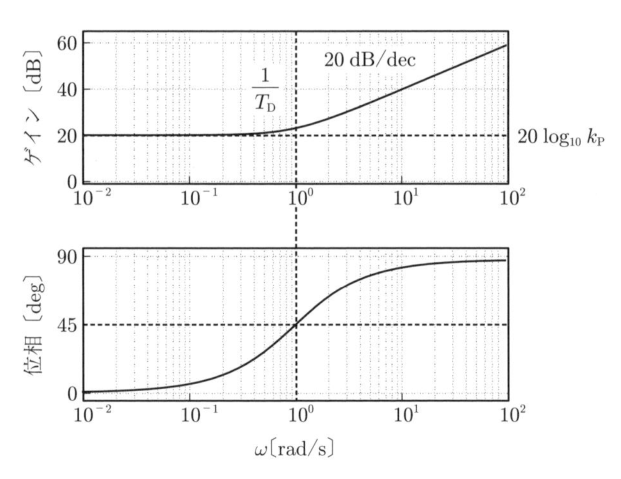

図 12.6　PD 制御器の Bode 線図

$$\mathcal{K}(s) = k_\mathrm{P} + k_\mathrm{D}s = k_\mathrm{P}\left(1 + T_\mathrm{D}s\right) \tag{12.8}$$

の Bode 線図を**図 12.6** に示す。$1/T_\mathrm{D}$ 以上の高周波域で位相が 45° 以上進む。これにより，位相余裕を大きくすることができ，減衰性を改善することができる。そのかわり，ゲインの傾きが 20 dB/dec になっている。これは高周波のノイズを増幅してしまうため，耐ノイズ性が劣化する。

例 12.2　例 12.1 と同じ制御対象に **PD 制御** (PD control) を施したときの開ループ系の Bode 線図を**図 12.7** に示す。微分ゲインを大きくしていくと，位相余裕が大きくなることがわかる。また，微分ゲインを大きくすると，ゲイン交差角周波数が大きくなる一方，低周波ゲインは変わらないことがわかる。これより，D 制御を加えることで，振動が小さくなり，少し応答が速くなることがわかる。ただし，定常偏差を改善することはできない。このことは，**図 12.8** の閉ループ系のステップ応答からも確認できる。

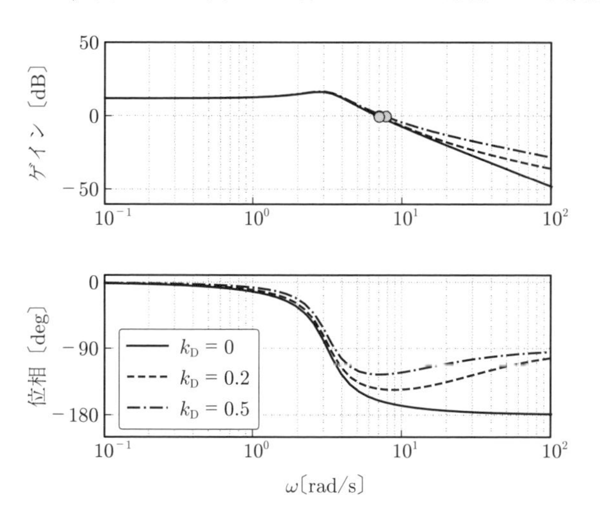

図 12.7　PD 制御を施したときの開ループ系の Bode 線図

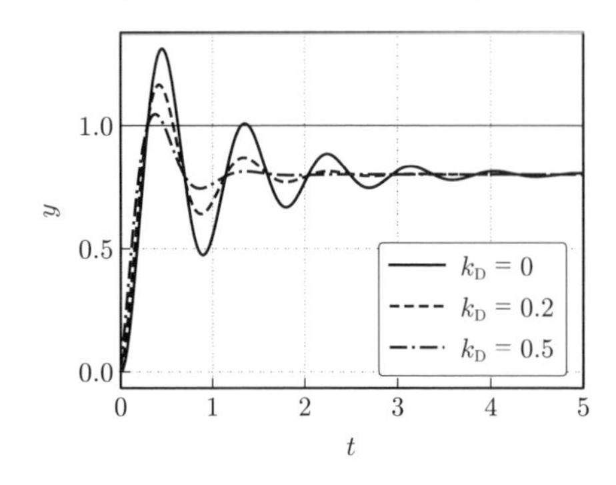

図 12.8　PD 制御を施したときの閉ループ系のステップ応答

12.3　位相遅れ・進み補償

PID 制御では，比例，積分，微分の三つの動作を並列に結合していた。これを直列結合の形で表すと

$$u(s) = k_P \left(1 + \frac{1}{T_1 s}\right)(1 + T_2 s)\, e(s) \tag{12.9}$$

となる。この場合，設計パラメータは，k_P, T_1, T_2 である。設計自由度を高くするために，新たに二つのパラメータ α ($\alpha > 1$), β ($0 \leq \beta < 1$) を加えて

$$u(s) = k_P \left(\alpha \frac{T_1 s + 1}{\alpha T_1 s + 1}\right)\left(\frac{T_2 s + 1}{\beta T_2 s + 1}\right) e(s) \tag{12.10}$$

とする。これは，ゲイン補償，**位相遅れ補償** (phase-lag compensator)，**位相進み補償** (phase-lead compensator) を直列に結合したもので，ブロック線図で表すと**図 12.9** のようになる。ループ整形では，直列接続は設計の見通しがよい。なぜなら，直列接続したシステムのゲイン線図や位相線図が，それぞれの要素のゲイン線図や位相線図を足し合わせて表現できるからである。つまり，

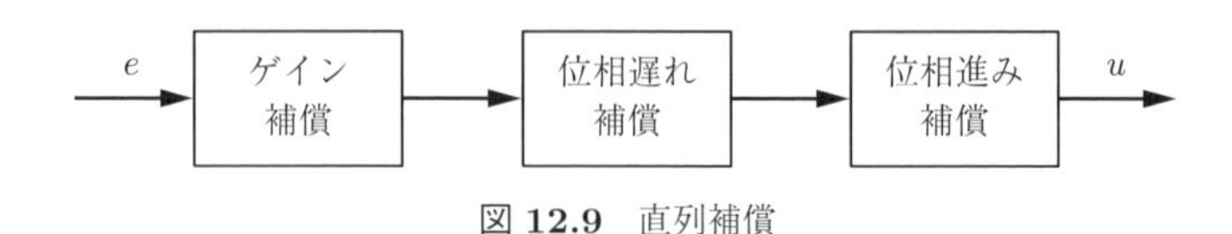

図 12.9　直列補償

設計仕様にあわせて，まず，位相遅れ補償器を設計し，その後，位相進み補償器を設計，最後にゲイン補償器を設計するといったように，三つの補償器を順番に設計していくことができる。以下では，位相遅れ補償と位相進み補償の概要を説明し，その後，設計例を紹介する。

12.3.1 位相遅れ補償

位相遅れ補償は

$$\mathcal{K}_1(s) = \alpha\frac{T_1 s + 1}{\alpha T_1 s + 1} \qquad (\alpha > 1) \tag{12.11}$$

と表される。ここで，$\alpha = 10$, $T_1 = 0.1$ として Bode 線図を描くと，図 **12.10** となる。

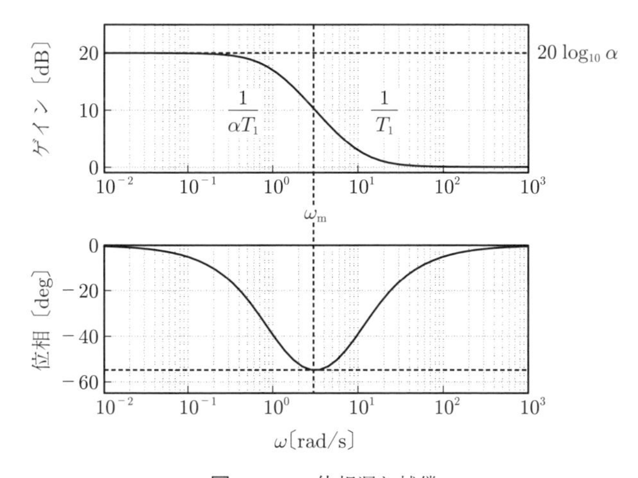

図 **12.10** 位相遅れ補償

低周波域のゲインを増大させることで，定常特性を改善できる。低周波ゲインは $20\log_{10}\alpha$〔dB〕だけ増大する。ただし，$1/\alpha T_1 \sim 1/T_1$〔rad/s〕の帯域の位相が遅れ，ω_m〔rad/s〕で最大 ϕ_m〔deg〕遅れる。

$$\omega_m = \frac{1}{T_1\sqrt{\alpha}}, \quad \phi_m = \sin^{-1}\frac{1-\alpha}{1+\alpha} \tag{12.12}$$

なお，式 (12.11) において，$\alpha \to \infty$ とすると，$\mathcal{K}_1(s) = 1 + 1/(T_1 s)$ と近似できるので，PI 制御に近い性能となる。ただし，$\alpha < \infty$ であるので，直流ゲインは ∞ にならない。これは，通常の積分器とは異なり，一定値の入力に対して出力が発散する可能性が小さい。

位相遅れ補償を用いた設計手順はつぎのようになる。

(1) 低周波ゲインが $20 \log_{10} \alpha$〔dB〕上がることを考慮し，定常偏差に関する仕様を満たすように α を決める。

(2) 位相遅れにより安定性が劣化しないように，$\omega = 1/T_1$ がゲイン交差角周波数の設計値の 1/10 より小さくなるように T_1 を選ぶ。

例 12.3

$$\mathcal{P}(s) = \frac{8}{s(s+2)} \tag{12.13}$$

に対して，位相遅れ補償器を設計する。ここでの設計仕様は，ランプ状の目標値に対する定常偏差を $\mathcal{K}(s) = 1$ としたときの 1/10 にすることである。

目標値 r から偏差 e までの伝達関数は，$\mathcal{L}(s) = \mathcal{P}(s)\mathcal{K}(s)$ とすると

$$\mathcal{G}_{er}(s) = \frac{1}{1 + \mathcal{L}(s)}$$

であるので，ランプ状の目標値 $r(s) = 1/s^2$ に対する定常偏差は，最終値の定理より

$$e_\infty = \lim_{s \to 0} s\mathcal{G}_{er}(s) r(s) = \lim_{s \to 0} \frac{1}{s + s\mathcal{L}(s)} = \lim_{s \to 0} \frac{1}{s\mathcal{L}(s)}$$

となる。$\mathcal{L}(s) = \mathcal{P}(s)$ のとき，$e_\infty = 1/4$ となる。一方で，$\mathcal{L}(s) = \mathcal{P}(s)\mathcal{K}_1(s)$ のときは

$$e_\infty \doteq \lim_{s \to 0} \frac{1}{\dfrac{8}{s+2} \cdot \alpha \dfrac{T_1 s + 1}{\alpha T_1 s + 1}} = \frac{1}{4\alpha}$$

となる。これより，$\alpha = 10$ と選べばよいことがわかる。つぎに，T_1 につ

いては，$\mathcal{L}(s)$ のゲイン交差角周波数が $\mathcal{P}(s)$ のそれに近くなるように決める。$\mathcal{P}(s)$ のゲイン交差角周波数は，$\omega_{\rm gc} = \sqrt{-2+2\sqrt{17}} \simeq 2.499$ となる。$1/T_1$ が，この値の 1/10 以下になるよう T_1 を決めるとよいので，ここでは，$T_1 = 1/0.2 = 5$ とする。したがって，位相遅れ補償器は

$$\mathcal{K}_1(s) = \frac{50s+10}{50s+1}$$

となる。

シミュレーションした結果（閉ループ系の応答）が図 **12.11** である。$\mathcal{L}(s) = \mathcal{P}(s)$ の場合は，ランプ状の目標値に対して定常偏差が生じているが，$\mathcal{L}(s) = \mathcal{P}(s)\mathcal{K}_1(s)$ とすることで，定常偏差が小さくなっていることを確認できる。また，位相遅れ補償器の Bode 線図を図 **12.12** に示す。こ

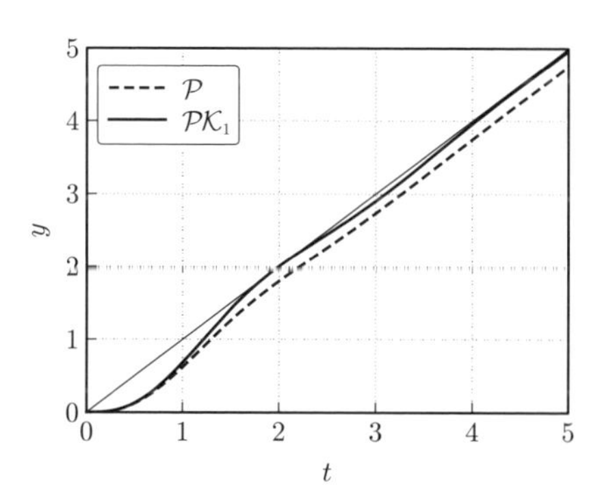

図 12.11　位相遅れ補償による定常偏差の改善

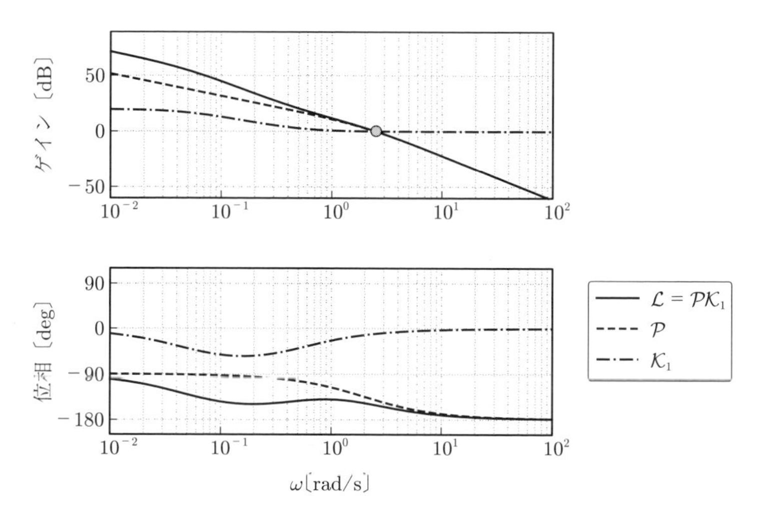

図 12.12　設計した位相遅れ補償器の Bode 線図

れより，低周波のゲインが大きくなっていることが確認できる。また，$\mathcal{L}(s)$ のゲイン交差角周波数が $\mathcal{P}(s)$ のゲイン交差角周波数に近い値になっていることも確認できる。

12.3.2 位相進み補償

位相進み補償は

$$\mathcal{K}_2(s) = \frac{T_2 s + 1}{\beta T_2 s + 1} \qquad (0 \leq \beta < 1) \tag{12.14}$$

と表される。ここで，$\beta = 0.1$, $T_2 = 1$ としてBode線図を描くと，**図 12.13** となる。

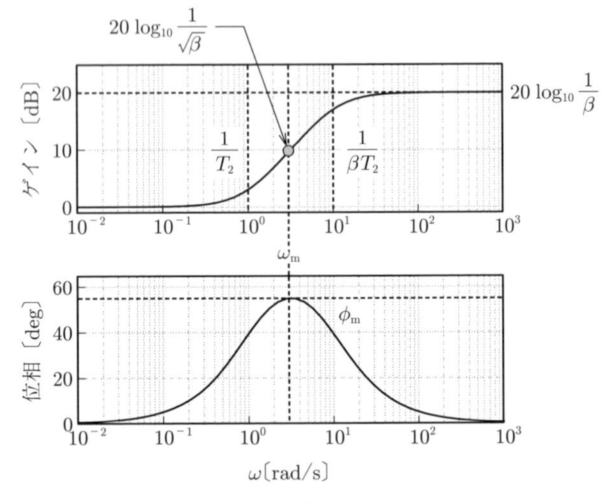

図 12.13　位相進み補償

位相が進むので，位相余裕を大きくし減衰性が改善する。さらに高周波のゲインが上がるため，速応性がよくなる。実際，位相は，ω_m〔rad/s〕で最大 ϕ_m〔deg〕進む。

$$\omega_{\rm m} = \frac{1}{T_2\sqrt{\beta}}, \quad \phi_{\rm m} = \sin^{-1}\frac{1-\beta}{1+\beta} \tag{12.15}$$

なお，式 (12.14) において，$\beta \to 0$ とすると，$\mathcal{K}_2(s) = T_2 s + 1$ と近似できるので，PD 制御に近い性能となる。PD 制御は非プロパーであるが，位相進み補償はプロパーである。

位相進み補償を用いた設計手順はつぎのようになる。

(1) $\mathcal{K}_2$ を結合する前の開ループ系の位相余裕 $\widetilde{\rm PM}$ を評価し，目標とする PM に対して，$\bar{\phi} = {\rm PM} - \widetilde{\rm PM}$ を計算する。そして，$\phi_{\rm m} = \bar{\phi} + \gamma$ となるように β を決める。ただし，$\gamma \geq 0$ は設計者が決めるマージンである。

(2) 最終的にゲイン交差角周波数に設定したい周波数が $\omega_{\rm m}$ となるように，T_2 を決める。位相進み補償 $\mathcal{K}_2(s)$ を施すと，位相が最も進む周波数において，ゲインが $20\log_{10}(1/\sqrt{\beta})$〔dB〕だけ大きくなる。そこで，$\mathcal{K}_2(s)$ を施す前の開ループ系のゲインが $20\log_{10}\sqrt{\beta}$〔dB〕である周波数を $\omega_{\rm m}$ に設定する。

例 12.4 例 12.3 と同じ制御対象に対して，位相進み補償を施し，位相余裕を 60° にすることを考える。$\mathcal{P}(s)$ の位相余裕は，$\widetilde{\rm PM} = 38.7^\circ$ 程度であるので，位相進み補償器により，約 21.3° 位相を進ませればよい。そこで，余裕をもたせて $\phi_{\rm m} = 30^\circ$ と設定し，β を計算すると

$$\beta = \frac{1 - \sin\phi_{\rm m}}{1 + \sin\phi_{\rm m}} = \frac{1}{3}$$

となる。つぎに，$|\mathcal{P}(j\omega)| = \sqrt{\beta}$ となる ω を求め，それを $\omega_{\rm m}$ とすることで T_2 を決める。$\omega_{\rm m} = \sqrt{-2 + \sqrt{4 + 64/\beta}} = 2\sqrt{3}$ となるので

$$T_2 = \frac{1}{\omega_{\rm m}\sqrt{\beta}} = \frac{1}{2}$$

となる。したがって，位相進み補償器は

$$\mathcal{K}_2(s) = \frac{1.5s + 3}{0.5s + 3}$$

となる。なお，$\omega_{\mathrm{m}} = 2\sqrt{3}$ が $\mathcal{L}(s) = \mathcal{P}(s)\mathcal{K}_2(s)$ のゲイン交差角周波数になるが，この周波数における $\mathcal{P}(j\omega)$ の位相は，-150° である。つまり，位相進み補償を施すことで，$\mathcal{L}(s)$ の位相が -120° となり，位相余裕が 60° となることがわかる。このことは，図 **12.14** でも確認できる。

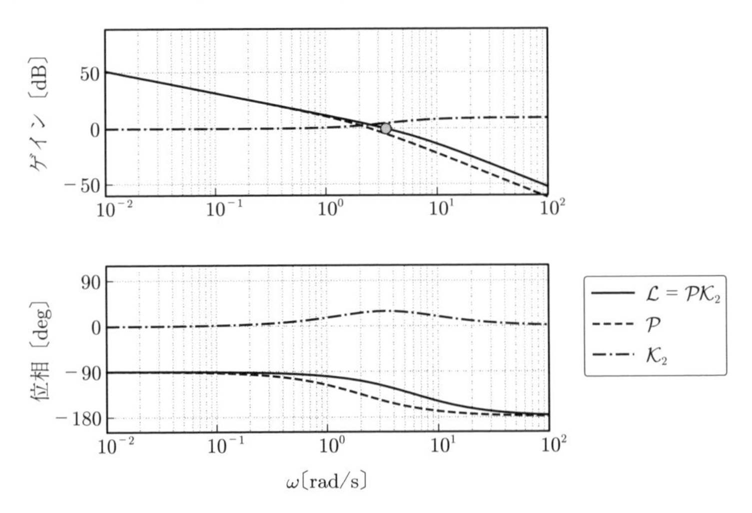

図 **12.14**　設計した位相進み補償器の Bode 線図

章 末 問 題

【１】 式 (12.11) の位相遅れ補償において，位相が最も遅れる周波数とそのときの位相が式 (12.12) で与えられることを確認せよ。

【２】 式 (12.14) の位相進み補償において，位相が最も進む周波数とそのときの位相が式 (12.15) で与えられることを確認せよ。

【３】 制御対象 $\mathcal{P}$，制御器 $\mathcal{K}$ から構成される図 **12.15** のフィードバック制御系を考

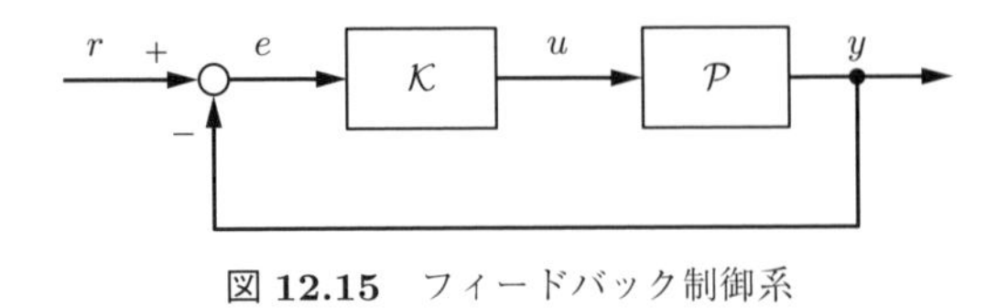

図 **12.15**　フィードバック制御系

える。ただし，r は目標信号，e は偏差，u は制御入力，y は出力である。制御対象 $\mathcal{P}$ と制御器 $\mathcal{K}$ が

$$\mathcal{P}(s)=\frac{1}{s^2+3s+2},\quad \mathcal{K}(s)=\alpha\frac{s+1}{\alpha s+1}$$

で与えられるとする。最も位相が遅れるときの位相の値を $-\pi/4$ とするとき，α の値を求めよ。さらにそのとき，一巡伝達関数 $\mathcal{L}(s)$ の直流ゲイン $\mathcal{L}(0)$ を求めよ。

【４】 図 12.15 のフィードバック制御系において，制御対象 $\mathcal{P}$，制御器 $\mathcal{K}$ をそれぞれ

$$\mathcal{P}(s)=\frac{1}{(s+10)^4},\quad \mathcal{K}(s)=k_{\mathrm{P}} \qquad (k_{\mathrm{P}}>0)$$

として，以下の問に答えよ。

(1) 開ループ系 $\mathcal{P}(s)\mathcal{K}(s)$ のゲイン交差角周波数と位相余裕を求めよ。

(2) 閉ループ系が内部安定となる k_{P} の範囲を求めよ。

(3) 位相余裕が 60° となる k_{P} を求めよ。

【５】 図 12.15 のフィードバック制御系において

$$\mathcal{P}(s)=\frac{3}{s^2+4s+3},\quad \mathcal{K}(s)=\frac{k(s+3)}{s(s+1)}$$

とする。一巡伝達関数のゲイン余裕が 20 dB となるような $k\in\mathbb{R}$ を求めよ。

【６】 制御対象

$$\mathcal{P}(s)=\frac{10}{s^2+11s+10}$$

を位相遅れ・進み補償により安定化する。開ループ系のゲイン交差角周波数が $\omega_{\mathrm{gc}}=20\,\mathrm{rad/s}$，位相余裕が $\mathrm{PM}=60^\circ$ となるようにし，さらに，ステップ目標値に対する定常偏差が 0.01 以下になるような制御器 $\mathcal{K}$ を設計せよ。

【７】 Ziegler& Nichols のステップ応答法において，無定位系は，$\mathcal{P}(s)=Re^{-Ls}/s$ とモデル化される。これに P 制御 $\mathcal{K}(s)=1/(RL)$ を施したときの開ループ系の位相余裕とゲイン余裕を求めよ。

control system design

13 ロバスト制御

制御対象のダイナミクスを正確にモデル化できれば，そのモデルを利用して，設計仕様を満足する制御系を設計できる。しかし，現実の制御対象の特徴を完璧にモデル化することは困難でありモデル化誤差が生じる。また，設計のしやすさの観点から，微小なむだ時間や，非線形性，外乱，観測雑音などをあえてモデル化しないこともある。そのため，そういった現実の制御対象とモデルの間のギャップを考慮した制御が求められる。そのような制御を**ロバスト制御** (robust control) という。第 12 章で説明した，位相余裕やゲイン余裕を考慮したループ整形法は，ロバスト制御の一種である。本章では，もう一歩進んで，制御対象の不確かさや変動をモデル集合として記述し，そのモデル集合に対して，安定性や制御性能を達成する制御器の設計問題を考える。まず，不確かさの記述方法を説明する。そして，制御の最悪ケースを評価するために，H_∞ ノルムを導入した後，ロバスト制御問題であるロバスト安定化問題や感度低減化問題を説明する。さらに，安定化制御器のパラメータ化や H_∞ 制御問題に触れる。

13.1 不確かさの記述

ここでは，**不確かさ** (uncertainty) を有する制御対象を記述する方法を説明する。いま，制御対象 $\tilde{\mathcal{P}}(s)$ の周波数応答を複数回測定したとき，ばらつきがあったとする。それらを $\mathcal{P}_i(j\omega)$ $(i=1,2,\ldots,N)$ とし，それらのおおまかな傾向を表すモデルを $\mathcal{P}(j\omega)$ とする。このとき，$\mathcal{P}_i(j\omega)-\mathcal{P}(j\omega)$ を考え，そのゲイン線図よりも $\mathcal{W}_T(j\omega)$ のゲイン線図が上になるような $\mathcal{W}_T(s)$ を定める。そう

すれば，$|\mathcal{P}_i(j\omega) - \mathcal{P}(j\omega)| \leq |\mathcal{W}_T(j\omega)|$ $(\forall\omega)$ が成り立ち，$\mathcal{P}(s)$ と $\mathcal{W}_T(s)$ のみで制御対象を表現することができる。この $\mathcal{P}(s)$ は**ノミナルモデル** (nominal model) と呼ばれる。

大きさが 1 以下の安定な伝達関数 $\Delta(s)$ を導入すると，制御対象 $\tilde{\mathcal{P}}(s)$ は

$$\widetilde{\mathcal{P}}(s) = \mathcal{P}(s) + \Delta(s)\mathcal{W}_T(s) \tag{13.1}$$

と表すことができる。このとき，$\widetilde{\mathcal{P}}(s)$ の集合

$$\mathbb{P} = \{\widetilde{\mathcal{P}}(s)|\widetilde{\mathcal{P}}(s) = \mathcal{P}(s) + \Delta(s)\mathcal{W}_T(s),\ |\Delta(j\omega)| \leq 1, \forall\omega\} \tag{13.2}$$

を考える。これを**モデル集合** (model set), あるいは**変動モデル** (variation model) と呼ぶ。$\Delta(s)\mathcal{W}_T(s)$ が不確かさを表している。$|\Delta(j\omega)|$ の値は周波数ごとに 0 から 1 の間の値をとり，$|\mathcal{W}_T(j\omega)|$ で各周波数ごとの不確かさの大きさを決めるようになっている。このことから，$\mathcal{W}_T$ は**周波数重み関数** (frequency-weighted function) と呼ばれる。また，ブロック線図で表現すると，**図 13.1** のようになるため，$\Delta(s)\mathcal{W}_T(s)$ を**加法的な不確かさ** (additive uncertainty) の表現ともいう。なお，現実の制御対象 $\widetilde{\mathcal{P}}(s)$ は，$\Delta(s) = 0$ のときにノミナルモデル $\mathcal{P}(s)$ と一致する。

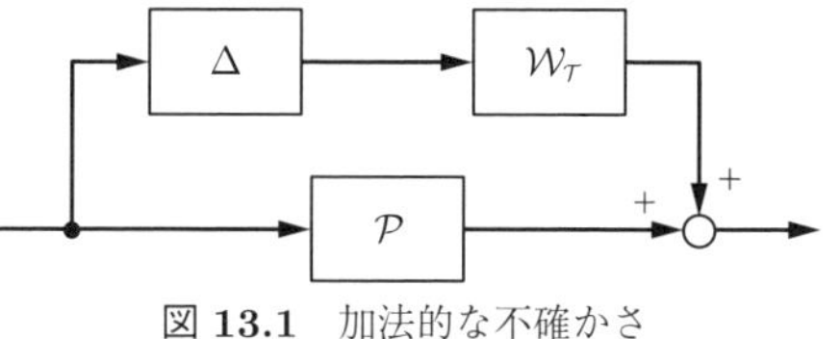

図 13.1 加法的な不確かさ

不確かさのほかの表現方法として，**乗法的な不確かさ** (multiplicative uncertainty) がある。これは

$$\left|\frac{\mathcal{P}_i(j\omega) - \mathcal{P}(j\omega)}{\mathcal{P}(j\omega)}\right| \leq |\mathcal{W}_T(j\omega)|\ (\forall\omega) \tag{13.3}$$

とするものであり，モデル集合は

$$\mathbb{P} = \{\widetilde{\mathcal{P}}(s)|\widetilde{\mathcal{P}}(s) = (1 + \Delta(s)\mathcal{W}_T(s))\mathcal{P}(s),\ |\Delta(j\omega)| \leq 1, \forall\omega\} \tag{13.4}$$

となる。また，ブロック線図で表すと**図 13.2** となる。

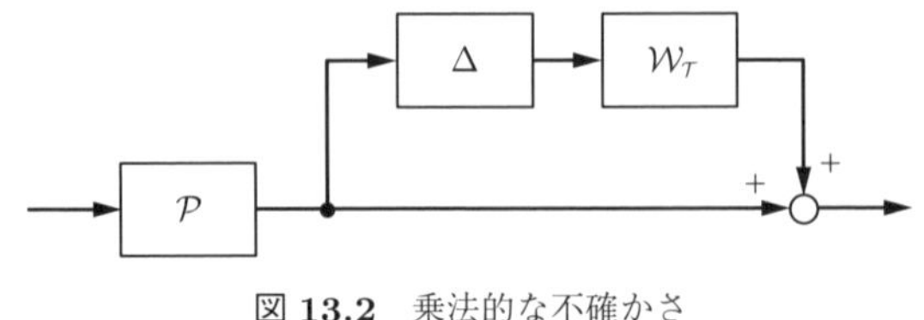

図 **13.2**　乗法的な不確かさ

例 13.1　**図 13.3**(a) は，重み関数 $\mathcal{W}_T(s)$ を

$$\mathcal{W}_T(s) = \frac{10s}{s+150} \tag{13.5}$$

としたときの制御対象 $\tilde{\mathcal{P}}(s)$ のゲイン線図である。細線が $\mathcal{P}_i(s)$ のゲイン線図であり，太線がノミナルモデル $\mathcal{P}(s)$ のゲイン線図となっている。一方，図 (b) には，$\mathcal{P}_i(s)$ と $\mathcal{P}(s)$ の相対誤差（式 (13.3) の左辺）を細線プロットしており，太線で式 (13.5) の $\mathcal{W}_T(s)$ をプロットしている。

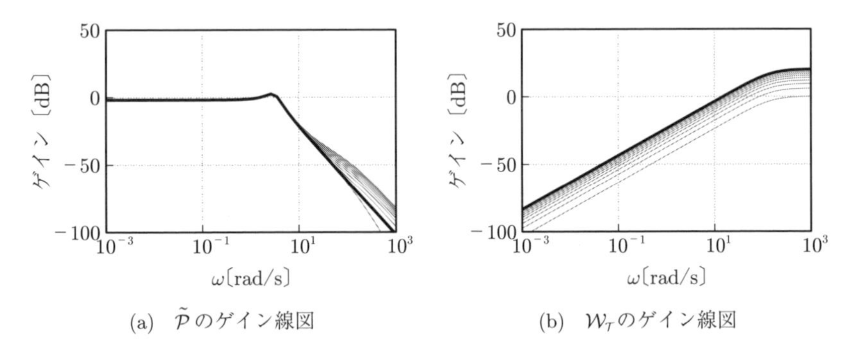

(a)　$\tilde{\mathcal{P}}$ のゲイン線図　　(b)　$\mathcal{W}_T$ のゲイン線図

図 **13.3**　不確かさをもつ制御対象のゲイン線図

これからわかるように，高周波域のゲインがばらついている。これは，入力信号の高周波成分に対する応答がばらつくことを意味している。例えば，速応性をよくするために制御器のゲインを大きくしたときに，望ましい応答が得られない（不安定化する）可能性がある。

13.2 $\boldsymbol{H_\infty}$ ノルムとスモールゲイン定理

安定な伝達関数 $\mathcal{G}(s)$ の大きさを評価するために

$$\|\mathcal{G}(s)\|_\infty = \sup_{0<\omega<\infty} |\mathcal{G}(j\omega)| \tag{13.6}$$

と定義する。これが $\mathcal{G}(s)$ の **$\boldsymbol{H_\infty}$ ノルム** (H_∞ norm) である。H_∞ ノルムは，1 入力 1 出力システム $\mathcal{G}(s)$ のゲインの最大値（正確には上限値）に対応する。また，H_∞ ノルムは，時間領域で表現することができ，$y = \mathcal{G}u$ とすると

$$\|\mathcal{G}\|_\infty = \sup_{u \in L_2 \setminus \{0\}} \frac{\|y\|_2}{\|u\|_2} \tag{13.7}$$

となる。ただし，$\|y\|_2$ は，信号 y の L_2 ノルム

$$\|y\|_2 = \sqrt{\int_0^\infty |y(t)|^2 \mathrm{d}t} \tag{13.8}$$

である。$\|y\|_2/\|u\|_2$ はシステムの入出力エネルギーの比であるので，H_∞ ノルムが，エネルギー比が最大となる最悪の入力 u を考えたときのエネルギー比であることを示している。

図 13.4 の不確かさ $\Delta(s)$ を含むシステムの安定性を考える。Nyquist の安定判別法では，$\mathcal{L}(s) = \Delta(s)\mathcal{G}(s)$ が安定であるとき，位相交差角周波数における開ループ伝達関数のゲイン $|\mathcal{L}(j\omega_{\mathrm{pc}})|$ が 1 未満（0 dB 未満）であれば，閉ループ系は安定であった。この Nyquist の安定判別法のゲイン特性だけに着目したものは，以下の**スモールゲイン定理** (small-gain theorem) として知られている。

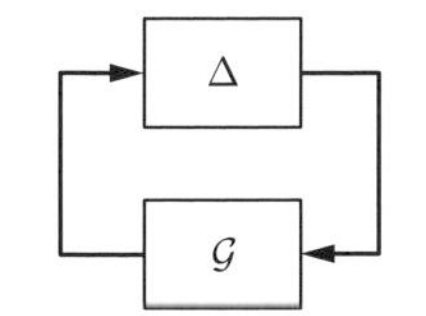

図 13.4　不確かさをもつ制御対象

定理 13.1　（スモールゲイン定理）　$\Delta(s)$, $\mathcal{G}(s)$ が安定かつプロパーな伝

達関数であるとする。このとき，$\|\Delta(s)\|_\infty \leq 1$ を満たすすべての Δ に対して，図 13.4 のフィードバック系が内部安定となるための必要十分条件は

$$\|\mathcal{G}(s)\|_\infty < 1 \tag{13.9}$$

となる。

これは，開ループ伝達関数 $\mathcal{L}(j\omega)$ のベクトル軌跡が複素平面上の単位円内に存在していれば，システムが必ず安定であることを意味している。

13.3　ロバスト安定化問題

ここでの目標は，モデル集合 $\mathbb{P}$ に属するすべての $\widetilde{\mathcal{P}}(s)$ に対してフィードバック系の内部安定性を保証する制御器 $\mathcal{K}(s)$ を設計することである。これを**ロバスト安定化問題** (robust stability problem) という。

対象とするフィードバック系は，**図 13.5**(a) となる。ただし，モデル集合は，乗法的な不確かさで与えられているとする。目標値を $r = 0$ とし，ブロック線図を変形すると，図 (b) が得られる。このとき，図の b から a への伝達関数は

$$-\frac{\mathcal{P}(s)\mathcal{K}(s)}{1+\mathcal{P}(s)\mathcal{K}(s)} = -\mathcal{T}(s) \tag{13.10}$$

となる。ここで

$$\mathcal{T}(s) = \frac{\mathcal{P}(s)\mathcal{K}(s)}{1+\mathcal{P}(s)\mathcal{K}(s)} \tag{13.11}$$

は**相補感度関数** (complementary sensitivity function) と呼ばれる。

不確かさ $\Delta(s)$ とシステム $-\mathcal{W}_T(s)\mathcal{T}(s)$（図の灰色の部分）のフィードバック結合に対して，スモールゲイン定理を用いる。$\|\Delta(s)\|_\infty \leq 1$ であるので

$$\|\mathcal{W}_T(s)\mathcal{T}(s)\|_\infty < 1 \tag{13.12}$$

であれば

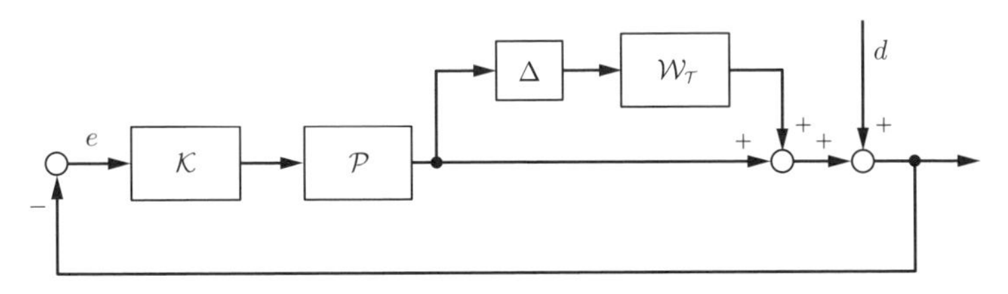

(a)　フィードバック制御系のブロック線図

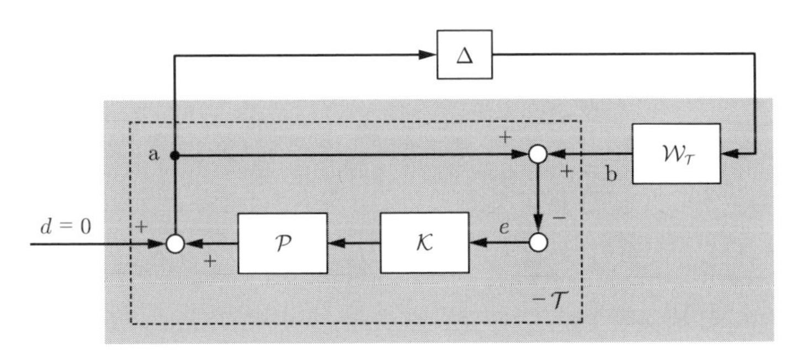

(b)　(a) を変形したブロック線図

図 13.5　乗法的な不確かさを有する制御対象のロバスト安定化

$$\begin{aligned}\|\Delta(s)\mathcal{W}_\mathcal{T}(s)\mathcal{T}(s)\|_\infty &\leq \|\Delta(s)\|_\infty\|\mathcal{W}_\mathcal{T}(s)\mathcal{T}(s)\|_\infty \\ &\leq \|\mathcal{W}_\mathcal{T}(s)\mathcal{T}(s)\|_\infty < 1 \end{aligned} \tag{13.13}$$

が成り立つ（$|\Delta(j\omega)\mathcal{W}_\mathcal{T}(j\omega)\mathcal{T}(j\omega)| < 1\ (\forall\omega)$ であるので，ベクトル軌跡はつねに単位円内に存在する）。したがって，フィードバック系がロバスト安定，すなわち，モデル集合 $\mathbb{P}$ に属するすべての制御対象について内部安定となる。これより，式 (13.12) を満足する制御器 $\mathcal{K}(s)$ を設計すればよいことがわかる。

13.4　混合感度問題

実用上，ロバスト安定性だけでは不十分で，目標値追従特性や外乱抑制特性なども一緒に考える必要がある。なぜなら，制御対象が安定で，パラメータがいくら変動したとしても，やはり安定である場合，$\mathcal{K}(s) = 0$（なにもしない）

がロバスト制御器となってしまうからである。そこでここでは，制御対象の出力に外乱 d が加わる場合を対象とし，外乱が出力に与える影響を小さくする**感度低減化問題** (sensitivity reduction problem) を考える。

感度低減化問題では，外乱 d がノミナルモデル $\mathcal{P}$ に与える影響を考慮するため，**図 13.6** のブロック線図の灰色の部分に注目する。図の c から a までの伝達関数は

$$\mathcal{S}(s) = \frac{1}{1+\mathcal{P}(s)\mathcal{K}(s)} \tag{13.14}$$

と表すことができる。この $\mathcal{S}(s)$ は感度関数である（第 12 章のコーヒーブレイクを参照）。もし，感度関数の低周波ゲインが小さくなるように制御器 $\mathcal{K}(s)$ を設計できれば，低周波の外乱の影響が出力に表れにくくなる。そこで，安定な伝達関数 $\mathcal{W}_{\mathcal{S}}(s)$ を用意して，評価出力 $z = \mathcal{W}_{\mathcal{S}}(s)\mathcal{S}(s)w$ を考え

$$\|\mathcal{S}(s)\mathcal{W}_{\mathcal{S}}(s)\|_\infty < 1 \tag{13.15}$$

を満足するように，制御器 $\mathcal{K}(s)$ を決定する。上記の条件は，任意の周波数 ($\forall\omega$) において，$|\mathcal{S}(j\omega)\mathcal{W}_{\mathcal{S}}(j\omega)| < 1$ が成り立つことなので

$$|\mathcal{S}(j\omega)| < \frac{1}{|\mathcal{W}_{\mathcal{S}}(j\omega)|}, \quad \forall\omega \tag{13.16}$$

と表すことができる。なお，感度関数 $\mathcal{S}(s)$ は，目標値から偏差への伝達関数でもあるので，重み関数 $\mathcal{W}_{\mathcal{S}}(s)$ を適切に選び，上記の設計問題を解くことによって，目標値追従特性も改善することが可能である。

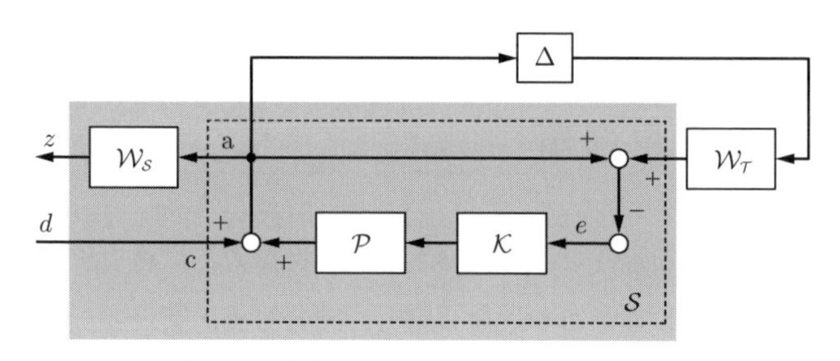

図 13.6　外乱抑制特性の改善（感度低減化）

以上をまとめると

$$\|\mathcal{S}(s)\mathcal{W}_{\mathcal{S}}(s)\|_\infty < 1, \quad \|\mathcal{T}(s)\mathcal{W}_{\mathcal{T}}(s)\|_\infty < 1 \tag{13.17}$$

を同時に満たす制御器 $\mathcal{K}(s)$ を設計すれば，フィードバック制御系は，**ロバスト性能** (robust performance)（ロバスト安定化と感度関数の周波数整形）を有する。しかし，$\mathcal{S}(s)+\mathcal{T}(s)=1$ の関係が成り立つため，式 (13.17) の二つの条件を独立に最小化することはできない。そこで，$\mathcal{S}(s)$ の低周波域のゲインを小さくし，$\mathcal{T}(s)$ の高周波域のゲインを小さくするように，重み関数 $\mathcal{W}_{\mathcal{S}}(s)$ と $\mathcal{W}_{\mathcal{T}}(s)$ を設定し，式 (13.17) の条件式をまとめた

$$\left\| \begin{bmatrix} \mathcal{W}_{\mathcal{S}}(s)\mathcal{S}(s) \\ \mathcal{W}_{\mathcal{T}}(s)\mathcal{T}(s) \end{bmatrix} \right\|_\infty < \gamma \tag{13.18}$$

を用いて γ を最小化する問題を考える。これを**混合感度問題** (mixed sensitivity problem) という。この問題を解き，γ が 1 以下になれば，得られた $\mathcal{K}(s)$ は式 (13.17) を満たす。

例 13.2　制御対象

$$\mathcal{P}(s) = \frac{8}{s^2+2s+10}$$

に対してロバスト制御器を設計する。感度低減化のための重み関数 $\mathcal{W}_{\mathcal{S}}(s)$ を

$$\mathcal{W}_{\mathcal{S}}(s) = \frac{1}{(s+0.5)^2} \tag{13.19}$$

とし，乗法的な不確かさを表す重み関数 $\mathcal{W}_{\mathcal{T}}(s)$ を式 (13.5) として混合感度問題を解く。計算機を利用して，混合感度問題を解くと 5 次の制御器 $\mathcal{K}(s)$ が得られた。また，γ の値は，$\gamma = 1.328\,775\,540\,579\,809\,2$ となった。さらに，このときの感度関数 $\mathcal{S}(s)$ と相補感度関数 $\mathcal{T}(s)$ のゲイン線図は図 **13.7** となり，それぞれ $\gamma/\mathcal{W}_{\mathcal{S}}(s)$ と $\gamma/\mathcal{W}_{\mathcal{T}}(s)$ のゲイン線図より下側に描かれていることを確認できる。

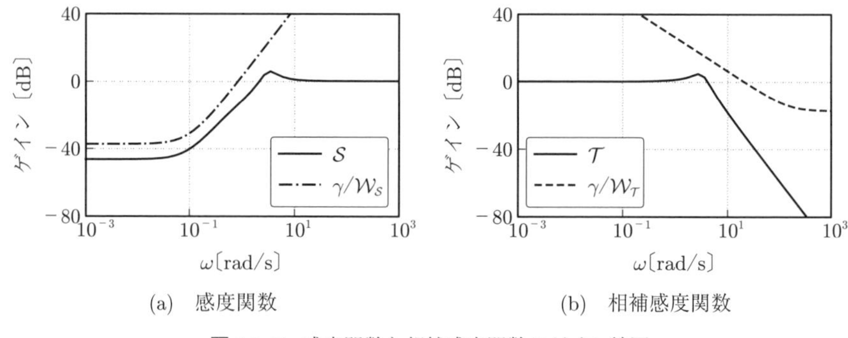

(a)　感度関数　　　(b)　相補感度関数

図 13.7　感度関数と相補感度関数のゲイン線図

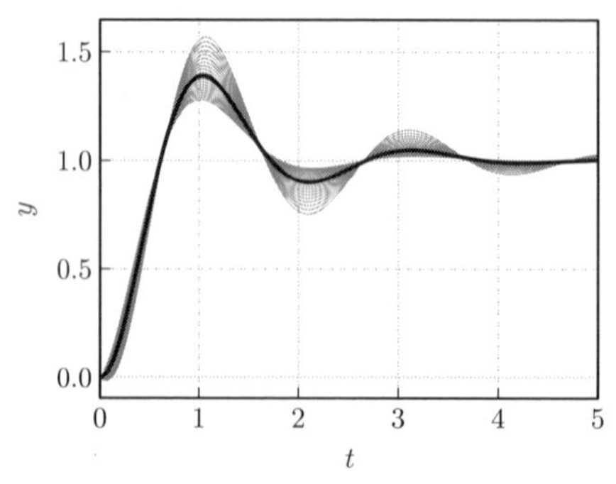

図 13.8　ロバスト制御器を用いたときのステップ応答

最後に，設計したロバスト制御器を用いたときのステップ応答を確認する。結果は**図 13.8** である。すみやかに目標値に追従していることと，不確かさがあっても応答があまり変わらないことがわかる。

13.5　安定化制御器のパラメータ化

ここまでは，与えられた制御対象に対して，制御器を一つ設計することを考えてきた。つまり，**図 13.9** に示すように，制御対象 $\mathcal{P}(s)$ を安定化する $\mathcal{K}(s)$ やモデル集合 $\mathbb{P}$ をロバスト安定化する $\mathcal{K}(s)$ を設計していた。

ここでは，視点を変えて，与えられた制御対象を安定化するすべての制御器，すなわち，制御器の集合を求めることを考える。そして，その中から，ロバスト安定化や感度低減化を達成する制御器を求める。以下では，安定かつプロパーな有理伝達関数の集合を $\mathbb{RH}_\infty$ とする。

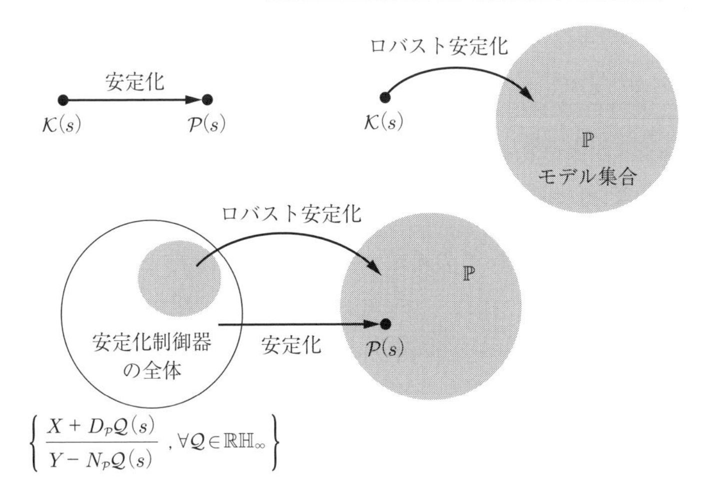

図 13.9　安定化制御器のパラメータ化

制御対象と制御器の伝達関数を

$$\mathcal{P}(s) = \frac{N_{\mathcal{P}}(s)}{D_{\mathcal{P}}(s)}, \quad \mathcal{K}(s) = \frac{N_{\mathcal{K}}(s)}{D_{\mathcal{K}}(s)} \tag{13.20}$$

と表す。ただし，$N_{\mathcal{P}}(s), D_{\mathcal{P}}(s), N_{\mathcal{K}}(s), D_{\mathcal{K}}(s) \in \mathbb{RH}_\infty$ である†。このとき，フィードバック系の特性多項式は

$$\phi(s) = N_{\mathcal{P}}(s)N_{\mathcal{K}}(s) + D_{\mathcal{P}}(s)D_{\mathcal{K}}(s) \tag{13.21}$$

となる。そして, $\phi(s)^{-1} \in \mathbb{RH}_\infty$ であれば, 内部安定となる。さらに, 式 (13.21) の両辺に $\phi(s)^{-1} \in \mathbb{RH}_\infty$ をかけると

$$1 = N_{\mathcal{P}}(s)\frac{N_{\mathcal{K}}(s)}{\phi(s)} + D_{\mathcal{P}}(s)\frac{D_{\mathcal{K}}(s)}{\phi(s)} \tag{13.22}$$

となる。$\tilde{N}_{\mathcal{K}}(s) = N_{\mathcal{K}}(s)\phi(s)^{-1}$, $\tilde{D}_{\mathcal{K}}(s) = D_{\mathcal{K}}(s)\phi(s)^{-1}$ とおくと，$\tilde{\mathcal{K}}(s) = \tilde{N}_{\mathcal{K}}(s)/\tilde{D}_{\mathcal{K}}(s)$ も $\mathcal{P}(s)$ を安定化する制御器であることがわかる。なぜなら，$1 \in \mathbb{RH}_\infty$ であるからである。したがって

$$N_{\mathcal{P}}(s)N_{\mathcal{K}}(s) + D_{\mathcal{P}}(s)D_{\mathcal{K}}(s) = 1 \tag{13.23}$$

† $N_{\mathcal{P}}(s), D_{\mathcal{P}}(s), N_{\mathcal{K}}(s), D_{\mathcal{K}}(s)$ は多項式ではなく，プロパーな有理関数であることに注意する。

を満たせば，制御器 $\mathcal{K}(s)$ は，$\mathcal{P}(s)$ を安定化する。

一方，制御対象が既約（分子，分母が共通零点をもたない）とすると，$X(s)$, $Y(s) \in \mathbb{RH}_\infty$ が存在して

$$N_\mathcal{P}(s)X(s) + D_\mathcal{P}(s)Y(s) = 1 \tag{13.24}$$

を満たす。これは，**Bézout の等式** (Bézout's identity) として知られている。そして，これは，式 (13.23) の一般形であるので，けっきょく，$\mathcal{P}(s)$ を安定化する $\mathcal{K}(s)$ を設計するためには，式 (13.23) と式 (13.24) を満たす $(N_\mathcal{K}(s),\ D_\mathcal{K}(s))$ を求めればよいことになる。

式 (13.23) から式 (13.24) をひくと

$$N_\mathcal{P}(s)(N_\mathcal{K}(s) - X(s)) + D_\mathcal{P}(s)(D_\mathcal{K}(s) - Y(s)) = 0 \tag{13.25}$$

が得られるが，これは

$$\begin{bmatrix} N_\mathcal{P}(s) & D_\mathcal{P}(s) \end{bmatrix} \begin{bmatrix} N_\mathcal{K}(s) - X(s) \\ D_\mathcal{K}(s) - Y(s) \end{bmatrix} = 0 \tag{13.26}$$

と書ける。これより

$$\begin{bmatrix} N_\mathcal{K}(s) - X(s) \\ D_\mathcal{K}(s) - Y(s) \end{bmatrix} = \begin{bmatrix} D_\mathcal{P}(s) \\ -N_\mathcal{P}(s) \end{bmatrix} \mathcal{Q}(s), \quad \forall \mathcal{Q}(s) \in \mathbb{RH}_\infty \tag{13.27}$$

と選べばよいことがわかり，つぎの結果が得られる。

定理 13.2　$\mathcal{P}(s) = N_\mathcal{P}(s)/D_\mathcal{P}(s)$ を安定化するすべての制御器は

$$\mathcal{K}(s) = \frac{X(s) + D_\mathcal{P}(s)\mathcal{Q}(s)}{Y(s) - N_\mathcal{P}(s)\mathcal{Q}(s)}, \quad \forall \mathcal{Q}(s) \in \mathbb{RH}_\infty \tag{13.28}$$

と表現される。ただし，$X(s), Y(s) \in \mathbb{RH}_\infty$ は，$N_\mathcal{P}(s)X(s) + D_\mathcal{P}(s)Y(s) = 1$ を満たすものである。

$\mathcal{Q}$ を**自由パラメータ** (free parameter) という。また，このような安定化制御器のパラメータ化は，**Youla パラメトリゼーション** (Youla parametrization)

と呼ばれる。この結果を利用すれば，すべての安定化制御器を $\mathcal{Q}$ でもれなく表現することができる。そして，制御器 $\mathcal{K}(s)$ の設計問題が，$\mathcal{Q}$ の設計問題に帰着される。ちなみに，状態空間表現にも拡張できることが知られている。

定理 13.3 $\boldsymbol{A}+\boldsymbol{BF}$ を安定化する状態フィードバックゲイン $\boldsymbol{F}$ と $\boldsymbol{A}+\boldsymbol{LC}$ を安定化するオブザーバゲイン $\boldsymbol{L}$ が得られたとする。このとき，安定なフィルタ $\mathcal{Q}(s) \in \mathbb{RH}_\infty$ を用いて，安定化制御器のすべてを

$$\Sigma_{\mathcal{K}} : \begin{cases} \dot{\hat{\boldsymbol{x}}}(t) = (\boldsymbol{A}+\boldsymbol{BF})\hat{\boldsymbol{x}}(t) + \boldsymbol{B}h(t) - \boldsymbol{L}v(t) \\ u(t) = \boldsymbol{F}\hat{\boldsymbol{x}}(t) + h(t) \\ v(t) = y(t) - \boldsymbol{C}\hat{\boldsymbol{x}}(t) \\ h(t) = \mathcal{Q}(s)v(t) \end{cases} \tag{13.29}$$

と表現できる。

この安定化制御器は，$\mathcal{Q}(s) = 0$ とすれば，オブザーバ併合レギュレータと一致する。すなわち，オブザーバと状態フィードバック制御で制御器を構成し，出力の推定誤差 $y(t) - \boldsymbol{C}\hat{\boldsymbol{x}}(t)$ を安定なフィルタ $\mathcal{Q}(s)$ を介して制御入力に加えることで，制御対象を安定化するさまざまな制御器が得られる。

例題 13.1 制御対象

$$\mathcal{P}(s) = \frac{1}{s(s+2)} \tag{13.30}$$

を安定化するすべての安定化制御器 $\mathcal{K}(s)$ のクラスを自由パラメータ $\mathcal{Q}(s)$ を用いて表現し，$\mathcal{Q}(s) = c_0$ としたときの $\mathcal{K}(s)$ および，閉ループ系の極を求めよ。

【解答】 例えば

$$N_{\mathcal{P}}(s) = \frac{1}{(s+1)^2}, \quad D_{\mathcal{P}}(s) = \frac{s(s+2)}{(s+1)^2} \tag{13.31}$$

とすれば，$N_{\mathcal{P}}(s)X(s) + D_{\mathcal{P}}(s)Y(s) = 1$ を満たす $X(s)$, $Y(s)$ は，$X(x) = 1$, $Y(s) = 1$ となる。したがって，安定化制御器 $\mathcal{K}(s)$ は

$$\mathcal{K}(s) = \frac{X(s) + D_{\mathcal{P}}(s)\mathcal{Q}(s)}{Y(s) - N_{\mathcal{P}}(s)\mathcal{Q}(s)} = \frac{1 + \dfrac{s(s+2)}{(s+1)^2}\mathcal{Q}(s)}{1 - \dfrac{1}{(s+1)^2}\mathcal{Q}(s)} \tag{13.32}$$

となる。特に，$\mathcal{Q}(s) = c_0$ のとき

$$\mathcal{K}(s) = \frac{(s+1)^2 + s(s+2)c_0}{(s+1)^2 - c_0} = \frac{(1+c_0)s^2 + 2(1+c_0)s + 1}{s^2 + 2s + 1 - c_0} \tag{13.33}$$

となり，特性多項式は

$$\phi(s) = (s+1)^2 + s(s+2)c_0 + s(s+2)\{(s+1)^2 - c_0\} = (s+1)^4 \tag{13.34}$$

となる。したがって，閉ループ極は，$\{-1, -1, -1, -1\}$ である。　◇

以下では，この枠組みで，ロバスト安定化問題と感度低減化問題を考えてみよう。

まず，$\mathcal{W}_{\mathcal{T}}(s)\mathcal{T}(s)$ は，定理 13.2 を用いると

$$\mathcal{W}_{\mathcal{T}}(s)\frac{\mathcal{P}(s)\mathcal{K}(s)}{1 + \mathcal{P}(s)\mathcal{K}(s)} = \mathcal{W}_{\mathcal{T}}(s)N_{\mathcal{P}}(s)(X(s) + D_{\mathcal{P}}(s)\mathcal{Q}(s)) \tag{13.35}$$

となるので，ロバスト安定化問題は

$$\|T_1(s) + T_2(s)\mathcal{Q}(s)\|_\infty < \gamma \tag{13.36}$$

$$T_1(s) = \mathcal{W}_{\mathcal{T}}(s)N_{\mathcal{P}}(s)X(s), \quad T_2(s) = \mathcal{W}_{\mathcal{T}}(s)N_{\mathcal{P}}(s)D_{\mathcal{P}}(s) \tag{13.37}$$

を満たす $\mathcal{Q}$ を求める問題となる。

同様に，$\mathcal{W}_{\mathcal{S}}(s)\mathcal{S}(s)$ は

$$\mathcal{W}_{\mathcal{S}}(s)\frac{1}{1 + \mathcal{P}(s)\mathcal{K}(s)} = \mathcal{W}_{\mathcal{S}}(s)D_{\mathcal{P}}(s)(Y(s) - N_{\mathcal{P}}(s)\mathcal{Q}(s)) \tag{13.38}$$

となるので，感度低減化問題は

$$\|T_1(s) + T_2(s)\mathcal{Q}(s)\|_\infty < \gamma \tag{13.39}$$

$$T_1(s) = \mathcal{W}_{\mathcal{S}}(s)D_{\mathcal{P}}(s)Y(s), \quad T_2(s) = -\mathcal{W}_{\mathcal{S}}(s)D_{\mathcal{P}}(s)N_{\mathcal{P}}(s) \tag{13.40}$$

を満たす Q を求める問題となる。

例えば，T_2^{-1} が安定かつプロパーの場合では

$$\mathcal{Q}(s) = \frac{U(s) - T_1(s)}{T_2(s)}, \quad \forall \|U\|_\infty < \gamma \tag{13.41}$$

となる。また，T_2 が一つだけ不安定零点 $\alpha > 0$ をもつ場合は，$T_1(\alpha)+T_2(\alpha)\mathcal{Q}(\alpha) = T_1(\alpha)$ であるので，$\|T_1(\alpha)\|_\infty < \gamma$ が成り立てば

$$\mathcal{Q}(s) = \frac{T_1(\alpha) - T_1(s)}{T_2(s)} \tag{13.42}$$

が最適解となる。

例 13.3

$$\tilde{\mathcal{P}}(s) = (1 + \Delta(s)\mathcal{W}_\mathcal{T}(s))\mathcal{P}(s), \quad \|\Delta(s)\| \leq 1 \tag{13.43}$$

$$\mathcal{W}_\mathcal{T}(s) = \frac{5s+1}{s+1}, \quad \mathcal{P}(s) = \frac{1}{s+1} \tag{13.44}$$

で表される制御対象 $\tilde{\mathcal{P}}(s)$ を安定化する $\mathcal{K}(s)$ を求める。

$\mathcal{P}(s)$ を安定化するすべての $\mathcal{K}(s)$ は, $N_\mathcal{P}(s) = \mathcal{P}(s)$, $D_\mathcal{P}(s) = 1$, $X(s) = 0$, $Y(s) = 1$ とすると

$$\mathcal{K}(s) = \frac{\mathcal{Q}(s)}{1 - \mathcal{P}(s)\mathcal{Q}(s)}, \quad \forall \mathcal{Q}(s) \in \mathbb{RH}_\infty \tag{13.45}$$

となる。このとき

$$\|\mathcal{W}_\mathcal{T}(s)\mathcal{T}(s)\|_\infty = \|\mathcal{W}_\mathcal{T}(s)\mathcal{P}(s)\mathcal{Q}(s)\|_\infty \leq 1 \tag{13.46}$$

を満たす $\mathcal{Q}(s)$ を求めればよいが，ノルムを最小化するものは，$\mathcal{Q}(s) = 0$ であり，$\mathcal{K}(s) = 0$ となる（なにもしないのがロバストである）。

ここで

$$\mathcal{W}_\mathcal{T}(s)\mathcal{P}(s) = \frac{5s+1}{s+1}\frac{1}{s+1} \tag{13.47}$$

であるので

$$\left\|\frac{5s+1}{s+1}\frac{1}{s+1}\mathcal{Q}(s)\right\|_\infty \leq \left\|\frac{5s+1}{s+1}\right\|_\infty \left\|\frac{1}{s+1}\right\|_\infty \|\mathcal{Q}(s)\|_\infty = 5\|\mathcal{Q}(s)\|_\infty \tag{13.48}$$

を得る。これより，例えば，$\mathcal{Q}(s) = 1/6$ とすると，式 (13.46) を満たす。このとき

$$\mathcal{K}(s) = \frac{s+1}{6s+5} \tag{13.49}$$

となる。

例 13.4

$$\mathcal{W}_\mathcal{S}(s) = \frac{0.01s+1}{s+1}, \quad \mathcal{P}(s) = \frac{1-s}{s+1} \tag{13.50}$$

のとき，$\|\mathcal{W}_\mathcal{S}(s)\mathcal{S}(s)\|_\infty$ を最小化する制御器 $\mathcal{K}(s)$ を求める。安定化制御器は，式 (13.45) であるので，$\mathcal{W}_\mathcal{S}(s)\mathcal{S}(s)$ は

$$\mathcal{W}_\mathcal{S}(s)\mathcal{S}(s) = \mathcal{W}_\mathcal{S}(s) - \mathcal{W}_\mathcal{S}(s)\mathcal{P}(s)\mathcal{Q}(s) = T_1(s) + T_2(s)\mathcal{Q}(s) \tag{13.51}$$

となる。ここで

$$T_2(s) = -\mathcal{W}_\mathcal{S}(s)\mathcal{P}(s) = \frac{(0.01s+1)(s-1)}{(s+1)^2} \tag{13.52}$$

であるので，不安定零点が 1 であることがわかる。これより，$\|\mathcal{W}_\mathcal{S}(s)\mathcal{S}(s)\|_\infty$ の最小値は，$\|\mathcal{W}_\mathcal{S}(1)\mathcal{S}(1)\|_\infty = |T_1(1)| = |\mathcal{W}_\mathcal{S}(1)| = 1.01/2$ となる。そして

$$\mathcal{Q}(s) = \frac{T_1(1) - T_1(s)}{T_2(s)} = \frac{0.99(s+1)}{2(0.01s+1)} \tag{13.53}$$

が得られ

$$\mathcal{K}(s) = \frac{\mathcal{Q}(s)}{1-\mathcal{P}(s)\mathcal{Q}(s)} = \frac{99}{101} \tag{13.54}$$

となる。このとき，感度関数は

$$\mathcal{S}(s) = \frac{1}{1+\mathcal{P}(s)\mathcal{K}(s)} = \frac{1.01(s+1)}{2(0.01s+1)}$$

であり，$\|\mathcal{W}_{\mathcal{S}}(s)\mathcal{S}(s)\|_\infty = 1.01/2$ となっていることがわかる。また，特性多項式は，$\phi(s) = 99(1-s) + 101(s+1) = 2(s+100)$ となっており，閉ループ極は $s = -100$ であることがわかる。

13.6　一般化制御対象と $\boldsymbol{H_\infty}$ 制御問題

ロバスト安定化問題や感度低減化問題は，制御対象と周波数重み関数からなるシステムの H_∞ ノルムを最小化する問題に帰着される。各問題を別々の問題と考えるのではなく，一般化した問題を考え，その問題に対する解法を考えることができれば，H_∞ ノルムに基づく統一的な設計法が得られる。その一般化した設計問題を，**$\boldsymbol{H_\infty}$ 制御問題** (H_∞ control problem) という。

$\boldsymbol{H_\infty}$ 制御 (H_∞ control) では，制御入力 u と観測出力 y のほかに，外部入力 w と評価出力 z が用いられる。これらを含むシステム $\mathcal{G}$

$$\Sigma_{\mathcal{G}} : \begin{cases} \dot{\boldsymbol{x}}(t) = \boldsymbol{A}\boldsymbol{x}(t) + \boldsymbol{B}_1 w(t) + \boldsymbol{B}_2 u(t) \\ z(t) = \boldsymbol{C}_1\boldsymbol{x}(t) + \boldsymbol{D}_{11} w(t) + \boldsymbol{D}_{12} u(t) \\ y(t) = \boldsymbol{C}_2\boldsymbol{x}(t) + \boldsymbol{D}_{21} w(t) + \boldsymbol{D}_{22} u(t) \end{cases} \tag{13.55}$$

を考える。これは，制御対象だけでなく，制御器や信号を評価するときの重み関数まで含めて記述されるので，**一般化制御対象** (generalized plant) と呼ばれる。このとき，H_∞ 制御問題は，フィードバック制御則 $u = \mathcal{K}(s)y$ に対して，$\|\mathcal{G}_{zw}(s)\|_\infty < \gamma$ を達成する制御器 $\mathcal{K}(s)$ を求める問題として定式化される。ただし，$\mathcal{G}_{zw}(s)$ は，外部入力 w から評価出力 z までの閉ループ伝達関数である。

13.3 節，13.4 節で説明したロバスト安定化問題や感度低減化問題は，H_∞ 制御問題として定式化できる。以下では，制御対象と制御器の状態空間表現を

$$\Sigma_{\mathcal{P}} : \begin{cases} \dot{\boldsymbol{x}}_{\mathcal{P}}(t) = \boldsymbol{A}_{\mathcal{P}}\boldsymbol{x}_{\mathcal{P}}(t) + \boldsymbol{B}_{\mathcal{P}} u(t) \\ y_{\mathcal{P}}(t) = \boldsymbol{C}_{\mathcal{P}}\boldsymbol{x}_{\mathcal{P}}(t) \end{cases} \tag{13.56}$$

$$\Sigma_{\mathcal{K}} : \begin{cases} \dot{\boldsymbol{x}}_{\kappa}(t) = \boldsymbol{A}_{\kappa}\boldsymbol{x}_{\kappa}(t) + \boldsymbol{B}_{\kappa}y(t) \\ u(t) \ = \boldsymbol{C}_{\kappa}\boldsymbol{x}_{\kappa}(t) \end{cases} \tag{13.57}$$

とする。

ロバスト安定化問題は，$\|\mathcal{W}_{T}T\|_{\infty}$ の値を小さくする制御器を求める問題であった。これは，**図 13.10**(a) のように，重み関数を付加したフィードバック系を新たなフィードバック系として，w から z までの伝達関数の H_{∞} ノルムを最小化する問題を考えていることになる。図 13.5 の Δ を取り外し，Δ から出た信号に対応する部分を w，Δ に入る信号に対応する部分に重み関数をかけたものを評価出力 z としている。周波数重み関数を

$$\Sigma_{\mathcal{W}_{T}} : \begin{cases} \dot{\boldsymbol{x}}_{T}(t) = \boldsymbol{A}_{T}\boldsymbol{x}_{T}(t) + \boldsymbol{B}_{T}u_{T}(t) \\ z(t) \ = \boldsymbol{C}_{T}\boldsymbol{x}_{T}(t) + \boldsymbol{D}_{T}u_{T}(t) \end{cases} \tag{13.58}$$

とし，$\boldsymbol{x} := [\boldsymbol{x}_{\mathcal{P}}^{\top} \ \ \boldsymbol{x}_{T}^{\top}]^{\top}$ とする。すると，$\mathcal{G}$ は，図 13.10(a) より

$$\Sigma_{\mathcal{G}} : \begin{cases} \dot{\boldsymbol{x}}(t) = \begin{bmatrix} \boldsymbol{A}_{\mathcal{P}} & \boldsymbol{O} \\ \boldsymbol{B}_{T}\boldsymbol{C}_{\mathcal{P}} & \boldsymbol{A}_{T} \end{bmatrix}\boldsymbol{x}(t) + \begin{bmatrix} \boldsymbol{O} \\ \boldsymbol{O} \end{bmatrix}w(t) + \begin{bmatrix} \boldsymbol{B}_{\mathcal{P}} \\ \boldsymbol{O} \end{bmatrix}u(t) \\ z(t) = \begin{bmatrix} \boldsymbol{D}_{T}\boldsymbol{C}_{\mathcal{P}} & \boldsymbol{C}_{T} \end{bmatrix}\boldsymbol{x}(t) + 0 \cdot w(t) + 0 \cdot u(t) \\ y(t) = \begin{bmatrix} -\boldsymbol{C}_{\mathcal{P}} & \boldsymbol{O} \end{bmatrix}\boldsymbol{x}(t) - w(t) + 0 \cdot u(t) \end{cases} \tag{13.59}$$

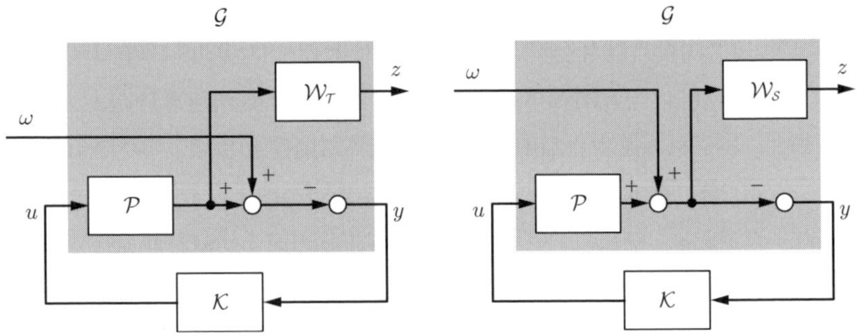

(a)　ロバスト安定化問題　　(b)　感度低減化問題

図 13.10　等価変換

となる。これを用いると，ロバスト安定化問題は，$\|\mathcal{G}\mathcal{K}\|_\infty < 1$ を満たす制御器 $\Sigma_\mathcal{K}$ を求める H_∞ 制御問題に帰着される。

感度低減化問題は，$\|\mathcal{W}_\mathcal{S}\mathcal{S}\|_\infty$ の値を小さくする制御器を求める問題であった。これもロバスト安定化問題と同様に，図 13.10(b) のように，重み関数を付加したフィードバック系を新たなフィードバック系として，w から z までの伝達関数の H_∞ ノルムを最小化する問題を考えていることになる。図 13.6 の Δ と $\mathcal{W}_T$ を取り外し，d を w としている。周波数重み関数を

$$\Sigma_{\mathcal{W}_\mathcal{S}} : \begin{cases} \dot{\boldsymbol{x}}_\mathcal{S}(t) = \boldsymbol{A}_\mathcal{S}\boldsymbol{x}_\mathcal{S}(t) + \boldsymbol{B}_\mathcal{S}u_\mathcal{S}(t) \\ z(t) = \boldsymbol{C}_\mathcal{S}\boldsymbol{x}_\mathcal{S}(t) + \boldsymbol{D}_\mathcal{S}u_\mathcal{S}(t) \end{cases} \tag{13.60}$$

とし，$\boldsymbol{x} := [\boldsymbol{x}_\mathcal{P}^\top \ \ \boldsymbol{x}_\mathcal{S}^\top]^\top$ とする。すると，$\mathcal{G}$ は，図 13.10(b) より

$$\Sigma_\mathcal{G} : \begin{cases} \dot{\boldsymbol{x}}(t) = \begin{bmatrix} \boldsymbol{A}_\mathcal{P} & \boldsymbol{O} \\ \boldsymbol{B}_\mathcal{S}\boldsymbol{C}_\mathcal{P} & \boldsymbol{A}_\mathcal{S} \end{bmatrix}\boldsymbol{x}(t) + \begin{bmatrix} \boldsymbol{O} \\ \boldsymbol{B}_\mathcal{S} \end{bmatrix} w(t) + \begin{bmatrix} \boldsymbol{B}_\mathcal{P} \\ \boldsymbol{O} \end{bmatrix} u(t) \\ z(t) = \begin{bmatrix} \boldsymbol{D}_\mathcal{S}\boldsymbol{C}_\mathcal{P} & \boldsymbol{C}_\mathcal{S} \end{bmatrix}\boldsymbol{x}(t) + \boldsymbol{D}_\mathcal{S}w(t) + 0 \cdot u(t) \\ y(t) = \begin{bmatrix} -\boldsymbol{C}_\mathcal{P} & \boldsymbol{O} \end{bmatrix}\boldsymbol{x}(t) - w(t) + 0 \cdot u(t) \end{cases} \tag{13.61}$$

となる。これより，ロバスト安定化問題と同様に，$\|\mathcal{G}\mathcal{K}\|_\infty < 1$ を満たす制御器 $\Sigma_\mathcal{K}$ を求める H_∞ 制御問題に帰着される。

以上のように，さまざまな制御問題を，一般化制御対象に対して制御器 $\Sigma_\mathcal{K}$ を設計する問題として定式化することができる。H_∞ 制御問題の解法としては，Riccati 方程式を用いる方法や Riccati 不等式を用いる方法があるが最近では，線形行列不等式（LMI）を用いる方法がよく用いられる。それらについては，本書の範囲を越えるので，詳細については，ロバスト制御の書籍（例えば，文献40)〜43)）を参照してほしい。

章 末 問 題

【1】 制御対象 $\tilde{\mathcal{P}}(s)$ およびノミナルモデル $\mathcal{P}(s)$ の伝達関数が次式で与えられるとする。

$$\tilde{\mathcal{P}}(s) = \frac{1}{(0.01s+1)(s+a)}, \quad \mathcal{P}(s) = \frac{1}{s+a}$$

このとき, 加法的な不確かさ $\Delta_a(s)(=\Delta(s)\mathcal{W}_T(s))$ と乗法的な不確かさ $\Delta_m(s)$ $(=\Delta(s)\mathcal{W}_T(s))$ を求めよ。

【2】 制御対象

$$\mathcal{P}(s) = \frac{s}{s^2+s+1}$$

の H_∞ ノルムを計算せよ。

【3】 加法的な不確かさを有するシステムのロバスト安定化問題を考える。図 **13.11** を利用して, 一般化制御対象を求めよ。

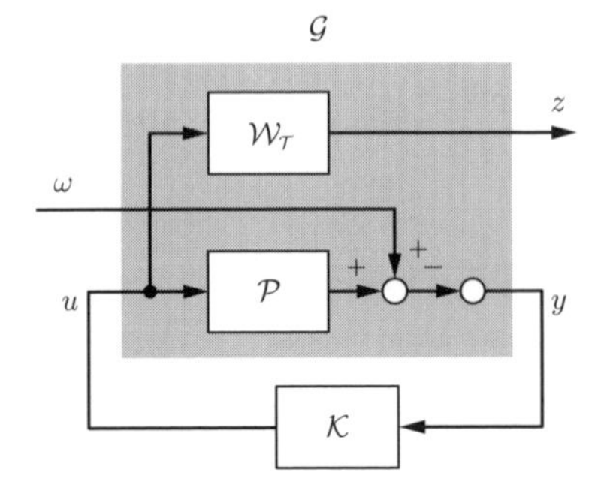

図 **13.11**　等価変換

【4】 混合感度問題に対する一般化制御対象を求めよ。

【5】 制御対象が

$$\mathcal{P}(s) = \frac{1}{s+2}$$

であるとき, 閉ループ系の極がすべて -3 となる PI 制御器 $\mathcal{K}(s)$ を求めよ（ヒント：$\mathcal{K}(s)$ を自由パラメータ $\mathcal{Q}(s)$ で表してから $\mathcal{K}(0)=\infty$ を満たす $\mathcal{Q}(s)$ を求める)。

control system design

14 離散時間システムの制御

計算機を利用して制御対象を制御する場合，制御対象の出力は，AD 変換を介して計算機にディジタルデータとして取り込まれ，そして，計算機で計算した制御入力は，DA 変換でディジタルデータからアナログ信号に変換されて制御対象に印加される。つまり，計算機に実装した制御器の入出力は，離散時間信号になる。そのため，連続時間システムとして設計された制御器を離散時間システムに変換する方法や，離散時間システムに対する制御器の設計法を知っておくとよい。本章では，まず，連続時間システムを離散時間システムに変換する方法として，0 次ホールドによる離散化と双一次変換による離散化を説明する。その後，離散時間システムのモデル表現と安定性について述べ，離散時間システムに対する制御則の設計法を説明する。最後に，強化学習についても触れる。

14.1 制御器のディジタル実装

ディジタル機器を利用した制御系を図 **14.1** に示す。このシステムは，離散時間制御器 $\mathcal{K}_{\mathrm{d}}$ に加えて，サンプラと**ホールド回路** (hold circuit) から構成されている。

制御対象 $\mathcal{P}_{\mathrm{c}}$ の出力 $y(t)$ は連続時間信号であるので，それを**理想サンプラ** (ideal sampler) を使って一定間隔で**サンプリング**（標本化，sampling）する。ここで，$y[k]$ の k は離散時間であり，理想サンプラは，サンプリング間隔（サンプリング周期）を t_s とすると

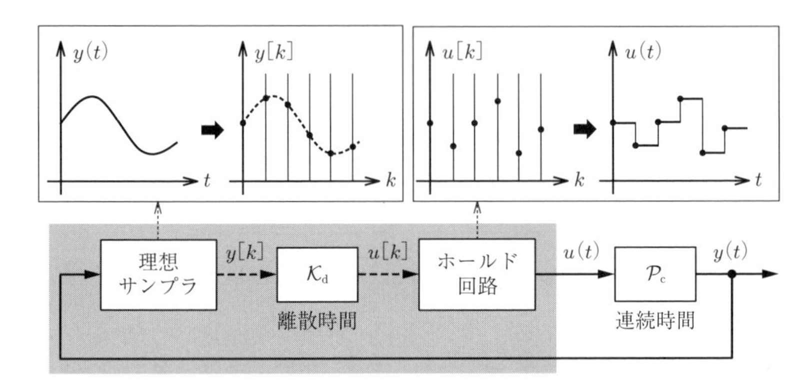

方法 1：連続時間の制御器を変換　　方法 2：離散時間システムで制御器を設計

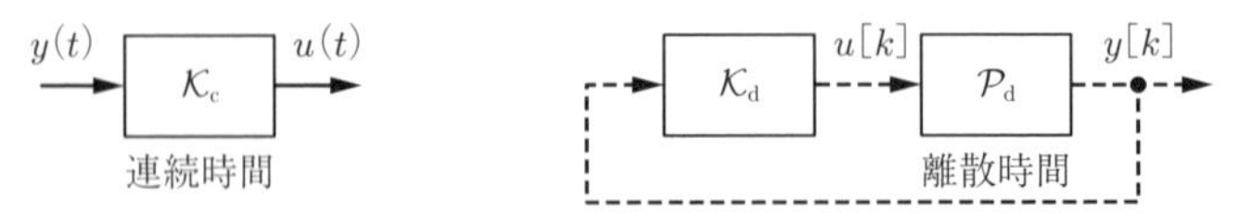

図 14.1　離散時間システムと制御器の設計方法

$$y[k] = y(kt_s) \qquad (k = 0, 1, 2, \ldots) \tag{14.1}$$

と書ける。そして，制御器 $\mathcal{K}_{\rm d}$ で制御入力を決定する。ただし，離散時間信号 $u[k]$ をそのまま制御対象の入力にすることはできないので，ホールド回路を通して，連続時間信号 $u(t)$ に変換する。ホールド回路としては

$$u(t) = u[k] \qquad (kt_s \leq t < (k+1)t_s, \quad k = 0, 1, 2, \ldots) \tag{14.2}$$

と表される 0 次ホールドが代表的である。

さて，離散時間の制御器 $\mathcal{K}_{\rm d}$ をどのように設計するかであるが，ここでは二つの方法を紹介する。一つ目は，連続時間の制御器

$$\mathcal{K}_{\rm c} : \begin{cases} \dot{\boldsymbol{x}}(t) = \boldsymbol{A}_{\rm c}\boldsymbol{x}(t) + \boldsymbol{B}_{\rm c}y(t) \\ u(t) = \boldsymbol{C}_{\rm c}\boldsymbol{x}(t) + \boldsymbol{D}_{\rm c}y(t) \end{cases} \tag{14.3}$$

を離散時間の制御器

$$\mathcal{K}_{\rm d} : \begin{cases} \boldsymbol{x}[k+1] = \boldsymbol{A}_{\rm d}\boldsymbol{x}[k] + \boldsymbol{B}_{\rm d}y[k] \\ \quad u[k] \quad = \boldsymbol{C}_{\rm d}\boldsymbol{x}[k] + \boldsymbol{D}_{\rm d}y[k] \end{cases} \tag{14.4}$$

に変換する方法である。このとき，式 (14.1) の理想サンプラと離散化された制

御器 $\mathcal{K}_{\mathrm{d}}$，式 (14.2) のホールド回路の直列結合（図 14.1 の灰色の部分）が連続時間の制御器 $\mathcal{K}_{\mathrm{c}}$ に近い性能となるように，制御器 $\mathcal{K}_{\mathrm{c}}$ を $\mathcal{K}_{\mathrm{d}}$ に変換する。詳細については，14.3 節で説明する。

二つ目は，制御対象の離散時間モデル $\mathcal{P}_{\mathrm{d}}$（連続時間モデル $\mathcal{P}_{\mathrm{c}}$ を離散化して求めるか，システム同定によって直接求める）を用いて，直接 $\mathcal{K}_{\mathrm{d}}$ を設計する方法である。14.4，14.5 節では，状態フィードバック制御と最適制御を説明する。

14.2　Z 変換とパルス伝達関数

ここでは，離散時間信号の **Z 変換** (Z-transform) を説明した後，離散時間システム $\mathcal{K}_{\mathrm{d}}$ の伝達関数表現について説明する。

非負の整数を時間軸にもつ関数 $f[k]$ に対して，その Z 変換を

$$\hat{f}(z) := \mathscr{Z}[f](z) = \sum_{k=0}^{\infty} f[k] z^{-k} \tag{14.5}$$

と定義する。ただし，$z \in \mathbb{C}$ は複素数であり，$z = e^{(\sigma + j\omega)t_s}$ $(0 \leq \omega t_s \leq 2\pi)$ である。

例 14.1　$f[k] = 1$ $(k \geq 0)$ のとき f の Z 変換は

$$\mathscr{Z}[f](z) = \sum_{k=0}^{\infty} z^{-k} = \frac{1}{1 - z^{-1}} = \frac{z}{z-1} \tag{14.6}$$

となる。ただし，収束半径は，$|z| > 1$ である。

Z 変換は，連続時間システムにおける Laplace 変換に対応するものである。Laplace 変換における s や $1/s$ は，微分や積分の意味があるが，Z 変換においても z や z^{-1} に意味があり，信号を進めることや遅らせることに対応している。そのため，それらは**シフトオペレータ** (shift operator) と呼ばれる。

例 14.2　$f^{+}[k] = f[k+1]$ $(k > 0)$ のとき，f^{+} の Z 変換は

$$\mathscr{Z}[f^+](z) = \sum_{k=0}^{\infty} f[k+1]z^{-k} = z\sum_{k=1}^{\infty} f[k]z^{-k}$$
$$= z\sum_{k=0}^{\infty} f[k]z^{-k} - zf[0] = z\hat{f}(z) - zf[0] \qquad (14.7)$$

となる。ただし，$\hat{f}(z) := \mathscr{Z}[f](z)$ である。$f[0]=0$ とすると，$\mathscr{Z}[f^+] = z\mathscr{Z}[f]$ となる。

一方，$f^-[k] = f[k-1]$ $(k \geq 0)$ のとき，f^- の Z 変換は

$$\mathscr{Z}[f^-](z) = \sum_{k=0}^{\infty} f[k-1]z^{-k} = f[-1] + \sum_{k=1}^{\infty} f[k-1]z^{-k}$$
$$= f[-1] + z^{-1}\sum_{k=1}^{\infty} f[k-1]z^{-(k-1)} = f[-1] + z^{-1}\hat{f}(z) \qquad (14.8)$$

となる。$f[-1]=0$ とすると，$\mathscr{Z}[f^-] = z^{-1}\mathscr{Z}[f]$ となる。

特別な離散時間信号として，単位インパルス

$$f[k] = \begin{cases} 1 & (k=0) \\ 0 & (k>0) \end{cases} \qquad (14.9)$$

を考えよう。この単位インパルスを式 (14.4) の $\mathcal{K}_\mathrm{d}$ に印加したとき，つまり，入力を $y[k]=f[k]$ としたときの出力 $u[k]$ の応答（インパルス応答）を求める。単位インパルスの Z 変換は，式 (14.5) の定義より，$\hat{f}(z)=1$ である。インパルス応答は，$\boldsymbol{x}[0]=0$ とすると，$\boldsymbol{x}[1]=\boldsymbol{B}_\mathrm{d}$, $\boldsymbol{x}[2]=\boldsymbol{A}_\mathrm{d}\boldsymbol{B}_\mathrm{d}$, $\boldsymbol{x}[k]=\boldsymbol{A}_\mathrm{d}^{k-1}\boldsymbol{B}_\mathrm{d}$ より

$$u[k] = \begin{cases} \boldsymbol{D}_\mathrm{d} & (k=0) \\ \boldsymbol{C}_\mathrm{d}\boldsymbol{A}_\mathrm{d}^{k-1}\boldsymbol{B}_\mathrm{d} & (k>0) \end{cases} \qquad (14.10)$$

となる。これは **Markov パラメータ** (Markov parameter) と呼ばれる。

$$\hat{u}(z) = \boldsymbol{D}_\mathrm{d} + \sum_{k=1}^{\infty} \boldsymbol{C}_\mathrm{d}\boldsymbol{A}_\mathrm{d}^{k-1}\boldsymbol{B}_\mathrm{d}z^{-k} \qquad (14.11)$$

および，$\hat{y}(z)=\hat{f}(z)=1$ より

$$\begin{aligned}\mathcal{K}_{\mathrm{d}}(z):=\frac{\hat{u}(z)}{\hat{y}(z)}&=\boldsymbol{D}_{\mathrm{d}}+\sum_{k=1}^{\infty}\boldsymbol{C}_{\mathrm{d}}\boldsymbol{A}_{\mathrm{d}}^{k-1}\boldsymbol{B}_{\mathrm{d}}z^{-k}\\&=\boldsymbol{D}_{\mathrm{d}}+z^{-1}\boldsymbol{C}_{\mathrm{d}}(\boldsymbol{I}-z^{-1}\boldsymbol{A}_{\mathrm{d}})^{-1}\boldsymbol{B}_{\mathrm{d}}\\&=\boldsymbol{D}_{\mathrm{d}}+\boldsymbol{C}_{\mathrm{d}}(z\boldsymbol{I}-\boldsymbol{A}_{\mathrm{d}})^{-1}\boldsymbol{B}_{\mathrm{d}}\end{aligned}\tag{14.12}$$

となる（本章の章末問題【**3**】を参照）。$\mathcal{K}_{\mathrm{d}}(z)$ は，式 (14.4) の伝達関数表現であり，**パルス伝達関数** (pulse transfer function) と呼ばれる。連続時間システムの伝達関数と同じで，分母多項式の根が極で，分子多項式の根が零点である。

14.3　連続時間システムの離散化

連続時間システム $\mathcal{K}_{\mathrm{c}}$ を離散時間システム $\mathcal{K}_{\mathrm{d}}$ に変換する代表的な手法として，0 次ホールドによる離散化と双一次変換による離散化について説明する。

14.3.1　0 次ホールドによる離散化

0 次ホールド (zero order hold) による離散化は以下のようになる。

定理 14.1　サンプリング間隔が t_s のとき，連続時間システム $\mathcal{K}_{\mathrm{c}}$ のパラメータと離散時間システム $\mathcal{K}_{\mathrm{d}}$ のパラメータの関係は式 (14.13) のようになる。

$$\boldsymbol{A}_{\mathrm{d}}=e^{\boldsymbol{A}_{\mathrm{c}}t_s},\ \boldsymbol{B}_{\mathrm{d}}=\int_0^{t_s}e^{\boldsymbol{A}_{\mathrm{c}}t}\mathrm{d}t\boldsymbol{B}_{\mathrm{c}},\ \boldsymbol{C}_{\mathrm{d}}=\boldsymbol{C}_{\mathrm{c}},\ \boldsymbol{D}_{\mathrm{d}}=\boldsymbol{D}_{\mathrm{c}}\tag{14.13}$$

証明　連続時間システムの時間応答は

$$\boldsymbol{x}(t)=e^{\boldsymbol{A}_{\mathrm{c}}(t-t_0)}\boldsymbol{x}(t_0)+\int_{t_0}^{t}e^{\boldsymbol{A}_{\mathrm{c}}(t-\tau)}\boldsymbol{B}_{\mathrm{c}}y(\tau)\mathrm{d}\tau\tag{14.14}$$

である。ここで，$t_0=kt_s, t=kt_s+t_s$ とすると

$$\boldsymbol{x}\,(kt_s + t_s) = e^{\boldsymbol{A}_{\mathrm{c}} t_s}\boldsymbol{x}\,(kt_s) + \int_{kt_s}^{kt_s+t_s} e^{\boldsymbol{A}_{\mathrm{c}}(kt_s+t_s-\tau)}\boldsymbol{B}_{\mathrm{c}} y(\tau)\mathrm{d}\tau \quad (14.15)$$

となる。そして，0 次ホールドにより，$y(t) = y(kt_s)$ $(kt_s \leq t < kt_s + t_s)$ の関係が満たされるとすると

$$\boldsymbol{x}\,(kt_s + t_s) = e^{\boldsymbol{A}_{\mathrm{c}} t_s}\boldsymbol{x}\,(kt_s) + \int_{0}^{t_s} e^{\boldsymbol{A}_{\mathrm{c}} t}\mathrm{d}t\boldsymbol{B}_{\mathrm{c}} y(kt_s) \quad (14.16)$$

を得る。したがって，$\boldsymbol{x}[k] = \boldsymbol{x}(kt_s)$, $y[k] = y(kt_s)$ であるので

$$\boldsymbol{x}[k+1] = e^{\boldsymbol{A}_{\mathrm{c}} t_s}\boldsymbol{x}[k] + \int_{0}^{t_s} e^{\boldsymbol{A}_{\mathrm{c}} t}\mathrm{d}t\boldsymbol{B}_{\mathrm{c}} y[k] \quad (14.17)$$

となる。同様に

$$u[k] = \boldsymbol{C}_{\mathrm{c}}\boldsymbol{x}[k] + \boldsymbol{D}_{\mathrm{c}} y[k] \quad (14.18)$$

となる。以上より，定理 14.1 が得られる。 □

0 次ホールドによる離散化をした離散時間システムのステップ応答は，もとの連続時間システムのステップ応答とサンプル点上で一致する。このことから，**ステップ不変変換** (step-invariant transform) とも呼ばれる。

例題 14.1　連続時間システム

$$\boldsymbol{A}_{\mathrm{c}} = \begin{bmatrix} 0 & 1 \\ 0 & -1 \end{bmatrix}, \quad \boldsymbol{B}_{\mathrm{c}} = \begin{bmatrix} 0 \\ 1 \end{bmatrix}, \quad \boldsymbol{C}_{\mathrm{c}} = \begin{bmatrix} 1 & 0 \end{bmatrix} \quad (14.19)$$

を 0 次ホールドによる離散化によって離散時間システムに変換せよ。

【解答】　定理 14.1 を用いて計算すると式 (14.20) のようになる。

$$\boldsymbol{A}_{\mathrm{d}} = \begin{bmatrix} 1 & 1-e^{-t_s} \\ 0 & e^{-t_s} \end{bmatrix}, \quad \boldsymbol{B}_{\mathrm{d}} = \begin{bmatrix} t_s + e^{-t_s} - 1 \\ 1 - e^{-t_s} \end{bmatrix}, \quad \boldsymbol{C}_{\mathrm{d}} = \begin{bmatrix} 1 & 0 \end{bmatrix} \quad (14.20)$$

14.3.2 双一次変換による離散化

双一次変換 (bilinear transform) による離散化は，**Tustin 変換法** (Tustin method) とも呼ばれる。これは，システムの伝達関数モデルに

$$s = \frac{2}{t_s}\frac{z-1}{z+1} \tag{14.21}$$

を代入して得られるものとなっている。

定理 14.2 サンプリング時間が t_s のとき，連続時間システム $\mathcal{K}_{\mathrm{c}}$ のパラメータと離散時間システム $\mathcal{K}_{\mathrm{d}}$ のパラメータの関係は式 (14.22) のようになる。

$$\boldsymbol{A}_{\mathrm{d}} = \left(\boldsymbol{I} + \frac{t_s}{2}\boldsymbol{A}_{\mathrm{c}}\right)\left(\boldsymbol{I} - \frac{t_s}{2}\boldsymbol{A}_{\mathrm{c}}\right)^{-1}, \quad \boldsymbol{B}_{\mathrm{d}} = \frac{t_s}{2}\left(\boldsymbol{I} - \frac{t_s}{2}\boldsymbol{A}_{\mathrm{c}}\right)^{-1}\boldsymbol{D}_{\mathrm{c}},$$
$$\boldsymbol{C}_{\mathrm{d}} = \boldsymbol{C}_{\mathrm{c}}(\boldsymbol{A}_{\mathrm{d}} + \boldsymbol{I}), \quad \boldsymbol{D}_{\mathrm{d}} = \boldsymbol{C}_{\mathrm{c}}\boldsymbol{B}_{d} + \boldsymbol{D}_{\mathrm{c}} \tag{14.22}$$

証明 状態 $\boldsymbol{x}(t)$ は，$\dot{\boldsymbol{x}}(t)$ を積分したものであるから，これを台形法で近似計算する。表記の簡単のために $\boldsymbol{v}(t) = \dot{\boldsymbol{x}}(t)$ とおき，$\boldsymbol{v}[k] = \boldsymbol{v}(kt_s)$, $\boldsymbol{x}[k] = \boldsymbol{x}(kt_s)$ に注意すると

$$\boldsymbol{x}[k+1] = \boldsymbol{x}[k] + \frac{t_s}{2}(\boldsymbol{v}[k+1] + \boldsymbol{v}[k]) \tag{14.23}$$

となる。シフトオペレータ z を信号を 1 ステップ進ませるという意味で用いると

$$z\boldsymbol{x}[k] = \boldsymbol{x}[k] + \frac{t_s}{2}(z\boldsymbol{v}[k] + v(k]) \tag{14.24}$$

と書けるので

$$\boldsymbol{x}[k] = \frac{t_s}{2}\frac{z+1}{z-1}\boldsymbol{v}[k] \Leftrightarrow \boldsymbol{v}[k] = \frac{2}{t_s}\frac{z-1}{z+1}\boldsymbol{x}[k] \tag{14.25}$$

という関係式が得られる。これを用いると

$$\frac{2}{t_s}\frac{z-1}{z+1}\boldsymbol{x}[k] = \boldsymbol{A}_{\mathrm{c}}\boldsymbol{x}[k] + \boldsymbol{B}_{\mathrm{c}}y[k] \tag{14.26}$$

であるので

$$\left(I - \frac{t_s}{2}\boldsymbol{A}_{\mathrm{c}}\right)\boldsymbol{x}[k+1] - \frac{t_s}{2}\boldsymbol{B}_{\mathrm{c}}y[k+1] = \left(\boldsymbol{I} + \frac{t_s}{2}\boldsymbol{A}_{\mathrm{c}}\right)\boldsymbol{x}[k] + \frac{t_s}{2}\boldsymbol{B}_{\mathrm{c}}y[k] \tag{14.27}$$

となる。右辺を $2\tilde{\boldsymbol{x}}[k+1]$ とおくと

$$\begin{cases} \tilde{\boldsymbol{x}}[k+1] = \dfrac{1}{2}\left(\boldsymbol{I} + \dfrac{t_s}{2}\boldsymbol{A}_{\mathrm{c}}\right)\boldsymbol{x}[k] + \dfrac{t_s}{4}\boldsymbol{B}_c y[k] \\ \boldsymbol{x}[k+1] = 2\left(\boldsymbol{I} - \dfrac{t_s}{2}\boldsymbol{A}_{\mathrm{c}}\right)^{-1}\tilde{\boldsymbol{x}}[k+1] \\ \qquad\qquad + \dfrac{t_s}{2}\left(\boldsymbol{I} - \dfrac{t_s}{2}\boldsymbol{A}_{\mathrm{c}}\right)^{-1}\boldsymbol{B}_c y[k+1] \end{cases} \tag{14.28}$$

が得られるので，第 2 式を $k+1 \to k$ として，第 1 式に代入すると

$$\begin{aligned} \tilde{\boldsymbol{x}}[k+1] &= \left(\boldsymbol{I} + \frac{t_s}{2}\boldsymbol{A}_{\mathrm{c}}\right)\left(\boldsymbol{I} - \frac{t_s}{2}\boldsymbol{A}_c\right)^{-1}\tilde{\boldsymbol{x}}[k] + \frac{t_s}{2}\left(\boldsymbol{I} - \frac{t_s}{2}\boldsymbol{A}_{\mathrm{c}}\right)^{-1} y[k] \\ &= \boldsymbol{A}_{\mathrm{d}}\tilde{\boldsymbol{x}}[k] + \boldsymbol{B}_{\mathrm{d}}y[k] \end{aligned} \tag{14.29}$$

を得る。同様に

$$u[k] = \boldsymbol{C}_{\mathrm{c}}(\boldsymbol{A}_{\mathrm{d}} + \boldsymbol{I})\tilde{\boldsymbol{x}}[k] + (\boldsymbol{C}_{\mathrm{c}}\boldsymbol{B}_{\mathrm{d}} + \boldsymbol{D}_{\mathrm{c}})y[k] \tag{14.30}$$

を得る。以上より，定理 14.2 が得られる。　□

双一次変換による離散化では，システムの安定性や位相特性が保存される。また，$\omega = 0$ において周波数応答が一致する。これは，$\mathcal{K}_{\mathrm{c}}(0) = \mathcal{K}_{\mathrm{d}}(1)$ が成り立つことを意味している。

例 14.3　連続時間システム

$$\mathcal{K}_{\mathrm{c}}(s) = \frac{1}{s+1}$$

を双一次変換による離散化で離散時間システムに変換する。ただし，$t_s = 1$ とする。式 (14.21) を s に代入して

$$\mathcal{K}_{\mathrm{d}}(z) = \frac{1}{\dfrac{2(z-1)}{z+1} + 1} = \frac{z+1}{3z-1}$$

が得られる。確かに，$\mathcal{K}_c(0) = \mathcal{K}_d(1)$ である。また，状態方程式で表すと，$x(t) = -x(t) + u(t)$, $y(t) = x(t)$ であるので，離散時間システムは

$$\boldsymbol{A}_d = \left(1 - \frac{1}{2}\right)\left(1 + \frac{1}{2}\right)^{-1} = \frac{1}{3}, \quad \boldsymbol{B}_d = \frac{1}{2}\left(1 + \frac{1}{2}\right)^{-1} = \frac{1}{3}$$

$$\boldsymbol{C}_d = \frac{1}{3} + 1 = \frac{4}{3}, \quad \boldsymbol{D}_d = \frac{1}{3} + 0 = \frac{1}{3}$$

となる。

14.4 安定性と状態フィードバック制御

ここでは，制御対象が離散時間システム

$$\mathcal{P}_d : \begin{cases} \boldsymbol{x}[k+1] = \boldsymbol{A}_d \boldsymbol{x}[k] + \boldsymbol{B}_d u[k] \\ \quad y[k] \quad = \boldsymbol{C}_d \boldsymbol{x}[k] + \boldsymbol{D}_d u[k] \end{cases} \tag{14.31}$$

でモデル化されているとする。このとき，離散時間システムの安定性（漸近安定性）について考える。

離散時間システム $\mathcal{P}_d$ の状態 $\boldsymbol{x}[k]$ の振る舞いであるが，時刻 $T \geq 0$ では

$$\boldsymbol{x}[T] = \boldsymbol{A}_d^T \boldsymbol{x}[0] + \sum_{k=0}^{T-1} \boldsymbol{A}_d^{T-1-k} \boldsymbol{B}_d u[k] \tag{14.32}$$

となる。システムの漸近安定性は，式 (14.32) において $u[k] = 0$ $(k \geq 0)$ としたとき，任意の初期値 $\boldsymbol{x}[0] = \boldsymbol{x}_0$ に対して $\boldsymbol{x}[T] \to \boldsymbol{0}$ $(T \to \infty)$ となることと定義される。したがって，この場合，$\boldsymbol{A}_d^T \to \boldsymbol{O}$ $(T \to \infty)$ となる条件が安定性の条件となる。例えば，$\boldsymbol{A}_d$ がスカラであれば，$|\boldsymbol{A}_d| < 1$ であればよいことがわかる。一般の場合には，以下のようになる。

定理 14.3　離散時間システム $\mathcal{P}_d$ が漸近安定であるための必要十分条件は，行列 $\boldsymbol{A}_d$ のすべての固有値の絶対値が 1 より小さいことである。

上記の条件を満たす行列 $\boldsymbol{A}_{\mathrm{d}}$ は，**Schur 安定** (Schur stable) と呼ばれる。

状態フィードバック制御 $u[k]=\boldsymbol{F}\boldsymbol{x}[k]$ の設計も第 8 章で説明した連続時間の場合と同じように考えることができる。つまり，$\boldsymbol{A}_{\mathrm{d}}+\boldsymbol{B}_{\mathrm{d}}\boldsymbol{F}$ の固有値の絶対値が 1 より小さくなるように，$\boldsymbol{F}$ を決定すればよい。ただし，$(\boldsymbol{A}_{\mathrm{d}},\boldsymbol{B}_{\mathrm{d}})$ が可到達であれば，任意の極配置ができる。可到達性の確認は，連続時間システムにおける可制御性の確認方法と同じである。

連続時間システムの場合は，可制御性と可到達性の概念は一致するが，離散時間システムの場合には，一致しないことがある。なお，可到達とは，任意の目標状態 $\boldsymbol{x}_{\mathrm{f}}$ に対して，ある N と入力 $u[k]$ $(k=0,1,2,\ldots,N)$ が存在して，$\boldsymbol{x}[N]=\boldsymbol{x}_{\mathrm{f}}$ へと遷移できることをいう。これに対して，可制御は，$\boldsymbol{x}_{\mathrm{f}}=\boldsymbol{0}$ に限定するものである。例えば

$$\boldsymbol{A}_{\mathrm{d}}=\begin{bmatrix}0 & 1\\ 0 & 0\end{bmatrix},\quad \boldsymbol{B}_{\mathrm{d}}=\begin{bmatrix}0\\ 0\end{bmatrix}$$

の場合，可到達ではない。しかし

$$\boldsymbol{A}_{\mathrm{d}}^2=\begin{bmatrix}0 & 0\\ 0 & 0\end{bmatrix}$$

であるので，$\boldsymbol{x}[0]=[a\ b]^{\top}$ に対して，$\boldsymbol{x}[1]=[b\ 0]^{\top}$，$\boldsymbol{x}[2]=[0\ 0]^{\top}$ となり，可制御であることがわかる。

例 14.4　離散時間システム

$$\boldsymbol{x}[k+1]=\boldsymbol{A}_{\mathrm{d}}\boldsymbol{x}[k]+\boldsymbol{B}_{\mathrm{d}}u[k],\qquad \boldsymbol{A}_{\mathrm{d}}=\begin{bmatrix}0.9 & 1\\ 0 & 1.1\end{bmatrix},\quad \boldsymbol{B}_{\mathrm{d}}:=\begin{bmatrix}0\\ 1\end{bmatrix}$$

を $u[k]=\boldsymbol{F}\boldsymbol{x}[k]$ で安定化する。閉ループ極が $\{0.7,0.8\}$ となるフィードバックゲイン $\boldsymbol{F}$ を求めてみよう。

$$\boldsymbol{A}_{\mathrm{d}}+\boldsymbol{B}_{\mathrm{d}}\boldsymbol{F}=\begin{bmatrix}0.9 & 1\\ f_1 & 1.1+f_2\end{bmatrix}$$

となるので，$|s\boldsymbol{I}-(\boldsymbol{A}_{\rm d}+\boldsymbol{B}_{\rm d}\boldsymbol{F})| = (s-0.9)(s-1.1-f_2)-f_1 = s^2-(2+f_2)s+0.99+0.9f_2-f_1$ となる。一方，$(s-0.7)(s-0.8) = s^2-1.5s+0.56$ である。これより，$\boldsymbol{F} = [-0.02\ \ -0.5]$ を得る。初期状態を $\boldsymbol{x}[0] = [1\ \ -0.5]^\top$ としたときのシミュレーション結果を図 **14.2** に示す。安定化できていることがわかる。

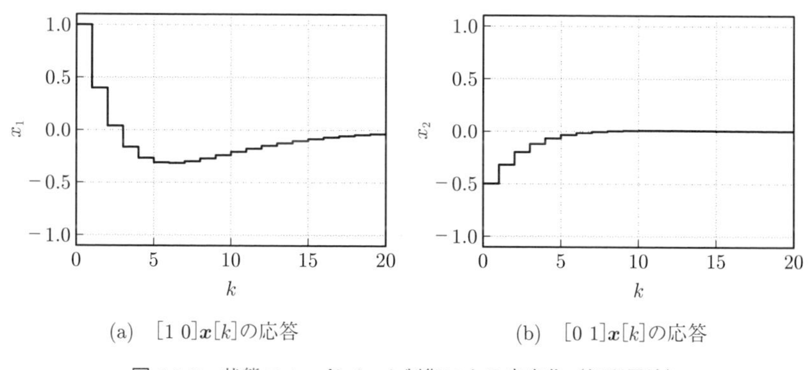

(a)　$[1\ 0]\boldsymbol{x}[k]$の応答　　(b)　$[0\ 1]\boldsymbol{x}[k]$の応答

図 **14.2**　状態フィードバック制御による安定化（極配置法）

14.5　最 適 制 御

ここでは，状態フィードバックゲインの最適設計について説明する。第 9 章で説明した連続時間システムの最適制御問題と同じように，評価関数

$$J = \sum_{k=0}^{\infty}(\boldsymbol{x}[k]^\top\boldsymbol{Q}\boldsymbol{x}[k] + Ru[k]^2) \tag{14.33}$$

を考える。そして，この評価関数を最小化する入力を求める問題を考える。

この問題の解法は，連続時間の場合と同じであり，有限時間 $k = N < \infty$ で打ち切った有限時間最適制御問題を最適性の原理に基づく動的計画法で解く。すると，やはり，最適入力が状態フィードバック制御の形で求まり，フィードバックゲインは，離散時間版の Riccati 方程式の解を用いて構成される。その解を $N \to \infty$ とすることで以下の結果が得られる。

定理 14.4　$(\boldsymbol{A}_{\mathrm{d}}, \boldsymbol{B}_{\mathrm{d}})$ が可安定，$(\boldsymbol{A}_{\mathrm{d}}, \boldsymbol{Q}^{1/2})$ が可検出であるとする。このとき，評価関数を最小化する入力 $u[k]$ は

$$u[k] = \boldsymbol{F}\boldsymbol{x}[k] \tag{14.34}$$

という状態フィードバックで与えられ，フィードバックゲイン $\boldsymbol{F}$ は

$$\boldsymbol{F} = -(R + \boldsymbol{B}_{\mathrm{d}}^{\top}\boldsymbol{P}\boldsymbol{B}_{\mathrm{d}})^{-1}\boldsymbol{B}_{\mathrm{d}}^{\top}\boldsymbol{P}\boldsymbol{A}_{\mathrm{d}} \tag{14.35}$$

となる。ただし，$\boldsymbol{P}$ は，Riccati 方程式

$$\boldsymbol{P} = \boldsymbol{A}_{\mathrm{d}}^{\top}\boldsymbol{P}\boldsymbol{A}_{\mathrm{d}} + \boldsymbol{Q} - (\boldsymbol{B}_{\mathrm{d}}^{\top}\boldsymbol{P}\boldsymbol{A})^{\top}(R + \boldsymbol{B}_{\mathrm{d}}^{\top}\boldsymbol{P}\boldsymbol{B}_{\mathrm{d}})^{-1}(\boldsymbol{B}_{\mathrm{d}}^{\top}\boldsymbol{P}\boldsymbol{A}) \tag{14.36}$$

の唯一の半正定解である。また，評価関数の最小値は，$J = \boldsymbol{x}[0]^{\top}\boldsymbol{P}\boldsymbol{x}[0]$ となる。

例 14.5　例 14.4 のシステムに対して，2 次評価関数

$$J = \sum_{k=0}^{\infty}\left(\boldsymbol{x}[k]^{\top}\begin{bmatrix} 1 & 0 \\ 0 & 1 \end{bmatrix}\boldsymbol{x}[k] + 0.1u[k]^2\right)$$

を最小化する制御則 $u[k] = \boldsymbol{F}\boldsymbol{x}[k]$ のゲイン $\boldsymbol{F}$ を求めてみよう。

Riccati 方程式の解は

$$\boldsymbol{P} = \begin{bmatrix} 2.236\,442\,33 & 1.423\,211\,07 \\ 1.423\,211\,07 & 2.752\,978\,06 \end{bmatrix}$$

となる。これより，$\boldsymbol{F} = [0.448\,965\,93 \quad 1.560\,294\,84]$ を得る。例 14.4 と同じ設定で，シミュレーションを行った結果を**図 14.3** に示す。図 14.2 と比較すると，応答が速くなっている。このことは，閉ループ極が $\{0.336\,619\,77, 0.103\,085\,4\}$ となっており，例 14.4 の場合より原点に近くなっていることからも確認できる。

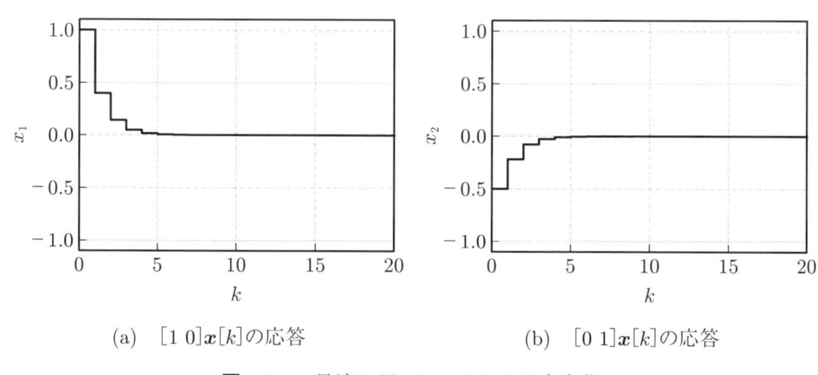

(a)　$[1\ 0]\boldsymbol{x}[k]$の応答　　(b)　$[0\ 1]\boldsymbol{x}[k]$の応答

図 14.3　最適レギュレータによる安定化

14.6 強　化　学　習

強化学習 (reinforcement learning) は，観測データから制御入力を決定するものである。ここでは，14.5 節で説明した離散時間システムの最適制御問題と**強化学習問題** (reinforcement learning problem) の関係について説明する。

離散時間システム

$$\mathcal{P}_{\mathrm{d}}:\begin{cases}\boldsymbol{x}[k+1]=f(\boldsymbol{x}[k],u[k])\\ \quad y[k]\quad =g(\boldsymbol{x}[k],u[k])\end{cases} \tag{14.37}$$

を考える。ただし，$\boldsymbol{x}$ は状態，u は入力である。このシステムに対して，即時評価値（即時報酬）

$$r[k+1]=h(y[k],u[k]) \tag{14.38}$$

が存在し，それに基づいて評価関数 J が定義されるとする。このとき，評価関数 J を最小化する入力 $u[k]$ を求める問題を考える。

最適制御問題においては，f, g は既知であり，それぞれ，$\boldsymbol{x}[k+1]=\boldsymbol{A}\boldsymbol{x}[k]+\boldsymbol{B}u[k]$, $y[k]=\boldsymbol{x}[k]$ となる。さらに，h は，$r[k+1]=\boldsymbol{x}[k]^\top\boldsymbol{Q}\boldsymbol{x}[k]+Ru[k]^2$ であり，評価関数 J を

$$J = \sum_{k=0}^{\infty} r[k+1] = \sum_{k=0}^{\infty} \left(\boldsymbol{x}[k]^\top \boldsymbol{Q} \boldsymbol{x}[k] + Ru[k]^2 \right) \tag{14.39}$$

としている。評価関数の値を最小化する入力 $u[k]$ を計算すると，14.5 節で示したように状態フィードバック制御則 $u[k] = \boldsymbol{F}\boldsymbol{x}[k]$ が求まる。つまり，最適制御問題では，システムのモデルや評価関数が既知であり，それらの情報を利用して，最適な入力を与える制御則を導出する（図 **14.4**(a)）。

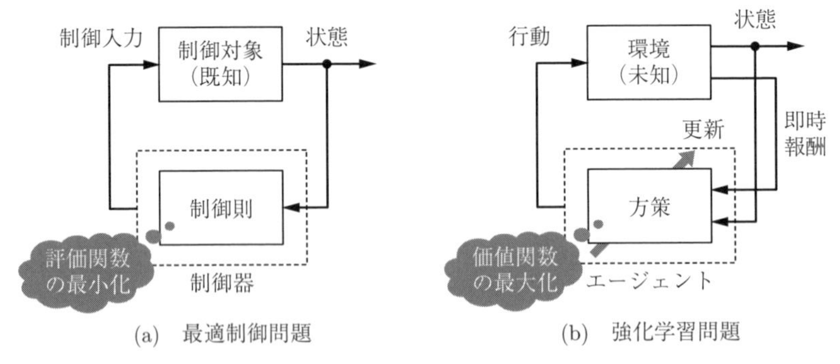

図 14.4　最適制御問題と強化学習問題

これに対して，強化学習では，システムや評価関数の具体的な形が未知（あるいは部分的に未知）である状況を考える。そして，制御入力 $u[k]$ を印加したときの結果 $y[k]$ やその結果の良し悪しを即時的に評価する値 $r[k+1]$ を観測しながら，制御則を更新する（図 14.4(b)）。

離散時間の強化学習問題では，状態遷移が確率的であるとし，状態遷移確率を $p(\boldsymbol{x}[k+1] | \boldsymbol{x}[k], u[k])$ と表す†。そして，割引率 γ $(0 \leq \gamma \leq 1)$ を用いて定義される評価関数（累積報酬の期待値）

$$J = \mathcal{E}\left[\sum_{k=0}^{\infty} \gamma^k r[k+1] \right] \tag{14.40}$$

を考え，J を最大化する制御則 $u[k] = \pi(\boldsymbol{x}[k])$ を求める。ただし，状態遷移

† Markov 決定過程であり，$\boldsymbol{x}[k]$ で $u[k]$ を加えたときに，$\boldsymbol{x}[k+1]$ となる確率が時刻によらない。これは，$\boldsymbol{x}[k+1]$ の値が，$\boldsymbol{x}[k]$ より前の状態に影響しないということで，入力 $u[k]$ を決めるときに $\boldsymbol{x}[k]$ より前を考慮する必要がない。

$p(\boldsymbol{x}[k+1]|\boldsymbol{x}[k], u[k])$ と即時報酬 $r[k+1]$ が未知であるので，適当な制御則 π により入力を決定し，実際に経験した状態遷移と即時報酬をもとに，評価関数を学習する。そして，学習された評価関数に対して，制御則 π が更新される。このように，強化学習では，観測されたシステムの情報を利用しながら，評価関数の学習と制御入力の計画を行うものになっており，これを実現する方法を考えることが，強化学習における重要な課題である。詳細な内容については，強化学習の専門書（例えば，文献44),45) など）を参考にしてほしい。

なお，強化学習問題においては，制御対象 $\mathcal{P}_{\mathrm{d}}$ のことを環境，制御入力 u を行動，評価関数 J を価値関数，制御則 $u[k] = \pi(\boldsymbol{x}[k])$ を方策，そして，制御則（方策）とその調整則を含む制御器をエージェントと呼んでいる。

章　末　問　題

【1】 移動平均

$$y[k] = \frac{u[k] + u[k-1] + u[k-2]}{3}$$

を状態方程式で表せ。ただし，$\boldsymbol{x}[k] = [u[k-2] \ \ u[k-1]]^{\top}$ とする。

【2】 単位インパルス信号を 0 次ホールド回路に印加すると，$u_{\mathrm{s}}(t) - u_{\mathrm{s}}(t - t_{\mathrm{s}})$ となる。ただし，$u_{\mathrm{s}}(t)$ は単位ステップ関数である。このとき，0 次ホールド回路の伝達関数が

$$\mathcal{G}(s) = \frac{1}{s}(1 - e^{-st_{\mathrm{s}}})$$

で与えられることを示せ。

【3】 $\displaystyle\sum_{k=0}^{\infty} \boldsymbol{A}_{\mathrm{d}}^{k-1} z^{-k} = z^{-1}(\boldsymbol{I} - z^{-1}\boldsymbol{A}_{\mathrm{d}})^{-1}$ が成り立つことを示せ。

【4】 式 (14.21) の変換によって，z 平面上の単位円の内部が s 平面の左半面に写されることを示せ。

【5】 連続時間システム

$$\begin{cases} \dot{x}(t) = ax(t) + bu(t) \\ y(t) = x(t) \end{cases}$$

を 0 次ホールドによる離散化によって離散時間システム（$\boldsymbol{A}_{\mathrm{d}}$，$\boldsymbol{B}_{\mathrm{d}}$，$\boldsymbol{C}_{\mathrm{d}}$，$\boldsymbol{D}_{\mathrm{d}}$）

に変換せよ。ただし，$a, b \in \mathbb{R}$ は定数であり，サンプリング間隔は $t_s > 0$ とする。

【6】【5】のシステムを双一次変換による離散化によって離散時間システム（$\boldsymbol{A}_{\mathrm{d}}$, $\boldsymbol{B}_{\mathrm{d}}$, $\boldsymbol{C}_{\mathrm{d}}$, $\boldsymbol{D}_{\mathrm{d}}$）に変換せよ。

【7】離散時間システム

$$\boldsymbol{x}[k+1] = \boldsymbol{A}_{\mathrm{d}}\boldsymbol{x}[k] + \boldsymbol{B}_{\mathrm{d}}u[k], \qquad \boldsymbol{A}_{\mathrm{d}} = \begin{bmatrix} 0.5 & 1 \\ 0 & 1 \end{bmatrix}, \quad \boldsymbol{B}_{\mathrm{d}} = \begin{bmatrix} 0 \\ 1 \end{bmatrix}$$

を考える。以下の問に答えよ。

(1) システムの安定性を調べよ。

(2) システムの可到達性を調べよ。

(3) 閉ループ極を $\{0, 0\}$ に配置するフィードバックゲイン $\boldsymbol{F}$ を求めよ。

【8】離散時間システム

$$\boldsymbol{x}[k+1] = \boldsymbol{A}_{\mathrm{d}}\boldsymbol{x}[k] + \boldsymbol{B}_{\mathrm{d}}u[k], \qquad \boldsymbol{A}_{\mathrm{d}} = \begin{bmatrix} 1 & 1 \\ 0 & -1 \end{bmatrix}, \quad \boldsymbol{B}_{\mathrm{d}} = \begin{bmatrix} 0 \\ 1 \end{bmatrix}$$

を考える。評価関数 $J = \displaystyle\sum_{k=0}^{\infty} \left(\boldsymbol{x}[k]^{\top} \begin{bmatrix} 0.5 & 0 \\ 0 & 0 \end{bmatrix} \boldsymbol{x}[k] + u[k]^2 \right)$ を最小化する制御則 $u[k] = \boldsymbol{F}\boldsymbol{x}[k]$ のゲイン $\boldsymbol{F}$ を求めよ。また，$\boldsymbol{A} + \boldsymbol{B}\boldsymbol{F}$ の固有値を求めよ。

付　　　録

A.1 Laplace 変換

関数 $x(t)$ を，$[0,\infty)$ で定義された（実数値を含む）複素数値の関数とする。積分

$$\lim_{T\to\infty}\int_0^T x(\tau)e^{-s\tau}\mathrm{d}\tau$$

がある s について収束するとき，複素関数

$$x(s)=\mathscr{L}[x(t)]:=\int_0^\infty x(\tau)e^{-s\tau}\mathrm{d}\tau \tag{A.1}$$

を $x(t)$ の **Laplace 変換** (Laplace transform) という。$x(s)$ が $s_0\in\mathbb{C}$ で収束するならば，$\mathrm{Re}[s]>\mathrm{Re}[s_0]$ でも収束する。$x(s)$ が収束する s の領域を収束領域，収束領域の実部の下限を収束座標という。また，$x(s)$ は収束領域において正則である。第一義的には，$x(s)$ は収束領域以外の s においては定義されないことになるが，解析接続の考え方により，収束領域以外への延長も正当化される。したがって，実用上は収束領域が問題になることはほとんどない。

Laplace 変換には以下の八つの有用な性質がある。

(1)　線形性：$\mathscr{L}[ax(t)+by(t)]=a\mathscr{L}[x(t)]+b\mathscr{L}[y(t)]$

(2)　時間微分：$\mathscr{L}\left[\dfrac{\mathrm{d}}{\mathrm{d}t}x(t)\right]=sx(s)-x(0)$

(3)　時間積分：$\mathscr{L}\left[\displaystyle\int_0^t x(\tau)\mathrm{d}\tau\right]=\dfrac{x(s)}{s}$

(4)　**たたみ込み積分** (convolution)：$\mathscr{L}[x(t)*y(t)]=x(s)y(s)$

(5)　時間領域推移（むだ時間）：$\mathscr{L}[x(t-h)]=e^{-hs}x(s)$

(6)　s 領域推移：$a\in\mathbb{C}$ に対し，$\mathscr{L}[e^{at}x(t)]=x(s-a)$

(7)　初期値の定理：$\displaystyle\lim_{t\to 0}x(t)=\lim_{s\to\infty}sx(s)$

(8)　**最終値の定理** (final value theorem)：$\displaystyle\lim_{t\to\infty}x(t)=\lim_{s\to 0}sx(s)$

また，よく用いられる時間関数の Laplace 変換を**表 A.1** にまとめておく。

$x(s)$ から $x(t)$ への逆 Laplace 変換は，複素積分

$$f(t)=\frac{1}{2\pi j}\int_{c-j\omega}^{c+j\omega}F(s)e^{st}\mathrm{d}s,\quad c>0 \tag{A.2}$$

表 **A.1**　Laplace 変換表

$f(t)\ (t \geq 0)$	$f(s) = \mathscr{L}[f(t)]$	$f(t)\ (t \geq 0)$	$f(s) = \mathscr{L}[f(t)]$
δ	1	1	$\dfrac{1}{s}$
t	$\dfrac{1}{s^2}$	$\dfrac{t^n}{n!}$	$\dfrac{1}{s^{n+1}}$
e^{-at}	$\dfrac{1}{s+a}$	$\dfrac{t^n}{n!}e^{-at}$	$\dfrac{1}{(s+a)^{n+1}}$
$\sin\omega t$	$\dfrac{\omega}{s^2+\omega^2}$	$\cos\omega t$	$\dfrac{s}{s^2+\omega^2}$
$e^{-at}\sin\omega t$	$\dfrac{\omega}{(s+a)^2+\omega^2}$	$e^{-at}\cos\omega t$	$\dfrac{s+a}{(s+a)^2+\omega^2}$

で定義される。しかし，実際にこの変換式を用いることは少なく，有理関数を部分分数展開することによって表 A.1 の関数の組合せに帰着することがほとんどである。その際に有用な Heaviside の展開定理について記しておく。$F(s) = N(s)/D(s)$ とし，$D(s)$ の根を $p_1, \cdots, p_k \in \mathbb{C}$，それぞれの重複度を $r_1, \cdots, r_k$ とするとき

$$F(s) = \sum_{i=1}^{k}\sum_{j=1}^{r_i} \frac{N_{ij}}{(s-p_i)^j}, \quad N_{ij} = \frac{1}{(r_i-j)!}\,\frac{\mathrm{d}^{r_i-j}}{\mathrm{d}s^{r_i-j}}((s-p_i)^{r_i}F(s))\bigg|_{s=p_i}$$

と部分分数展開される。なお，根が共役複素数対を含むときには，平方完成した 2 次式の形を分母に残しておき，例えば

$$\frac{N_1 s + N_2}{(s-\sigma)^2+\omega^2} = \frac{N_1(s-\sigma)}{(s-\sigma)^2+\omega^2} + \frac{N_2 + N_1\sigma}{(s-\sigma)^2+\omega^2}$$

のように展開したほうが使い勝手がよい。

A.2　偏角の原理

複素関数 $F(s) : \mathbb{C} \to \mathbb{C}$, D を $\mathbb{C}$ の連結な開集合，Γ をその境界とする。また，$F(s)$ が D 上で真性特異点をもたず†，かつ Γ 上で正則であると仮定する。このとき，D 内において $F(s)$ の重複を含めた極の数を $\Pi \in \mathbb{N}$，重複を含めた零点の数を $Z \in \mathbb{N}$ とする。s が閉曲線を一周するとき，$F(s)$ が $\mathbb{C}$ 上の原点を囲む回数を $N \in \mathbb{Z}$ とおく（s が Γ をたどる向きと同方向に囲む場合は正，逆方向に囲む場合は負とする）。このとき

$$N = Z - \Pi \tag{A.3}$$

が成り立つ。

† $F(s)$ が有理関数も含む有理型関数 (meromorphic) であればこの条件は満たされる。

A.3　行列とベクトルの基本性質

$\boldsymbol{A}$ を実行列 $\boldsymbol{A} \in \mathbb{R}^{n \times m}$ とする。

- $\boldsymbol{A}$ が定める写像 $\boldsymbol{A} : \mathbb{R}^m \to \mathbb{R}^n : \boldsymbol{v} \mapsto \boldsymbol{A}\boldsymbol{v}$ は線形写像である。
- 集合 $\{\boldsymbol{A}\boldsymbol{v} | \boldsymbol{v} \in \mathbb{R}^m\}$ を $\boldsymbol{A}$ の**像** (image) といい，$\mathrm{Imag}\,\boldsymbol{A}$ と表す。$\mathrm{Imag}\,\boldsymbol{A}$ は $\mathbb{R}^n$ の線形部分空間である。
- 集合 $\{\boldsymbol{v} \in \mathbb{R}^m | \boldsymbol{A}\boldsymbol{v} = \boldsymbol{0}\}$ を $\boldsymbol{A}$ の**核** (kernel) といい，$\mathrm{Ker}\,\boldsymbol{A}$ と表す。$\mathrm{Ker}\,\boldsymbol{A}$ は $\mathbb{R}^m$ の線形部分空間である。
- 両者の次元の間には $\dim(\mathrm{Imag}\,\boldsymbol{A}) + \dim(\mathrm{Ker}\,\boldsymbol{A}) = m$ の関係が成り立つ。$\mathrm{rank}\,\boldsymbol{A} := \dim(\mathrm{Imag}\boldsymbol{A})$ を $\boldsymbol{A}$ の**階数** (rank) という。これは $\boldsymbol{A}$ に含まれる独立な行の数, または列の数に等しく, $\mathrm{rank}\,\boldsymbol{A} \leqq \min\{n, m\}$ である。$n = \mathrm{rank}\,\boldsymbol{A}$ のとき $\boldsymbol{A}$ は**行フルランク** (full row rank)，$m = \mathrm{rank}\,\boldsymbol{A}$ のとき $\boldsymbol{A}$ は**列フルランク** (full column rank) であるという。

$\boldsymbol{A}$ を n 次の実正方行列 ($\boldsymbol{A} \in \mathbb{R}^{n \times n}$) とする。

- 変数 s についての実係数多項式
  $$\phi_{\boldsymbol{A}}(s) := \det(s\boldsymbol{I} - \boldsymbol{A}) = s^n + \alpha_{n-1}s^{n-1} + \cdots + \alpha_1 s + \alpha_0$$
  $(\alpha_{n-1}, \cdots, \alpha_0 \in \mathbb{R})$ を A の特性多項式という。$\phi_{\boldsymbol{A}}(s)$ の根は，重複を含めて n 個であり，実数または共役な複素数対からなる。
- つぎの等式
  $$\boldsymbol{A}\boldsymbol{v} = \lambda\boldsymbol{v} \quad \Leftrightarrow \quad (\lambda\boldsymbol{I} - \boldsymbol{A})\boldsymbol{v} = \boldsymbol{0}$$
  を満たす複素数 $\lambda \in \mathbb{C}$ と複素ベクトル $\boldsymbol{v} \in \mathbb{C}^n$ があるとき，λ を $\boldsymbol{A}$ の固有値，$\boldsymbol{v}$ を λ に対応する固有ベクトルという。$\mathrm{Ker}(\lambda I - \boldsymbol{A}) = \mathrm{span}\{\boldsymbol{v}\} = \{k\boldsymbol{v} | k \in \mathbb{R}\} \subseteq \mathbb{C}^n$ を λ に対応する固有空間という。固有値は $\phi_{\boldsymbol{A}}(s)$ の根に一致する。相異なる固有値に対する固有ベクトルはたがいに線形独立である。
- λ が $\boldsymbol{A}$ の固有値ならば，$k \in \mathbb{R}$ に対して $k\lambda$ は $k\boldsymbol{A}$ の固有値である。
- $\boldsymbol{A}$ の固有値を $\lambda_1, \cdots, \lambda_n \in \mathbb{C}$ とするとき, その総和とトレースは等しく, その値は $-\alpha_{n-1}$ である。すなわち $\sum_{i=1}^{n} \lambda_i = \mathrm{trace}\,\boldsymbol{A} = \sum_{i=1}^{n} A_{ii} = -\alpha_{n-1}$ となる。また, 固有値の積は行列式と等しい。すなわち, $\prod_{i=1}^{n} \lambda_i = \det \boldsymbol{A} = (-1)^n \alpha_0$ となる。
- 特性多項式の s の位置に $\boldsymbol{A}$ を代入した行列多項式は零行列に等しい。すなわち
  $$\phi_{\boldsymbol{A}}(\boldsymbol{A}) = \boldsymbol{A}^n + \alpha_{n-1}\boldsymbol{A}^{n-1} + \cdots + \alpha_1\boldsymbol{A} + \alpha_0\boldsymbol{I} = \boldsymbol{O}$$
  となる。これを Cayley-Hamilton の定理という。
- $\boldsymbol{A}$ が**正則** (nonsingular, invertible) であることは，以下とそれぞれ等価である。
  - $\boldsymbol{A}$ の逆行列 $\boldsymbol{A}^{-1}$, $\boldsymbol{A}\boldsymbol{A}^{-1} = \boldsymbol{A}^{-1}\boldsymbol{A} = \boldsymbol{I}$ が存在する。

- $n = \mathrm{rank}\,\boldsymbol{A}$ である。
- 任意の $\boldsymbol{v} \in \mathbb{R}^m$, $\boldsymbol{v} \neq \boldsymbol{0}$ に対して，$\boldsymbol{Av} \neq \boldsymbol{0}$ となる。
- $\boldsymbol{A}$ が 0 固有値をもたない。
- $\det \boldsymbol{A} \neq 0$ である。

- 特性多項式は転置をとっても変わらない。すなわち $\phi_{\boldsymbol{A}}(s) = \phi_{\boldsymbol{A}^\top}(s)$ であり，したがって固有値も一致する。$\boldsymbol{A}$ が正則であれば $\boldsymbol{A}^\top$ も正則であり，$(\boldsymbol{A}^\top)^{-1} = (\boldsymbol{A}^{-1})^\top$ である。これを略記して $\boldsymbol{A}^{-T}$ と表すこともある。
- $\boldsymbol{A}^\top = \boldsymbol{A}^{-1}$ であるとき，$\boldsymbol{A}$ を**直交行列** (orthogonal matrix) という。直交行列の固有値は 1 または -1 であり，$\|\boldsymbol{Av}\| = \|\boldsymbol{v}\|$ である。
- $\boldsymbol{A} = \boldsymbol{A}^\top$ のとき，$\boldsymbol{A}$ を**対称行列** (symmetric matrix) という。対称行列の固有値はすべて実数である。$\boldsymbol{A} = -\boldsymbol{A}^\top$ のとき，$\boldsymbol{A}$ を**歪**(わい)**対称行列** (skew-symmetric matrix) または反対称行列，交代行列という。歪対称行列の固有値はすべて純虚数である。任意の実正方行列は，対称成分と歪対称成分に一意に分解できる。

$$\boldsymbol{A} = \frac{\boldsymbol{A} + \boldsymbol{A}^\top}{2} + \frac{\boldsymbol{A} - \boldsymbol{A}^\top}{2}$$

- $\mathbb{R}^n$ 上の実数値関数 $f_{\boldsymbol{A}}(\boldsymbol{v}) := \boldsymbol{v}^\top \boldsymbol{Av}$ を $\boldsymbol{A}$ の**二次形式** (quadratic form) という。$\|\boldsymbol{v}\|_{\boldsymbol{A}}$ と表すこともある。
- $\boldsymbol{v}^\top \boldsymbol{Av} = (\boldsymbol{v}^\top \boldsymbol{Av})^\top = \boldsymbol{v}^\top \boldsymbol{A}^\top \boldsymbol{v}$ であるから，これは

$$\boldsymbol{v}^\top \left(\frac{\boldsymbol{A} + \boldsymbol{A}^\top}{2} \right) \boldsymbol{v}$$

とも等しい。また，歪対称行列の二次形式はつねに 0 である。

- $\boldsymbol{A}$ が対称であるとき†，任意の $\boldsymbol{v} \in \mathbb{R}^n$ に対して $\boldsymbol{v}^\top \boldsymbol{Av} \geq 0$ であれば，$\boldsymbol{A}$ は半正定または準正定であるといい，$\boldsymbol{A} \succeq \boldsymbol{O}$ と表す。半正定かつ $\boldsymbol{v}^\top \boldsymbol{Av} = \boldsymbol{0} \Leftrightarrow \boldsymbol{v} = \boldsymbol{0}$ であるならば，$\boldsymbol{A}$ は正定であるといい，$\boldsymbol{A} \succ \boldsymbol{O}$ と表す。$\boldsymbol{A}$ が半正定であることは $\boldsymbol{A}$ の固有値がすべて非負であること，正定であることは固有値がすべて正であることと等価である。$-\boldsymbol{A}$ が半正定であれば $\boldsymbol{A}$ は半負定，$-\boldsymbol{A}$ が正定であれば $\boldsymbol{A}$ は負定であるという。
- $\boldsymbol{A} \succeq \boldsymbol{O}$ であれば，$\boldsymbol{BB} = \boldsymbol{A}$ となるような行列 $\boldsymbol{B} \succeq \boldsymbol{O}$ が一意に存在する。これを $\boldsymbol{A}$ の主平方根といい，$\boldsymbol{A}^{1/2}$ と表す。
- $\boldsymbol{A}$ が複素正方行列（$\boldsymbol{A} \in \mathbb{C}^{n \times n}$）であるとき，$\boldsymbol{A}$ の複素共役転置を $\boldsymbol{A}^*$ と表す。$\boldsymbol{A}^* = \boldsymbol{A}$ であるとき，$\boldsymbol{A}$ は Hermite 行列であるといい，$\boldsymbol{A}^* = -\boldsymbol{A}$ であるとき歪 Hermite 行列であるという。実行列の場合と同様，任意の複素正方行列は Hermite 成分と歪 Hermite 成分に一意に分解できる。また，$\boldsymbol{A}^* = \boldsymbol{A}^{-1}$ であるとき，$\boldsymbol{A}$ は unitary 行列であるという。

---

† 一般に，正定性や負定性を論じるのは対称行列だけである。

引用・参考文献

本書の執筆にあたり参考にした書籍を紹介する。

［制御工学の導入のための本］

1）示村悦二郎：自動制御とは何か，コロナ社 (1990)

2）木村英紀：制御工学の考え方，講談社 (2002)

3）大須賀公一，足立修一：システム制御へのアプローチ，コロナ社 (1999)

4）ウィーナー（池原止戈夫，彌永昌吉，室賀三郎，戸田　巌 訳）：サイバネティックス ― 動物と機械における制御と通信―，岩波書店 (2011)

5）S. ベネット（古田勝久，山北昌毅 監訳）：制御工学の歴史，コロナ社 (1998)

［古典制御論（伝達関数モデルをベースとした制御理論）がメインの本］

6）杉江俊治，藤田政之：フィードバック制御入門，コロナ社 (1999)

7）川田昌克：MATLAB/Simulink による制御工学入門，森北出版 (2020)

8）吉川恒夫：古典制御論，コロナ社 (2014)

9）片山　徹：新版 フィードバック制御の基礎，朝倉書店 (2002)

10）足立修一：制御工学の基礎，東京電機大学出版局 (2016)

11）荒木光彦：古典制御理論，培風館 (2000)

12）佐伯正美：制御工学―古典制御からロバスト制御へ―，朝倉書店 (2013)

13）涌井伸二，橋本誠司，高梨宏之，中村幸紀：現場で役立つ 制御工学の基本，コロナ社 (2012)

14）森　泰親：演習で学ぶ基礎制御工学 新装版，森北出版 (2014)

15）佐藤和也，平元和彦，平田研二：はじめての制御工学，講談社 (2010)

16）小坂　学：高校数学でマスターする 制御工学―本質の理解から Mat@Scilab による実践まで―，コロナ社 (2012)

17）太田有三 編著：OHM 大学テキスト 制御工学，オーム社 (2012)

［現代制御論（状態空間モデルをベースとした制御理論）がメインの本］

18）増淵正美：システム制御，コロナ社 (1987)

19）小郷　寛，美多　勉：システム制御理論入門，実教出版 (1979)

20）吉川恒夫，井村順一：現代制御論，コロナ社 (2014)

21) 大住　晃：線形システム制御理論，森北出版 (2003)
22) 池田雅夫，藤崎泰正：多変数システム制御，コロナ社 (2010)
23) 計測自動制御学会 編，荒木光彦，細江繁幸：フィードバック制御，コロナ社 (2012)
24) 川田昌克：MATLAB/Simulink による現代制御入門，森北出版 (2011)
25) 川田昌克 編著：倒立振子で学ぶ制御工学，森北出版 (2017)
26) 小坂　学：高校数学でマスターする 現代制御とディジタル制御―本質の理解から Mat@Scilab による実践まで―，コロナ社 (2015)
27) 佐藤和也，下本陽一，熊澤典良：はじめての現代制御理論，講談社 (2012)
28) 太田有三 編著：OHM 大学テキスト 現代制御，オーム社 (2014)

［古典制御論と現代制御論の両方が書かれている本］

29) 大須賀公一：制御工学，共立出版 (1995)
30) 杉江俊治，梶原宏之：システム制御工学演習，コロナ社 (2014)
31) 豊橋技術科学大学・高等専門学校制御工学教育連携プロジェクト：専門基礎ライブラリー 制御工学―技術者のための，理論・設計から実装まで―，実教出版 (2012)
32) 嘉納秀明，江原信郎，小林博明，小野　治：動的システムの解析と制御，コロナ社 (1991)
33) 南　裕樹：Python による制御工学入門，オーム社 (2019)

［システム論，安定論の本］

34) 古田勝久，佐野　昭：基礎システム理論，コロナ社 (1978)
35) 須田信英：線形システム理論，朝倉書店 (1993)
36) 井村順一：システム制御のための安定論，コロナ社 (2000)

［ディジタル制御の本］

37) 萩原朋道：ディジタル制御入門，コロナ社 (1999)

［最適制御の本］

38) 大塚敏之：非線形最適制御入門，コロナ社 (2011)
39) 志水清孝：フィードバック制御理論―安定化と最適化―，コロナ社 (2013)

［ロバスト制御の本］

40) 平田光男：実践ロバスト制御，コロナ社 (2017)
41) 藤森　篤：ロバスト制御，コロナ社 (2001)
42) 木村英紀，藤井隆雄，森　武宏：ロバスト制御，コロナ社 (1994)
43) 蛯原義雄：LMI によるシステム制御，森北出版 (2012)

［強化学習の本］

44) C. サパシバリ（小山田創哲 訳者代表・編集，前田新一，小山雅典 監訳）：速習強化学習―基礎理論とアルゴリズム―，共立出版 (2017)
45) 牧野貴樹，澁谷長史，白川真一 編著：これからの強化学習，森北出版 (2016)

索　　引

【さ行】

【た行】

【な行】

【は行】

―― 著 者 略 歴 ――

南　　裕樹（みなみ　ゆうき）
1982 年，兵庫県に生まれる。2005 年，舞鶴工業高等専門学校専攻科修了。2009 年，京都大学大学院情報学研究科博士後期課程修了（システム科学専攻）。博士（情報学）。日本学術振興会特別研究員，舞鶴工業高等専門学校助教，京都大学特定研究員，同特定助教，奈良先端科学技術大学院大学助教，大阪大学特任講師，同講師を経て，2019 年より大阪大学大学院工学研究科機械工学専攻准教授。現在に至る。著書に『Python による制御工学入門』や『やさしくわかる シーケンス制御』（ともにオーム社）などがある。

石川　将人（いしかわ　まさと）
1972 年，埼玉県に生まれる。1994 年，東京工業大学工学部制御工学科卒業。2000 年，東京工業大学大学院情報理工学研究科博士後期課程修了（情報環境学専攻）。博士（工学）。東京工業大学助手，東京大学助手，京都大学講師，大阪大学准教授を経て，2014 年より大阪大学大学院工学研究科機械工学専攻教授。現在に至る。

制御系設計論
Control System Design

2022 年 1 月 11 日　初版第 1 刷発行　★
2022 年 5 月 15 日　初版第 2 刷発行

検印省略

著　者　南　　裕　樹
　　　　石　川　将　人
発行者　株式会社　コロナ社
　　　　代表者　牛来真也
印刷所　三美印刷株式会社
製本所　株式会社　グリーン

112–0011　東京都文京区千石 4–46–10
発行所　株式会社　コロナ社
CORONA PUBLISHING CO., LTD.
Tokyo Japan
振替 00140–8–14844・電話(03)3941–3131(代)
ホームページ https://www.coronasha.co.jp

ISBN 978–4–339–03237–6　C3053　Printed in Japan　（神保）